Lean UX

第3版

アジャイルなチームによるプロダクト開発

Jeff Gothelf、Josh Seiden 著
坂田 一倫 監訳
児島 修 訳
Eric Ries シリーズエディタ

THIRD EDITION

Lean UX

Creating Great Products with Agile Teams

Jeff Gothelf and Josh Seiden

Beijing • Boston • Farnham • Sebastopol • Tokyo

第3版への推薦の言葉

この8年間、私は優れたユーザーエクスペリエンスをデザインするための方法を学ぼうとするチームに、迷わず『Lean UX』を薦めてきた。この最新版では、さらに充実度を増した内容がわかりやすい形式でまとめられ、豊富な実践例と共に説明されている。現代のあらゆるプロダクト開発チームにとって必読の書だ。

メリッサ・ペリ（Melissa Perri）
Produx Labs社CEO、ハーバード・ビジネス・スクール上級講師

『Lean UX』は私のキャリアに大きな影響を与えた。この本の最新版を読むことができ、とても感激している。ジェフとジョシュは、実践を通じてこれらのアイディアをさらに進化させ続けている。

デイビッド・J・ブランド（David J. Bland）
『ビジネスアイデア・テスト』（翔泳社）の著者

ゴーセルフとセイデンは、デジタルプロダクトの開発プロセス界のシスケルとエバート（往年の米テレビ番組の名司会者コンビ）に、デジタル変革に取り組む大企業に鋭く、的確な指針を指し示す。2人は、活気に満ちたIT系スタートアップから100年を超える歴史を持つ成熟した大企業に至る幅広い経験から得られた知見を基に、現場を良く知る実践者ならではの「今すぐに効く」痛み止めのような効果の高いアドバイスを提供する。それは経験の乏しいアジャイル信奉者が喧伝する、最新の怪しげな手法とは一線を画すものだ。

ジョン・マエダ（John Maeda）
エバーブリッジ社、SVP、チーフエクスペリエンスオフィサー

『Lean UX』は、ソフトウェアの開発手法を根本から変革した。同書は、顧客と共にデザインし、顧客の成長や変化に合わせて継続的に改善を行う方法をプロダクトの開発企業に提示することで、単に外見が良いだけではない、新世代の製品を生み出すことを可能にした。

クリスティーナ・ウォトケ（Christina Wodtke）

スタンフォード大学コンピューターサイエンス学部講師、『Radical Focus』著者

ジェフとジョシュはこの『Lean UX』の最新版で、なぜ彼らが10年以上にわたってデザイン界のオピニオンリーダーであり続けているのかをあらためて世の中に知らしめた。本書は、すべてのデザイナーが本棚に置いておくべき不朽の名作である。

テレサ・トレス（Teresa Torres）

『Continuous Discovery Habits』著者

ジェフとジョシュは、UXデザインをスクラムのようなアジャイルフレームワークをはじめとするプロダクト開発の他の側面と統合するための決定的な本を書いた。第3版では、UXデザインが持つ共同作業という特性についてさらに掘り下げ、より実用的なアイディアを提示している。2人は豊富な実践的な経験を活かして、各部門が「サイロ」に閉じこもり、ハンドオフベースでプロセスを進めるという状況を打ち崩そうとしている。

ゲイリー・ペドレッティ（Gary Pedretti）

プロフェッショナル・スクラム・トレーナー、Sodoto Solutions創設者

第2版以前への推薦の言葉

ユーザーエクスペリエンスの質は、プロダクトやサービスにとって最も重要な差別化要因だ。ジョシュ・セイデンとジェフ・ゴーセルフは、コラボレーティブで部門横断的な取り組みによって、優れたユーザーエクスペリエンスをできる限り無駄なく構築するための方法と戦略を説明している。デザイナーだけでなく、幹部からインターンまでチーム全員に必読の一冊だ。

トム・ボーツ（Tom Boates）
Brilliant社創設者/CEO

アジャイルな開発手法でユーザーエクスペリエンスを向上させることに苦労している人にうってつけの一冊！　ジェフとジョシュは、中間生成物という重い荷物を持たずに、概念化、計画の策定、問題解決を創造的に行う実証済みの方法を教えてくれる。新版では、仮説を検証するための実験の設計方法やイテレーティブなプロジェクト管理、Lean UXの重要となる各ツールに関する様々な改良を含む、極めて重要なアップデートが記載されている。

クリスチャン・クラムリッシュ（Christian Crumlish）
7cups.com、プロダクト部門バイスプレジデント、
『Designing Social Interfaces』（第2版）共著者

第1版が出版されて以来、Lean UXの概要は広く普及した。加筆修正された今回の第2版では、未開発の領域と持続的なイノベーションプロジェクトにLean UXを適用する方法や、成功に向けて正しい企業文化を創り出す方法を詳しく説明すると共に、Lean UXの実践を具体的にイメージしやすくなるケーススタディを紹介している。

レーン・ゴールドストーン（Lane Goldstone）
Brooklyn Copper Cookware共同創設者

わずかな期間のうちに、Lean UXはあいまいなアイディアから、ユーザーニーズを満たすプロダクトやサービスを構築するための変革的な方法に変わった。今、これはデザインにおいて極めて重要なアプローチになった。デザイナー、エンジニア、プロダクトマネージャーは、このアプローチを最優先すべきだ。

ジャレド・スプール（Jared Spool）
Center Centre UXDesign School共同創設者

この10年の間に、ジェフとジョシュによるアプローチしやすく、行動にも移しやすいアドバイスは「建物の外に飛び出し」、Lean UXと呼ばれる概念に進化した。この経験を分かち合うために、この本は理論を超え、実践から得た知見や文脈に富んだ事例を紹介し、アジャイルソフトウェア開発プロセスに取り組むUXチームに燃料を与える。

コートニー・ヘンフィル（Courtney Hemphill）
Carbon Five社パートナー

顧客開発とリーン・スタートアップによって、ビジネスは変わった。どれだけスマートなチームでも、マーケットとユーザーの変化は予測できないからだ。この本は、この両方のテクニックをUXに適用して、低コストで迅速に開発を進める方法と、より良いユーザーエクスペリエンスを構築する方法を教えてくれる。

アレックス・オスターワルダー（Alex Osterwalder）
作家、企業家、Business Model Foundry GmbH 社共同創業者

革命が起こっている。それは、事前に大がかりなデザインをすることや、分断されたチーム同士が分厚いドキュメントを壁越しに放り投げあうような仕事の進め方から脱却することだ。ジェフとジョシュは、UXにリーン・スタートアップの思想を適用した「Lean UX」の原則を説明する。Lean UXは、ユーザーエクスペリエンスを具現化する方法に変革をもたらす。私も彼らの教えを実践し、アジャイル開発手法を大幅に改善できたことに胸を躍らせている。ぜひ本書を読み、この本の内容を実践してみてほしい。

ビル・スコット（Bill Scott）
PayPal, Inc. 社ユーザーインターフェース・エンジニアリング部門
シニアディレクター

当然ながら、プロダクトチームはユーザーエクスペリエンス・デザインの中心にユーザーを据えなければならない。にもかかわらず、多くのチームがユーザーエクスペリエンス・デザインのテクニックと目的を最新のアジャイル開発チームのリズムやペースに合わせるのに苦心している。Lean UXは、私がこれまでに提唱してきた様々なテクニックとマインドセットを、そのメリットを必要としているプロダクトチームに提供する。

マーティー・ケイガン（Marty Cagan）
Silicon Valley Product Group社創業者、
eBay社プロダクト・アンド・デザイン元シニア・バイス・プレジデント

この詳しく、かつ読みやすい本の隅々には、ジェフとジョシュのUX（と製品開発のあらゆる側面）にかける情熱が満ちあふれている。Lean UXによる開発のパワフルさが、ケーススタディや事例、リサーチをふんだんに用いて説明されているほか、非常に多くの実用的なアドバイスが提供されている。私はMoz社のデザイン、UX、プロダクトチームのメンバー全員の人数分、本書を注文した。

ランド・フィシュキン（Rand Fishkin）
Moz社CEO兼共同創業者

チームが今日から使える、ケーススタディと実践的アドバイスの素晴らしい組み合せ。新興企業であれ、フォーチュン500社企業であれ、この本はあなたが製品を開発する方法に変革をもたらす。

ローラ・クレイン（Laura Klein）
『UX for Lean Startups』著者

Lean UXは、ピクセル単位の完璧さを追求することをデザインの目的とせず、イテレーティブな学習や、リソースの賢い使用、成果ベースの考え方によって、より良いプロダクトを目指すための枠組みだ。デザイナーだけではなく、プロダクトマネージャーや経営者、新興企業の従業員も大きなメリットを得られるだろう。

ベン・ヨスコヴィッツ（Ben Yoskovitz）
Highline BETA共同創業者

キャリー、グレイス、ソフィー
……そしてヴィッキー、ナオミ、ジョーイへ

エリック・リースによるまえがき

本書『Lean UX』は、読者を新しい働き方の旅へと誘います。そのため、従来型のマネジメント技法に慣れ親しんでいる人は、本書を読み進めるにつれて少しばかり戸惑いを覚えるかもしれません。私は時々、現代の典型的な企業を鳥のような視点で見下ろしている自分を想像します。あなたも、高い場所からオフィスを俯瞰しているとイメージしてみてください。そこに、「サイロ」のように孤立した各部門があるのが観察できるはずです。マーケティングやオペレーション、プロダクト、IT、エンジニアリング、デザインなどの部門は、各サイロ内では効果的に機能しています。ただし、これらの部門は整然と区分けされています。

上空から手を伸ばしてそのうちの1つをつかみ、ビルの「ふた」を開けて、なかを詳しく見てみましょう。何が見えるでしょうか？　この現代型の企業が、各サイロが最大の効率を発揮できるような仕組みになっているのがわかるはずです。この効率を実現するために、極めてイテレーティブで、ユーザー中心型の課題解決アプローチがとられています。プロダクト部門では、従来型のリーン思考が実践されています。エンジニアリングやIT部門では、ある種のアジャイル開発が採用されているはずです。同じく、マーケティング部門では顧客開発が、オペレーション部門ではDevOpsが用いられています。そしてデザイン部門ではもちろん、最新のデザイン思考、インタラクションデザイン、ユーザーリサーチ技法が用いられているのです。

再び上空高く舞い戻って全体を眺めたとき、「この会社は厳密で、仮説駆動で、ユーザー中心型で、イテレーティブな、様々な技法を用いている。きっと、極めてアジャイルな企業に違いない。マーケットの変化に素早く対応でき、継続的な革新をしているはずだ」と考えるのも無理はありません。しかし、現代の企業で働いている人なら、いかにそれが現実からほど遠いかを知っているはずです。

それぞれのサイロはアジャイルに機能しているにもかかわらず、会社全体は絶望的に融通が利かず、スピードも遅いなどということが、いったいなぜ起こり得るのでしょう？　上空から俯瞰することで、重要な何かが欠けていることがわかります。各部門や領域はアジリティーに価値を置いているのですが、これらの部門や領域間の**相互作用**の方法が、時代遅れの慣習から脱却できていないのです。

例を見てみましょう。これはおそらく皆さんにとっても身近なもののはずです。ある会社が、市場で生き延びるためにはイノベーションを起こすことが必要だと決意します。同社はデザインチーム（インハウスまたは外部）に、業界の将来を見据えた調査や、将来を保証する革新的な新製品の提案を依頼します。興奮に満ちた日々が始まります。ユーザーへのインタビューや観察、分析が行われます。実験、調査、フォーカスグループ、プロトタイプ、スモークテストなどが次から次へと実施されます。いくつものアイディアが提案され、評価され、却下され、洗練されていきます。

このプロセスの最後には何が待っているのでしょうか？　そう、自信満々のデザイナーによる、調査結果と提案内容が記された分厚い仕様書を用いたプレゼンテーションです。会社はそれを熱烈に称賛します。これまで実施されてきたイテレーションや実験、ディスカバリは終わります。そして、この計画を実行するために、エンジニアリング部門が召集されます。エンジニアリングのプロセスはアジャイルに行われるかもしれませんが、仕様書は厳格に規定されたままです。しかし、もしエンジニアが仕様書の不備や欠陥を見つけたらどうなるでしょう？　ラボではうまくいくと思われたアイディアが、商業的なアピールを欠いていたら？　最初の「仮説検証」が行われたときから市況が変化したら？

私は、恐ろしいほど費用をかけて数年がかりの業界調査を委託した、ある会社のケースを知っています。調査の成果物として、「将来の予想図」というタイトルの立派な展示物が本社内につくられました。展示物が設置された室内には、調査結果から推察された業界の今後10年の予想図が描かれ、未来的なコンセプトのデモの多くが並べられていました。果たして次の10年間、この会社にはどのような変革が生じたのでしょうか？　そうです。何も変革は起きませんでした。この会社は10年にわたって、数えきれないほどの経営者や管理職、社員をこの展示物のある部屋に招き、業界の未来を案内してきました。10年が経過したとき、もはやこの展示物は未来を予感させるものではなくなっていました。大方の予想に反して、この予測は大筋で当たっていました。にもかかわらず、この会社は仕様書で提案されたもののうち、1つとして商品化を成功させていなかったのです。私は同社の人たちに、次に何を計画しているのかと尋ねました。すると彼らは再び同じデザイナーに、次の10年の予測を依頼しようとしていると言ったのです！　会社は、商品化に失敗した責任はエンジニアやマネージャーにあり、デザイナーにはないと考えていました。

デザイナー以外の人たちにこの話をすると、彼らはゾッとしたような表情を浮かべ、悪いのはおしゃれなデザイン会社だと主張しました。大企業であれスタートアップであれ、会社の幹部に同じ話をすると怯えたような顔を浮かべます。彼らのところにはいつも、各部門から苦情が殺到します。どの部門も、自分たちは迅速で、最先端の方法で仕事を進めているのに、他の部門が機敏さに欠けるために会社全体の動きを遅くしてしまっていると不満を口にするのです。会社全体が成長の新たな源を見つけ損ねたときにも、非難を浴びせられるのは経営幹部です。

しかし、失敗の責任があるのは、デザイナーでも、エンジニアでも、幹部でもありません。問題は、会社のシステムそのものにあるのです。私たちは、絶えざる変化が求められる世界で、いまだに硬直した組織をつくっています。徹底的なコラボレーションが求められる世界で、サイロを構築しています。相変わらず分析に多額の投資をし、仕様について延々と議論をし、効率的な中間生成物をつくることで革新を継続的に実現しようとしているのです。

『Lean UX』の第1版が刊行された2012年当時は、リーンスタートアップの黎明期でした。この当時はとても新しいコンセプトだったリーンスタートアップについて私が執筆や講演を始めてから、15年が経過しました。2021年は私の著書である『リーン・スタートアップ』（日経BP）の刊行10周年の年でもあります。この間、私はこのコンセプトが成長し、産業から産業、セクターからセクター、部門から部門へと広がっていくのを見てきました。新たな領域に立ち入るときには、見識のあるリーダーの助けを借りて核となる原則を教えてもらい、それらを実装するための新たなプロセスを進化させてきました。

『Lean UX』は、この進化における重要なステップです。旧版もリーン・スタートアップの原則をデザインに適用するための方法を包括的に示すものでしたが、この分野の発展のために最大限の努力を続けているジェフ・ゴーセルフとジョシュ・セイデンのおかげで、この第3版はさらに充実した内容になっています。優れたコラボレーション、迅速なデリバリー、そして何より劇的に質の高いプロダクトを実現するための基本的なツールやテクニックがさらに詳しく紹介され、「Lean UXキャンバス」や「仮説優先順位付けキャンバス」といった新しい項目も追加されました。また、Lean UXとストーリーマップの関係や、デザインスプリントについても説明されています。

リーン・スタートアップは大きなテントのようなものです。これはリーンからデザイン思考に至る、様々な分野において確立されたアイディアの上に構築されたものです。リーン・スタートアップを採用することで、会社全体で迅速に成果を得るために必要な、共通言語や一連のコンセプトが手に入るようになります。誰が悪いか、どの部門が主導権を握るかなどの議論で時間を無駄にするのをやめることができます。

私の願いは、全員がジェフ・ゴーセルフの「デリバブルズ・ビジネス（中間生成物主体のビジネス）からの脱却」という呼びかけに耳を傾け、「ユーザーを喜ばせること」という原点に立ち戻り、これを最も緊急の仕事として会社全体で取り組むようになることです。

今こそ、サイロを壊し、各部門が一致団結して、仕事に取り組むべきときです。

——エリック・リース
2021年6月28日
カリフォルニア州サンフランシスコ

アレックス・オスターワルダーとテンダイ・ヴィキによるまえがき

今回のバージョンの『Lean UX』は、日々進化を続けるデザイン、起業家精神、イノベーションの世界にタイムリーに貢献するものです。10年前、私たちは企業を相手に仕事をするとき、その企業の中核的な事業を超えるイノベーションを起こすことになぜ価値があるのかついて、リーダーを説得しなければなりませんでした。現在では、そのような説得をする必要はほとんどなくなりました。企業のリーダーは、イノベーションこそが企業に長期的な成長をもたらす最善策だと考えるようになったからです。

企業のリーダーはイノベーションの価値を理解するようになりましたが、別の課題がまだ残っています。自社のイノベーションの成果に満足しているリーダーはめったにいません。また、イノベーションチームの活動の大部分は、再現性のあるプロセスに従っていないように思えます。こうした状況のもと、今日のリーダーは、私たちに「再現性のあるイノベーションを実現するには、どのような仕組みやプロセスを導入すればよいのか？」と尋ねてくるようにました。

だからこそ、今回の第3版はとてもタイムリーだと言えます。私たちは、イノベーションは選ばれた一握りの人たちだけが特権的に行うものではなく、誰もが業務として取り組めるものであるべきだと考えています。イノベーションを業務にするためには、イノベーションに関わる人たちが日々の活動で使える正しいツールとプロセスの開発が必要です。これらのツールの使い方を学べば、誰もが組織に繰り返し価値を生み出せるようになります。これこそが、Lean UXがこの世界にもたらし続けている貢献なのです。

Lean UXの第1版の刊行後も、ソフトウェアやプロダクト開発における最大の嘘は、依然としてフェーズ2です。フェーズ2の基本的な考え方とは、「開発チームはロードマップに記されている作業は行うが、顧客の問題はローンチ後（つまりプロダクトのバージョン2で）対処すればいい」というものです。しかし問題は、いつまで経ってもフェーズ2は実現せず、欠陥のあるプロダクトやサービスが市場に残り続けてしまうことです。おそらく、これが新しいプロダクトやサービスのローンチの7割が失敗に終わる理由です。

この課題を解決するにはどうしたらよいのでしょうか？　まず、イノベーションの性質に合ったツールを開発する必要があります。Lean UXは、「イノベーションの課題は、技術や実行にあるのではない」という明確な理解に基づいています。イノベーションに取り組むチームにとっての課題は、顧客に訴える価値提案と、収益性の高いビジネスモデルを模索することなのです。

このような探索では、チームは複雑さや不確実性を乗り越えていかなければなりません。それは原因と結果に基づく単純な直線的プロセスではなく、非線形なプロセスなのです。チームはLean UXを採用することで、この複雑性を乗り越えられるようになります。それはうまくいく何かが見つかるまで、イノベーションという名の濁流のなかを反復的かつ創造的に進んでいくことです。

私たちは以前、従来のものに比べて10倍の成果を上げる「10x」のアイディア出すようチームに要求し続けているリーダーと仕事をしたことがあります。私たちはそのリーダーに、10xのアイディアをいきなり見つけるのは実質的に不可能だとやさしく言い聞かせました。リーダーは成功するアイディアを選び取ることはできません。リーダーにできるのは、最高のアイディアが生まれるような環境をつくり出すことだけなのです。チームは、本書が示すプロセスに従うことでビジネスアイディアを素早くスケッチし、テストすることができます。成功するアイディアは、このテストと反復のなかからが生まれるのです。

また、イノベーションが複雑であるため、チームは様々な部門の同僚と協力しなければ成功への道を切り開けません。アイディアを着想してから、それをデザインし、テストし、市場投入するまでには長い道のりがあります。この過程では、部門を超えたコラボレーションが必要になります。しかし多くの企業では、縦割りの「サイロ」やハンドオフによる仕事の引き渡しといった慣習が残っているため、チームのコラボレーション力が損なわれています。

私たちが仕事をしたいくつかの組織では、イノベーションチームが実験を行うためには、法務部やコンプライアンスの承認を得る必要がありました。そのような組織では、シンプルな「オズの魔法使い」の実験が承認されるのに2カ月以上かかることも珍しくありません。本書では、イノベーションに対するこのような障壁を克服するために用いることのできる実用的な方法も説明しています。

本書が示すマインドセットは、プロダクトやサービスのローンチ後もチームがスケッチとテストを継続していくために役立ちます。チームがプロダクトやサービスのローンチをプロセスの終わりと見なさないこと、Lean UXの手法を使って提供物を改善し続けることは、極めて重要です。企業の使命は成果物をつくることではなく、顧客を喜ばせることであるのを、常に心にとどめておきましょう。

読者のみなさんがこの素晴らしい本を楽しんで読むだけではなく、得た教訓を日々の仕事に活かすことを願っています。

——アレックス・オスターワルダー
2021年5月30日 スイス、ローザンヌ

——テンダイ・ヴィキ
2021年5月30日 ジンバブエ、ハラレ

監訳者まえがき

はじめて『Lean UX』の第3版を手にしたとき、私は驚きを隠せませんでした。第2版をお読みになった方も、目次をご覧になって同じことを思われたのではないでしょうか。第3版は、全く別の書籍として出版できるほどの大幅なアップデートがありました。その1つが「Lean UXキャンバス」というツールの紹介です。

『Lean UX』の第2版が発売されてから、著者の1人であるジェフ・ゴーセルフは企業におけるLean UXの導入に課題を感じ、この「Lean UXキャンバス」の構想に力を入れていました。2019年にはさらに改良が加えられ、V2として自身のウェブサイト（https://jeffgothelf.com/blog/leanuxcanvas-v2/）で公開されていますので、気になる方はダウンロードしてみてはいかがでしょうか。

本書は企業規模や業態を問わず、プロダクトのUXデザイン向上に取り組んでいるさまざまな職種の方々に読んでいただきたい一冊となっています。

「Lean UXキャンバス」とは何か

「Lean UXキャンバス」は組織横断でプロダクト開発を推進するために用いることができるファシリテーションツールです。特徴は、プロダクトの「Why？」に着眼点を置いた構図になっていることです。そのため、プロダクト開発チームは以下のギャップを埋めることができるようになります。

- 開発中のプロダクトを通じてどのような課題を解決するのか
- 誰のためのプロダクトなのか
- 開発中のプロダクトは顧客に十分な価値を提供することができるのか

プロジェクト開発にはさまざまな人が関与しています。デザイナーのみならずエンジニア、プロダクトマネージャー、カスタマーサクセス、カスタマーマーケティング、ステークホルダーなど人が増えるとそれだけ情報過多になり、前提知識も異なります。

「Lean UXキャンバス」を作成する時間をプロジェクトの早期に設けることで、チーム全体の「間違い探し」の「答え合わせ」ができるようになります。しかし、答え合わせだけではチームは前進することはできません。本書では「Lean UXキャンバス」の各項目を抑えるためのHOWを紹介していますが、一度埋めただけではイテレーションとは言えません。

ソフトウェアは生き物です。プロダクトや顧客を取り巻く環境も常に変化し続けます。「Lean UXキャンバス」は、その変化を的確に捉えるためのレンズとして機能するため、合わせてアップデートし続けるべきです。それをうまく使うことでプロダクト開発チーム内のコミュニケーションに好循環が生まれ、生産性の向上が期待できます。

深化するUXデザイン

Lean UXは、リーン思考のユーザー体験設計（UXデザイン）プロセスです。『Lean UX』の第2版が出版されて以降、UXデザインはここ数年でさまざまな発展を遂げました。

- 時間制約の中でUXデザインプロセスを回し、アイデアの価値を検証しながらプロトタイプを作成する「デザインスプリント」がGV（旧Google Ventures）によって開発される
- デザインの原則や指針などをまとめたドキュメントでUXデザインの組み立てキットとも呼べる「デザインシステム」が広く知られるようになる

結果として非デザイナーでも優れたUXを構築できるようになり、プロダクトの構想からデリバリーまでのリードタイムも縮小されました。これは、さまざまな制約の中で開発し、検証し、学習をするというリーンスタートアップのBuild—Measure—Learn（構築—計測—学習）サイクルとの親和性が高く、UXデザインもリーン思考に基づいて変化し続けていることが伺えます。

しかし、ものづくりのハードルが下がった一方で、「つくる」に焦点が集中してしまうことへの懸念も同時に生じました。それは、本書で何度も言及されているアウトカムの意識の低下です。

アウトプット思考からアウトカム思考への転換

『Lean UX』の第2版が出版された当初、私はPivotal Labs（現：VMware Tanzu Labs）に在籍していました。サンフランシスコに本社を置くアジャイル開発コンサルティング会社で、1990年頃よりアジャイル開発を導入していました。2015年には『リーンスタートアップ』（日経BP社）の著者であるエリック・リースとパートナーシップ契約を結び、リーンスタートアップとアジャイル開発、そしてデザイン思考を統合させた「LeanXP」という開発手法が組織内で定着しました。以降、オフィスに常駐していただくことになるクライアントとペアを組み、「LeanXP」を伝授しながらクライアントのデジタル・トランスフォメーションを支援してきました。

私はプロダクトマネージャーとしてプロダクト開発を指揮していました。クライアントのキックオフミーティングでは、ファシリテーションをしながら以下についてヒアリングをしていました。

- ビジネスゴール
- プロダクトゴール
- ペルソナ
- 現時点でのリスク
- プロダクトを通じて得たい成果

これらは「Lean UXキャンバス」に記載されている項目とほぼ同類です。私は得られた情報をホワイトボードに書き出し、チームが常に見える場所に設置するように心がけました。なぜならば、平均すると3カ月、長くて1年以上も続くプロダクト開発中はどうしてもリリースを意識してしまい、目の前にあることに没頭してしまうからです。そこで私は気付かされます。「MVPは誰のものなのか？」「プロジェクトにおける成功とは何か？」「なぜ、このプロダクトを開発しているのか？」私は知らない間にアウトプット思考になっていたのです。全てはサービス提供者側の都合のいい解釈に塗り替えられていました。

MVPは現時点で最も高いリスクを検証するためのプロダクトであり、成功か否かは顧客の課題が解決されたかどうかで判断すべきであり、そのためのプロダクトが開発されるべきです。さらに言えば、課題が解決されたことで顧客（そしてビジネス）はどのような成果を得ることができるのか、チーム全員が共通認識を持つべきです。

最後に

本書で紹介されている「LeanUX Canvas」があることで、プロダクト開発チームはアウトプット思考からアウトカム思考へといつでも立ち戻ることができます。VUCA（Volatility：変動性、Uncertainty：不確実性、Complexity：複雑性、Ambiguity：曖昧性）時代と言われて久しいですが、不確実性が高い結果ではなくLean UXのマインドセットとアウトカムを重視したプロセスに焦点を当てることで、確実性を生み出すことはできます。それにより、成功する可能性は少しずつ高まっていくのではないでしょうか。

——坂田 一倫

2022年8月

謝辞

本書の第3版を執筆するにあたり、私たちは実践者やライター、コーチ、コンサルタントなどをはじめとする多様な人たちの影響を受けながらLean UXが成長し、ソフトウェアのデザインおよび開発のニーズの変化に対応して進化してきたことにあらためて気づきました。この場を借りて、感謝の意を表します。

私たちは、知恵や意見を共有してくれる、以下に名前を挙げる仲間や第一線で忙しく活躍する同志たちから学び続けています。テンダイ・ヴィキ、テレサ・トレス、メリッサ・ペリ、ホープ・グリオン、バリー・オライリー、サム・マカフィー、アンディ・ポレイン、デイビット・ブランド、アンディ・プランテンベリ、ジョナサン・バートフィールド、ケイト・ルト、ダニエル・スティルマン、ベス・テンプル、ジョスリン・ミラー、ボブ・ゴワ、ダグラス・ファーガソン、マルティナ・ホッジス-シェル、エリン・スタドラー、ジェフ・パットン、ペトラ・ウィリー、ジャネット・バンパス、ジョナサン・ベルガー、アドリアン・ハワード。彼らやクライアントの考えは、私たちのアイディアの土台になっています。

いつものように、この本のために素材、ストーリー、調査の手がかり、Twitterでの手助け、技術的な問題についての知恵、精神的なサポートを提供してくれた、次に名前を挙げる人たちを含む大勢の方々に感謝します。アンドリュー・ボーン、アイク・ブリード、スティーブン・コーン、レジネ・ギルバート、ビクター・M・ゴザレス、ザック・ゴットリープ、ジャミラ・イソーク、リズ・ローブ、ジョン・ロイエンズ、ダン・マカローン、ジョノ・マラニク、リン・ニー、グレッグ・ペトロフ、スティーブ・ポーティガル、リーサ・ライチェルト、デルフィン・サシ、アレクサンダー・シャルト、クリスティン・スキナー、エリック・スコグスバーグ、ジェシカ・ティアオ、ケイト・タウジー、ベン・ウォーカー、ロジー・ウェブスター、リー・ウェイス。

私たちがスクラムコミュニティと関わり、このコミュニティのニーズへの理解を深める手助けをしてくれた、デイブ・ウェスト、スティーブ・ポーター、エリック・ウェバー、ゲーリー・ペドレッティをはじめとするScrum.orgのチームと、そこで出会ったプロのスクラムトレーナーたちにも感謝を。

『Lean UX』とLeanシリーズの他の著者やタイトルをサポートし続けているエリック・リースと、この本の成功に大きな貢献をし続けてくれているオライリーのメリッサ・ダフィールド、アンジェラ・ルフィーノ、マリー・トレセラー、ジェニファー・ポロックにも感謝を。

最後に、数年前、私たちが初めてこのアイディアのワークショップを行った「バランスド・チーム」ワーキンググループのメンバーに感謝しないわけにはいきません。レーン・ゴールドストーンは、このグループをまとめ、多くの素晴らしい人々を集める触媒となり、原動力になってくれました。リーンスタートアップの考え方を最初に紹介し、「Lean UX」という言葉を生み出したジャニス・フレイサーにも大きな感謝を捧げます。

ジェフの言葉

私たちのパートナーシップも10年以上になりました。私にとってジョシュは、良き友人であり、相棒であり、論理的な相談相手であり続けています。Lean UXのアイディアの実践方法は、私たちがコンビを組み始めた頃とは変わってきていますが、市場のニーズや世の中の変化に合わせて、より良い働き方を企業社会にもたらすための新たな方法を一緒に模索し続けていることに変わりはありません。私はこのパートナーシップと、ジョシュが自家製のサワードウとコンビーフづくりに飽くなき挑戦をしていることに、心から感謝しています。

いつものように、家族のサポートと愛がなければ、何も成し遂げられませんでした。キャリー、グレース、ソフィーのおかげで、私は仕事や執筆に打ち込み、パパ・ジョークを口にすることができます。最高の家族です。愛しています。ありがとう。

ジョシュの言葉

ジェフと共に本書で紹介する、緊密なコラボレーションを用いた仕事のスタイルは、私の好む働き方のスタイルでもあります。私はいつも、誰かと共同で仕事を進めるときに、多くを学び、効果的に働けるのを実感します。本書の執筆に私が貢献できたものがあるとすれば、それはすべて、これまでのキャリアを通じて幸運にも体験できた素晴らしいコラボレーションのおかげです。一人ひとり名前は挙げられませんが、きっとみんな自分のことだとわかってくれるはずです。心からの感謝を。

しかし、1人だけ名前を挙げる必要があります。それは、ジェフです。ジェフとのコラボレーションは、これまでと同じく、大きな喜びをもたらしてくれます。彼は締め切りに対する楽観的な考えを持つことや、大胆な目標設定、本書の熱心な宣伝など、私にはできないことをやってのけます。実に賢く、勤勉で、謙虚なパートナーです。とはいえ、ひょうきんなタイプの人間ではありません。それは、私の担当でした。

最後に、ヴィッキー、ナオミ、アマンダに感謝を。心から愛しています。

ジェフとジョシュから

前回、本書をアップデートしてから、さらに5年が経ちました。私たちは、本書のアイディアから生まれたコミュニティとその活動に畏敬の念を抱き続けています。その間、様々な変化がありましたが、ソフトウェアの設計/開発チームが直面する問題の多くは依然として同じままです。課題は常に、部門を超えた幅広いコラボレーションを構築することであり、チームが選択する仕事に影響を与える顧客と継続的に対話することです。とはいえ、アジャイルやスクラム、さらにはOKR（Objectives and Key Results）などの目標設定フレームワークが深く浸透してきたことで、組織は迅速さや顧客中心主義を強く意識するようになりました。私たち2人も、Lean UXのテクニックをさらに効果的に適用する方法を学びました。それを本書で皆さんにお伝えできることをとても嬉しく思っています。

私たち2人は、Lean UXを教え、日々の業務で使うたびに、より良い適用方法を学んでいます。新しいことを試し、検証し、学んだことを応用し、考えをアップデートしています。読者であるあなたも同じことをしているはずです。ぜひ、その話を聞かせてください。

いつでも、あなたの考えをお知らせください。連絡先は、jeff@jeffgothelf.com（ジェフ）とjosh@joshuaseiden.com（ジョシュ）まで。ご連絡をお待ちしています。

はじめに

ソフトウェア開発の最大の嘘は、「依然として」フェーズ2です。

過去30年の間にデジタル・プロダクト/サービスの開発に携わったことがある人なら、自分の役割が何であるかにかかわらず、この嘘に心当たりがあるのではないでしょうか。もしチームが「自分たちはアジャイルだ」と主張するのなら、フェーズ2はまだ有効な概念なのでしょうか？　チームは各スプリントで機能やアイディアに優先順位をつけ、ローンチに向けて忙しく作業を続けながら、優先順位の低いアイディアを次のフェーズに押しやります。しかし、そのフェーズはいつまで経っても実現せず、その機能が実装されることもありません――二度と耳にすらしなくなってしまうのです。私たち筆者は、デザイナー、プロダクトマネージャー、コーチ、コンサルタントとして、何百、何千ものワイヤーフレーム、プロダクトバックログアイテム、ワークフローがこれと同じ運命をたどるのを見てきました。

しかし、その理由は何なのでしょう？　アイディアそのものに欠陥があったから？　市場に変化が起きたから？　リリースしたプロダクトやサービスがユーザーニーズやビジネスゴールを満たしていたから？　単に忘れられてしまったから？

エリック・リースは、著書『リーン・スタートアップ』（日経BP社）のなかで、「最大の価値を持つアイディアに最大のリソースを投じるための方法」について述べています。リースが奨励する手法の基盤となっているのは、実験的アプローチ、アイディアの素早いイテレーション（反復）、柔軟なプロセスです。真にアジャイルな環境では、チームは継続的に機能をリリースするので、コードのデプロイはたいした問題にはなりません。つまり、フェーズ2の概念自体が無意味になるのです

リーン・スタートアップとユーザーエクスペリエンス（UX）のデザインを組み合わせ、共生的に共存させるもの。それが、Lean UXなのです。

Lean UXとは？

リーン・スタートアップの基礎となるリーン原則をLean UXに適用することで、3つの効果が得られます。1つ目は、UXデザインのプロセスから無駄を取り除くのに役立つことです。チームは、デザイン、開発、プロダクト/サービス間の対話を進めるために必要な作業（デザイン、リサーチ、ライティングなど）のみを行います。対話を最小限にすることで、大量の文書をハンドオフすることにつきものの、長時間の交渉から開放されるのです。Lean UXのプロセスでは、チームの「学習」を促すための中間生成物のみをつくります。2つ目は、リーン原則がデザイナーやエンジニア、プロダクトマネージャー、QAエンジニア、マーケティング担当者などで構成される「システム」に調和をもたらし、部門横断的な透明性のあるコラボレーションによって、デザイナー以外の人たちもデザインプロセスに関与させることです。Lean UXは、デザイナーが何をすべきかを明確にし、チーム全員の参加を促す透明性の高いプロセスなのです。

3つ目は、おそらく最も重要です。それは、実験と検証に基づく学習をベースとするモデルの採用によって、マインドセットが変わることです。ヒーローのようなデザイナーや、リードエンジニア、ビジネス・ステークホルダーといった特定の人物に頼って1つの視点から最適なソリューションを導き出そうとするのではなく、迅速な実験と測定によって、自分たちがつくり出そうとしている体験を客観的な視点でとらえられるようになります。チームは、自分たちのアイディアが顧客のニーズにどれだけ合致しているかを発見するために、素早く学習しようとします。このような状況のなかで、デザイナーの役割は、単に中間生成物をつくるだけではない、デザインのファシリテーターへと進化し、他のメンバーも新たな責任を担うことになります。

Lean UXは、「リーン・スタートアップ」以外にも、「**デザイン思考**」と「**アジャイル開発**」という2つの概念を基盤としています。デザイン思考は、チームの仕事の範囲をインターフェースや中間生成物を超えた領域まで広げるのに役立ちます。デザイン思考を用いることで、システム全体に注目して、デザインツールを様々な問題解決に適用しやすくなります。デザイン思考では、コラボレーション、イテレーション、開発、ユーザーへの共感を重視して問題を解決します。デザイン思考から得られる最大の収穫は、チーム全体がエンドユーザーの視点を持つことを重視するようになることでしょう。Lean UXでは、チーム全体がユーザーへの共感に基づいて作業を行うことになります。アジャイル開発を採用することで、チームは短期間のサイクル、価値の定期的な提供、意識的な学習に集中できます。ユーザーに（通常は動作するソフトウェアとして）アイディアを素早く提供し、それがどう受け止められたかという感触を探りながら随時調整を行い、新たな学習を目指していくのです。これはスクラムの原則である、「点検し、適応する」ということです。

Lean UXはこれらの基盤を用いることで、アジャイル開発のスピードを実現しつつ、プロダクト開発ライフサイクルにおけるデザインニーズにも応えていきます。UXデザインをアジャイル環境で機能させる方法を模索している人にとって、Lean UXこそがその答えだと言えます。

Lean UXは、デザイナーを板挟みにしている「現実のビジネスニーズ」と「実装面の制限」のいう2つの壁を取り壊します。Lean UXを取り入れることで、デザイナーをアジャイルなプロダクト開発に関与させられるようになるだけでなく、プロダクトマネジメント、ビジネス、エンジニアリングに関わるパートナーもホワイトボードの前に連れてきて、共に最善のソリューションを探りながらプロセスを進めていくことができます。

筆者（ジェフ）は駆け出しの頃、あるエージェントで、大手製薬会社向けのプロジェクトを担当したことがあります。目標は、同社のeコマースプラットフォームのデザインを変更し、売上げを15パーセント増やすこと。ジェフがリード・インタラクションデザイナーを務めていたチームは、何カ月もオフィスにこもり、現行のシステムやサプライチェーン、競合、対象オーディエンス、コンテキストベースの利用シナリオなどの調査に打ち込みました。ペルソナをまとめ、プロダクト戦略も策定しました。ジェフは製品カタログ用の情報アーキテクチャを新たに設計し、まったく新しいショッピングや決済のユーザーエクスペリエンスを考案しました。

この調査には数カ月を要しました。その成果をまとめたパワーポイント資料は、恐ろしいほどに巨大なものになりました。なんといっても、この調査のために60万ドルもの費用が投じられていたのです。ジェフたちはクライアントのオフィスに赴き、丸1日、8時間かけてパワーポイントのスライドを見せ、図表やテキストの一つひとつを詳しく説明していきました。プレゼンが終わると、クライアントは拍手をしてくれました（本当です）。チームが示した成果に、満足してくれたのです。ジェフたちは安堵で胸をなで下ろしました。しかし、チームがその後でこの資料を見ることはありませんでした。

そのミーティングから半年経っても、クライアントのウェブサイトには何の変化もありませんでした。クライアントも、その後であの資料を見ることはなかったのです。

この体験から得られる教訓はこうです。「ピクセル単位までこだわった完璧な仕様書をつくるのは、数十万ドルのコンサルティング料を得るためには良い方法かもしれない。だが、ユーザーに真の価値をもたらすプロダクトやサービスをつくることにはあまり役立たない」。デザイナーがプロダクトデザインに関わる理由は、完璧な仕様書をつくることではありません。デザイナーの最も大切な仕事は、仕様書ではなく、価値あるプロダクトやサービスをつくることなのです。

筆者はLean UXを実践するとき、実際の顧客のために、意味のある方法で現実の問題を解決していることを確認します。筆者は現在、プロダクトやサービスを新規開発するチームとも仕事をしています。新規開発では、既存のプロダクトのフレームワークや構造にとらわれずに働けます。このような「未開発地帯」のプロジェクトでは、デザイナーは他のメンバーと共に、新しいプロダクトやサービスの使われ方、振る舞い、開発方法を同時に見いだそうと努力します。何よりも重要なのは、それが想定されるターゲット層にとって意味のある問題を解決しているかどうかを検証することです。環境は絶えず変化しており、十分に時間をかけて計画を立てたり、事前にデザインをしたりする余裕はありません。

一方、チームが従来型のデザインや開発手法で開発された既存のプロダクトやサービスを対象にしたプロジェクトに取り組む場合は状況が異なります。対象となるシステムは、ある特定の時期のニーズに合わせて開発されたものです。しかし、市場の変化のスピードが速いため、そのニーズも変化している可能性があります。そのためチームは、収益とブランド価値を向上させながら、新しい現実に対応するために既存のプラットフォームを最適化しなければならないのです。一般的に、これらのチームには、スタートアップが関わるプロジェクトに比べれば自由に使えるリソースが多くあります。それでも、そのリソースを効率的に活用して、ユーザーが求めるプロダクトやサービスを開発する方法を見つけ出さなければなりません。

Lean UXの実践によってもたらされる変化のなかには、受け入れるのが難しいものもあります。その一つが、「未完成」や「醜い」状態の中間生成物を人に見せなければならないことです。これはLean UXを採用し始めてから15年近くが経過した筆者にとっても、いまだに簡単なことではありません。しかし筆者は長い年月をかけて、中間生成物を人に見せると、必ず何らかの修正が求められることを学びました。逆に言えば、他者からのフィードバックを得るのが早いほど、修正も早くできます。フィードバックを得るタイミングを先延ばししすぎるのは、時間の無駄なのです。最初の設計に時間や労力を多く費やすほど、その後の柔軟な修正は難しくなってしまいます。どのような変更が必要かを早く知れば、現在のアイディアに投じる手間暇を減らせます。軌道修正をすることで生じる痛みも抑えられます。デザイン（さらには、より広い意味でのソフトウェア）のイテレーティブな性質を受け入れるためには、効果的に機能し、謙虚で、強力的なチームからの支援が必要です。チーム全体が、「最初からすべてが**うまくいくことはなく**、メンバーが協力してイテレーションを繰り返しながら前に進まなければならない」と理解しなければなりません。Lean UXチームの成功の尺度は、コードのデプロイではありません。大切なのは、顧客に与えるポジティブなインパクトなのです。

デジタルプロダクトの成功には、多くの要素が影響しています。たしかにデザインは重要ですが、プロダクトマネジメントやエンジニアリング、マーケティング、法務、コンプライアンス、コピーライティングなどをはじめとする多くの要素もシステムに影響を与えています。1つの部門がすべてのカギを握っているわけではないのです。1つの視点があらゆる問題の答えを持っているわけでもありません。性別や人種をはじめとする多様性が高まるほど、チームは革新的で幅広いソリューションを生み出せるようになります。コラボレーションを成功させるカギは「包括性」なのです。これが、デジタルシステムの性質です。大切なのは、幅広いコラボレーションです。良いプロダクトやサービスをつくるのは、学習とイテレーションの継続です。本書では、私たち筆者がこの視点を獲得するのに役立った洞察や戦術のエッセンスを紹介していきます。これらは、プロダクトやサービスとチームを成功に導き、顧客満足を実現するために役立つものです。

本書の対象読者

本書は基本的に、「自分はもっとチームへの貢献度を高め、他のメンバーと効果的に連携できるはずだ」と考えているプロダクトデザイナーを対象にして書かれています。とはいえ、筆者は「ユーザーエクスペリエンス」とは、ユーザーがプロダクトやサービスに対して行うすべてのインタラクションの総体であると考えています。ユーザーエクスペリエンスは、あなたとチームがプロダクトやサービスに対して行うすべての決定によってつくり出されるものです。ユーザーエクスペリエンスには、ユーザーインターフェースや機能性だけではなく、価格設定、購入体験、オンボーディング、サポートなども含まれます。つまり、ユーザーエクスペリエンスは、チーム全体でつくり上げるものなのです。そのため本書は、チームと共にユーザーに価値のあるプロダクトやサービスを定義し、ユーザーと共にそれを検証するための良い方法を求めているプロダクトマネージャーや、協力的でアジャイルなチーム環境こそが良いコードと有意義な仕事をもたらすと理解しているスクラムマスターやエンジニア、優れたユーザーエクスペリエンスが大きな違いを生み出せることを理解しているマネージャー（UXチーム、プロジェクトチーム、ビジネスライン、部門、会社）も対象にしています。

本書の構成

本書は4部構成になっています。

「**第Ⅰ部　Lean UXへのイントロダクションと基本原則**」では、Lean UXの概要とその基本原則を概説します。まず、UXデザインのプロセスを進化させることが不可欠である理由とLean UXの概要について説明し、次にアジャイルな作業環境でLean UXを成功させるために理解しておくべき基本原則についても見ていきます。

「**第Ⅱ部　プロセス**」では、Lean UXキャンバスを紹介し、その8つのステップをそれぞれ説明します。また、筆者や他の人たちが過去にこれらを体験してきた事例も紹介します。

「**第Ⅲ部　コラボレーション**」では、デザイナーと他分野のコラボレーションについて詳しく説明し、デザインスプリント、デザインシステム、Lean UXとの共同研究など、人気のある作業方法と組み合わせるためのツールやケーススタディも紹介します。Lean UXをアジャイルプロセスのリズムにうまく統合するための方法についても考察します。

「**第Ⅳ部　Lean UXを自分の組織で実践する**」では、Lean UXを組織に取り入れる方法について説明します。Lean UXの考えを定着させるために、組織（企業やチーム）や個人がどのような変化が求められているのかを見ていきます。これらのアイディアを真に定着させるために、組織に企業、チーム、個人貢献者のレベルでどのような変化が必要なのかを見ていきます。

私たち筆者は、本書が第2版までと同様に、開発の課題を「フェーズ2」に先送りできると心のどこかで期待している、あらゆる組織のUXデザイナーやプロダクト開発チームの目を覚ますものになることを願っています。本書では、開発プロセスを進化させるための戦術やテクニックをふんだんに紹介します。それでも、読者の皆さんに覚えてほしいことがあります。それは、Lean UXの核心はマインドセットであるということです。

——ジェフ・ゴーセルフ、ジョシュ・セイデン

お問い合わせ

本書に関する意見、質問等は、オライリー・ジャパンまでお寄せください。連絡先は次の通りです。

株式会社オライリー・ジャパン
電子メール japan@oreilly.co.jp

オライリーがこの本を紹介するWebページには、正誤表やコード例などの追加情報が掲載されています。

https://www.oreilly.com/library/view/lean-ux-3rd/9781098116293/（原書）
https://www.oreilly.co.jp/books/9784873119984（和書）

この本に関する技術的な質問や意見は、次の宛先に電子メール（英文）を送付ください。

bookquestions@oreilly.com

オライリーに関するその他の情報については、次のオライリーのWebサイトを参照してください。

https://www.oreilly.co.jp
https://www.oreilly.com（英語）

目　次

第I部
Lean UXへのイントロダクションと基本原則

I.1 第 I 部について

第 I 部では、Lean UXとその基本原則について説明します。プロダクトやサービスのデザインと開発プロセスがなぜ進化しなければならないか、Lean UXとは何かについて説明します。また、組織にLean UXを導入してプロダクトやサービスを成功に導くために理解しておくべき基本原則についても見ていきます。

「**1章　かつてないほどに高まるLean UXの重要性**」では、プロダクトやサービスのデザイン、開発の歴史を簡単に振り返ると共に、そのプロセスがなぜいま進化の局面に差しかかっているのかを説明します。

「**2章　Lean UXの原則**」では、Lean UXプロセスの原動力となる基本原則を詳しく見ていきます。これらの原則は、リーンなプロダクトデザインとディスカバリプロセスのフレームワークになると同時に、チームがプロセスを管理するための指針にもなります。この原則は、Lean UXの成功にとって不可欠であり、これを取り入れることでチームの文化には大きな変化が起こり、生産性の向上とプロジェクトの成功にも飛躍的な効果が期待できます。

「**3章　成果**」では、Lean UXにおいて常に重要な概念であった「成果」に焦点を当てます。筆者は長年にわたり、成果に関する新しい考え方や取り組み方を開発してきました。成果はLean UXにとって非常に重要であるため、今回、この概念を説明する単独の章を設けました。この章では、この概念に対する筆者の現在の理解をお伝えします。

1章 かつてないほどに高まるLean UXの重要性

一度しか行わないのであれば、それはイテレーションではない
——ジェフ・パットン

1.1　デザインは常に進化している

1980年代から90年代にかけて、デザイナーがソフトウェア開発に初めて自分たちの技術を持ち込んだとき、そのアプローチは従来のモノづくりと同じでした。工業デザインやエディトリアルデザイン、ファッションデザインなど、こうした従来のモノづくり、すなわち物理的な「モノ」としてのアウトプットが求められる分野では、製造工程が大きな制約になります。たとえば、ある部品をデザインするとき、デザイナーは作業を始める**前に**何をつくるかを定義しなければなりません。生産に多大なコストがかかるからです。消費財や衣料品をつくるための設備を工場に設置するにはコストがかかります。印刷物を刷るために印刷機を設定するにもコストがかかります。

しかし次第に、ソフトウェア業界で働くデザイナーは新たな問題に直面するようになりました。そう、ソフトウェアという新しい分野における固有の「文法」を理解しなければならなくなったのです。その結果、インタラクションデザインや情報アーキテクチャのような新たな専門領域が出現しました。しかし、それでもデザイナーが実践する「プロセス」はほとんど疑問視されませんでした。デザイナーは、従来と同じくプロダクトやサービスのデザインを事前に細かく定義しなければなりませんでした。フロッピーディスクやCDに複製して販売されていたソフトウェアの流通形態

は「モノ」としての製品と同じであり、瑕疵（かし）があればその損失コストは莫大なものになってしまうからです。しかし逆説的に、このような仕事の進め方では、失敗を防ぐことはできませんでした。孤立（サイロ化）して作業をしたデザイナーが開発者に仕事を渡し、孤立して作業をした開発者がQAに仕事を渡す——こうしたプロセスで仕事が進められていました。また誰もが、マーケットからのフィードバックを十分に得ていませんでした。

しかし今日、私たちは新たな現実に直面しています。ソフトウェアは、継続的にリリースされるようになったのです。インターネットは、ソフトウェアの流通形態を根本的に変えました。モバイル機器やウェアラブル機器、IoT（モノのインターネット）の普及によって、ソフトウェアの利用法も変わりました。私たちはもはや「モノ」として製品が持つような製造上の制約を受けることなく、ほんの数年前には想像もつかなかったようなペースで、デジタルのプロダクトやサービスをユーザーに届けられるようになったのです。

それによって、状況は激変しました。

現在のソフトウェア開発チームは、アジャイルソフトウェア開発や継続的インテグレーション、継続的デプロイなどの技法を用いてサイクルタイムを大幅に短縮している競合他社との厳しい競争に晒されています。**たとえば、Eコマースの巨人Amazonは、毎秒ごとに本番環境に新たなコードを追加しています**[†1]。こうした企業は、短期的なサイクルを自らの優位性として活用しています。リリースを早期かつ頻繁に行い、マーケットからのフィードバックを得て、学習したことに基づいてイテレーションを繰り返し、ユーザーとの継続的な対話を実現しているのです。つまり、プロダクトやサービスを「提供」すると同時に、「発見」しているのです。このことは様々な結果をもたらしますが、特に大きなものとして以下の2つを挙げられます。

- プロダクトやサービスがユーザーのニーズをどの程度満たしているかを継続的かつ迅速に学習できること
- プロダクトやサービスの質、懸念事項やフィードバックへの対応の面でユーザーの期待値を上げられること

†1 Jon Jenkins, "Velocity 2011:Jon Jenkins, 'Velocity Culture'," O'Reilly, June 20, 2011, YouTube video, 15:13, https://oreil.ly/Yh7Co; Joe McKendrick, "How Amazon Handles a New Software Deployment Every Second," ZDNet, March 24, 2105, https://oreil.ly/zXFoo; Werner Vogels, "The Story of Apollo - Amazon's Deployment Engine," All Things Distributed, November 12, 2014, https://oreil.ly/HrMRs.

しかも、この新しい働き方をするのに、高額なテクノロジーが必要になるわけではありません。それらを可能にするプラットフォームやサービスは、ほぼ無料で提供されており、資金力のないスタートアップでも利用できます。そのため、既存の企業はこれまで体験したことがない脅威に晒されることになります。たとえば、ほぼすべての分野で、参入障壁がかつてないほどに低下しています。物理的な製品を「製造」する必要がないために、ウェブにアクセスできるのなら誰でも、サービスのデザインやコーディング、デプロイが可能になりました。この新たな脅威を前に、「最初からすべてを細かく決定する」という従来のアプローチは有効性を失っています。このような状況下で、チームには何が求められているのでしょうか？

そう、今こそが変化のときです。

Lean UXは、プロダクトデザインとコラボレーションの進化を体現したものです。それは、デザイナーの道具箱のなかから最善のものをとりだし、アジャイルソフトウェア開発やリーンスタートアップ思考と組み合わせ、プロダクトチーム全体がそれを利用できるようにすることです。Lean UXが示す理想のソフトウェア開発では、チームはプロダクトやサービスの成功のために最大限に学習し、常に最善最短のコースを見極め、ユーザーの声に耳を傾けることができます。

Lean UXでは、コラボレーションや部門横断的な仕事の進め方が極めて重要であるため、デザイナーやプロダクトマネージャー、ソフトウェアエンジニアが、それぞれ孤立して仕事を進めることは許されません。ウォーターフォール型でプロジェクトを進める時代は終わったのです。作業は連続的に進みます。他のメンバーの仕事が終わるのを待っている余裕も、チームを待たせておく余裕もありません。効果的に仕事を進めるためには、メンバー全員が、日々、継続的に関わっていかなければなりません。このようなメンバー同士の継続的な関わりでは、チームメイトとの「**共通理解**」を深めるための技法が用いられるので、情報伝達のための膨大な資料（とそれを作成する時間）が不要になります。共通理解が深まることで、チームの意思決定が速くなり、戦略的な会話ができるようになります。もちろん、デザイナーはこれまでと同じようにプロダクトやサービスのディテールに責任を持ちます。美しいインターフェースやエレガントなワークフローを作成し、アクセシビリティからページロードの時間、ボタンラベルからエラーメッセージまで、プロダクトデザインを機能させるためのあらゆる細部を検討しなければなりません。しかし、コミュニケーションのオーバーヘッドをなくすことで、デザイナーはもっと価値のある活動、たとえばプロダクトの戦略的決定に影響を及ぼすような価値ある情報の収集など、より重要な活動に多くの時間を費やせるようになります。

Lean UXは、デザイナーがデザインについて話し合う方法にも変化をもたらします。機能やドキュメントについてではなく、ユーザーや顧客にとって**何が効果的か**——すなわち、これからつくり出そうとしている「**成果**」について話せるようになるのです。Lean UXの導入によってもたらされる新しい現実では、マーケットからのフィードバックがこれまで以上に得られるようになります。その結果、客観的なビジネス、顧客、ユーザーのゴールを念頭に置いて、その枠組みを通してデザインを議論できるようになります。何が機能しているかを把握し、学び、調整しながら、デザインを進められるようになるのです。

次章で説明するように、Lean UXは次の3つの変化をもたらします。まず、Lean UXを導入することで、プロダクト開発におけるプロセスそのものが変化します。しかし、この変化はプロセスだけにはとどまりません。それは、私たちの仕事に対する姿勢を謙虚にする、文化的な変化でもあります。最初に考えたアイディアやソリューションが間違っているかもしれないと自覚し、アイディアを絶えず改良してくために他の意見や情報を求めるようになるのです。最後に、Lean UXは組織的な変化ももたらします。デザインチームと開発チームは、より包括的で、協力的で、透過性のある方法で管理されるようになります。本書ではこれから、Lean UXのこうした側面について深く掘り下げていきます。

この導入部は、次のように要約できるでしょう。

Lean UXとは、今という時代に必要とされている働き方である——。

2章 Lean UXの原則

まっすぐ滑るんだ。思い切り速く。何かにぶつかりそうになったら、曲がれ！

——『やぶれかぶれ一発勝負！！』（1985年のアメリカのコメディ映画）

Lean UXには**デザインプロセスや組織文化、チーム組織**の基盤となるいくつかの原則があります。これらの原則を、フレームワークと見なしましょう。まずは、この原則をチームを正しい方向に導くための指針とすることから始めます。次章以降で詳述するLean UXのプロセスを実践するなかでも、この原則を念頭に置いてください。Lean UXは、ルールではありません。それは、チームが採用するアプローチなのです。プロダクトチームが仕事をする文脈は無限にあり、デザイナーが関わる業界、会社、文化、規制、顧客、使命も異なることを考えれば、Lean UXのプロセスを組織で機能させるためには、当然、調整が必要になります。本章で説明する原則は、この調整のための指針になります。

この原則を適応できれば、組織の文化は変化していきます。これから紹介する原則のなかには、他よりも影響が大きなものがあれば、実践が難しいものがあります。いずれにしても、この章で説明するそれぞれの原則は、プロダクトデザインチームを、今日のアジャイルな状況に適した、協調的で部門横断的なチームに変えていくための指針になります。

2.1　Lean UXの基盤

Lean UXは、多くの重要な概念を基盤にしています。それは、いくつかの異なる考え方を組み合わせたものだと言えます。これらの源流となる考えを理解しておくことは、Lean UXを適用し、壁にぶつかったときに必要な情報を見つけるうえで役立ちます。

Lean UXの1つ目の基盤は**ユーザーエクスペリエンス・デザイン**です。Lean UXの本質は、ユーザーエクスペリエンス・デザインを実践する方法です。ヒューマンファクターや人間工学などの分野に根差し、さらにはヘンリー・ドレイファスのような工業デザイナーの仕事を通じて1950年代に生まれた「人間中心デザイン」というアイディアに基づくこれらの手法や考えは、今日ではドナルド・ノーマンが考案した「ユーザーエクスペリエンス・デザイン」(または単に「UX」) という用語で呼ばれています[†1]。UXは、インタラクションデザイン、情報アーキテクチャ、グラフィックデザインなど、多くのデザイン分野を包含しています。しかし、その実践の中心は、人間のニーズ、すなわちシステムのユーザーのニーズを特定することから始まります。

この10年間で、「**デザイン思考**」の人気はさらに高まりました。デザイン思考は1970年代から1980年代にかけてアカデミズムに登場し、2000年代初めにデザイン会社のIDEOによって世の中に広められました。デザイン思考は、人間中心のデザイン手法を幅広い問題に適用する方法です。IDEOのCEO兼社長のティム・ブラウンはデザイン思考を、「人間を直接的に観察することを原動力とするイノベーション手法。人々が日々の暮らしのなかで何を望み、必要としているか、特定のプロダクトの製造やパッケージング、マーケティング、販売、サポートの方法で何を好み、好んでいないかを直接的に観察することを原動力とするイノベーション手法である[†2]」と定義しています。

ブラウンはさらにこう付け加えています。「デザイン思考とは、人々のニーズを、技術的に実現可能なことと、事業戦略によってユーザー価値と市場価値に転換できるものに適合させるために、デザイナー的な感性や手法を用いる方法である」

Lean UXにとってデザイン思考は重要です。なぜなら、デザイン思考は「ビジネスのあらゆる側面は、デザイン手法でアプローチできる」という明確な立場をとってい

---

†1　Don Norman and Jakob Nielsen, "The Definition of User Experience," Nielsen Norman Group, accessed June 15, 2021, https://oreil.ly/NxTKY.

†2　Tim Brown, "Design Thinking," Harvard Business Review, June 2008, https://oreil.ly/zl9mr.

るからです。そのためデザイナーは従来の役割に制限されることなく、組織内の境界線を越えて仕事ができるようになります。デザイナー以外の人も、それぞれが直面している問題を解決するためにデザイン手法を用いることが奨励されます。このように、UXとそのいとこのような存在であるデザイン思考は、チーム全体にヒューマンニーズの考慮と、様々な役割とのコラボレーション、全体的な視点でのプロダクトデザインを促す、極めて重要な基盤なのです。

Lean UXの2つ目の基盤は**アジャイルソフトウェア開発**です。長年、ソフトウェア開発では、サイクルタイムの短縮、継続的学習の習慣化、定期的なユーザー価値の提供のためにアジャイル手法が採用されてきました。アジャイル手法を用いることで、デザイナーはプロセス上の問題に直面することもありますが（この問題の解決策については**第Ⅱ部**と**第Ⅲ部**で詳述します）、アジャイルのコアバリューがLean UXと完全に調和しているのは間違いありません。Lean UXでは、アジャイル開発の以下の4つのコアバリューをプロダクトデザインに適用します。

1. **プロセスやツールよりも個人との対話を**
   Lean UXでは、中間生成物や厳格なプロセスよりも、コラボレーションや対話を優先します。チーム全体が、様々な視点からアイディアを生み出すために積極的に関わります。チームに自由かつ頻繁なアイディア交換が促されるため、迅速な議論や意思決定、行動が可能になります。
2. **包括的なドキュメントよりも動くソフトウェアを**
   ビジネスの問題には、実に様々なソリューションが考えられます。メンバーそれぞれが、最善のソリューションについての持論を持っています。そのため、どのソリューションが最も有効かを見極めることが重要になります。時には、この見極めが極めて難しかったり、不可能だったりする場合もあります。早い段階でアイディアをユーザーの手に触れさせることで（たいていの場合は実際に動作するソフトウェアを通じて）、チームはそのソリューションの市場適合性や実行可能性を迅速に評価できるようになります。
3. **契約交渉よりも顧客との協調を**
   チームメイトやユーザーと連携することで、問題の背景やソリューション案についての共通理解が生まれやすくなります。また、チームメイトやユーザーとの合意に基づいて意思決定を行えるようになります。その結果、短期間でのイテレーションや、プロダクトやサービス開発への本質的な関与、効果的な学習への投資などが促されます。また、意思決定プロセスにメンバー全員が参加しているため、分厚い仕様書を用いた確認や説明のプロセスを削減できます。コラボレーションによって、文書によるコミュニケーションや議論、手の込んだ説明を用いる手法よりも、効果的な協力関係を築けます。

4. **計画に従うことよりも、変化への対応を**
   Lean UXでは、初期のプロダクトデザインには少なくとも部分的な欠陥があることを前提にしています。このためチームは、できるだけ早く問題点を見つけ出すことを目標にします。機能しているものとしていないものを明確にしたら、すぐに提案を修正し、再びテストを行います。このマーケットからのインプットによって、チームのアジリティが保たれ、「正しい方向」に向かった絶え間ない軌道修正を行えるようになります。

Lean UXの3つ目の基盤は、エリック・リースが確立した**リーン・スタートアップ**です。リーン・スタートアップとは、「**構築（Build）—計測（Measure）—学習（Learn）**」のフィードバックループを用いてプロジェクトのリスクを最小化し、開発と学習を迅速化するサイクルのことを指します。チームはできるだけ早く学習プロセスを回すために、「**MVP（実用最小限のプロダクトやサービス）**」を短期間で開発し、リリースします。

エリックは次のように述べています。「リーン・スタートアップは、プロトタイプの迅速な開発を提唱している。狙いは、マーケットにおける仮説の評価とユーザーからのフィードバックの活用により、従来のソフトウェア・エンジニアリング手法よりも短期間でプロダクトやサービスを進化させることだ[†3]」

さらに、エリックはこう続けています。「リーン・スタートアップのプロセスは、ユーザーとの接触頻度を増やすことで無駄を削減する。これにより、マーケットにおいて速やかに仮説を検証し、間違っていた場合はそれをすぐに回避できるようになる」

Lean UXは、この思想をプロダクトデザインに適用します。

すべてのデザインは、ビジネスソリューションの提案、すなわち仮説の検証です。目標は、ユーザーからのフィードバックを参考にしてできるだけ効率的にこのソ

†3 Josh Seiden and Jeff Gothelf, “The 3 Foundations of Lean UX,” O’Reilly Media, October 25, 2017, https://oreil.ly/AFDOW.

リューション案を検証することです。仮説を試すためにつくれる最小のものがMVPです。MVPは、プログラミング・コードでつくられている必要はありません。エンドユーザーの体験に近似するものであれば、どのようなものでもMVPになり得ます。MVPから得たフィードバックを活かし、アイディアを発展させます。そして、同じことを繰り返します。

2.2 Lean UXの定義とは？

Lean UXは次のように定義できます。

- Lean UXとは、コラボレーティブ、部門横断的、ユーザー中心の方法によって、プロダクトの本質を素早く明らかにするためのデザインアプローチである。
- Lean UXの手法は、ユーザー、ユーザーのニーズ、ソリューション案、成功の定義についてのチームの共通理解を構築する。
- Lean UXは、チームの意思決定に求められる根拠を築き、プロダクトやサービス、価値の提供を絶えず向上させるために、継続的な学習を優先させる。

2.3 Lean UXの原則

この章ではここから、Lean UXの根底にある原則を説明していきます。今後、Lean UXのアプローチを実践していく際には、これらの原則を念頭に置くようにしてください。Lean UXの体験を、学びの道のりととらえましょう。あなた自身とチームを正しい方向に導くために、これらの原則を活用してください。

これらの原則は、「**チームビルディング**」「**チームや組織文化の指針**」「**プロセスの指針**」に関する3つのグループに分けられます。

2.3.1 「チームビルディング」に関する原則

まずは、チームビルディングに関するLean UXの原則について見ていきます。

- 部門横断的
- 小規模、専念、同一環境で作業する
- 自己充足的で、権限を持つ

● 課題焦点型

2.3.1.1 原則：部門横断的

内容：部門横断的なチームは、プロダクト開発に関与する様々な分野のメンバーで構成されています。ソフトウェア・エンジニアリング、プロダクトマネジメント、インタラクションデザイン、ビジュアルデザイン、コンテンツデザイン、マーケティング、品質保証（QA）などはすべて、Lean UXチームに含まれます。Lean UXでは、これらの部門間での高レベルのコラボレーションが求められます。各部門は、プロジェクトの初日からエンゲージメントの終了まで、継続的に関与しなければなりません。

実践する理由：多様性のあるチームは、多様な視点で問題解決に取り組めるために、優れたソリューションを生み出しやすくなります。多様なチームでは、関門式の、書面による（ウォーターフォール式の）情報伝達プロセスが不要になります。チームが非公式な形で情報共有をすることで、プロセスの初期段階でコラボレーションが促され、チームの効率性が大きく高まります。

2.3.1.2 原則：小規模、専念、同一環境で作業する

内容：チームは小規模にし、中心メンバーは10人以下にします。チームは1つのプロジェクトに専念し、全員が同じ場所で作業します。

実践する理由：小さなチームのメリットは、「コミュニケーション」「集中」「連帯感」の3語で表せます。チームが小さいと、プロジェクトの状況や、変更点、新たな学習内容を最新状態に保ちやすくなります。1つのプロジェクトに専念することで、チーム全員が常に同じ優先度で業務に取り組めるために、他のチームのプロジェクトとの兼ね合いを気にする必要がなくなります。チーム全員が同じ場所で作業をすることで、メンバー間の関係も深まります。

同一環境で作業するとき（＝コロケーション）の注意点

2020年、COVID-19の大流行により、私たちの業界はリモートワークについて多くを学ばなければならなくなりました。リモートワークについては後ほど詳しく説明しますが、ここではこの原則と、私たちが今でもコロケーションを提唱し

ている理由について述べたいと思います。「コロケーション」とは、同じ物理的空間に人を集めることです。私たちは昨年、チームを共有の仮想空間に集めて、同じような経験をさせられることを学びました。この働き方にはいくつかの利点（パジャマ、猫、通勤時間の短縮）と、いくつかの欠点（パジャマ、猫、使いにくいデジタルコラボレーションツール）があります。しかし全体としては、リモートワークが普及した結果、逆にコロケーションになぜ強みがあるかについての根本的な理由が共有されるようになったのではないでしょうか。コロケーションの働き方を採用すれば、チームは気軽で自由な会話ができ、複数のメンバーによる波長を合わせたコラボレーションがとても容易に実現できます。筆者はリモートワークについて多くを学び、それを成功させる方法についても学んできましたが、それでもチーム全員が同じ場所で作業をしていないと何かを逃してしまうと確信しています。ですから、もしあなたが何らかの理由でリモートワークをするのであれば、ハンドオフを制限し、インフォーマルなコラボレーションを促し、同僚と同じ空間で仕事をすることで得られる細かな利点が得られるような方法で行うように心がけてみてください。

2.3.1.3　原則：自己充足的で、権限を持つ

内容：チームが外部依存なしでプロジェクトを進められるようにします。ソフトウェアの開発とリリースに必要な環境を用意し、チームに、直面している問題を解決する方法を決定する、ユーザーや顧客と直接関われる、などの権限を与えます。

実践する理由：外部依存のないチームは、効率を最大限に高めるためにプロセスを自由に最適化できます。外部のリソースや専門知識を必要とすることなくチーム内でソフトウェアの開発・リリースができるため、速いペースで行動でき、多くを学べます。ユーザーや顧客と直接関わる権限のないチームは、マーケットから学ぶことができません。効果的なソリューションの開発に必要なフィードバックを得るには、チームはユーザーと直接コミュニケーションできなければならないのです。

2.3.1.4　原則：課題焦点型のチーム

内容：課題焦点型のチームは、機能の実装ではなく、ビジネスやユーザー課題の解決を目標にします。つまり、これは成果を重視するチーム形態です。

実践する理由：チームに課題を与えるのは、チームへの信頼の証しでもあります。課題を与えられることで、チームには独自にソリューションをつくり出そうとする意欲が生まれ、自分たちが実装するソリューションに強い誇りと当事者意識を持つようになります。また、仕事を「完了」させることの意味も変わります。問題解決を目的としているチームは、単に機能を提供するのではなく、問題が本当に解決されるまでイテレーションを繰り返すことになるからです。

2.3.2 「チームや組織文化の指針」となる原則

文化とプロセスは表裏一体です。Lean UXを採用することで、学習意欲や好奇心を重んじる文化が育まれます。こうした文化を導くLean UXの原則は次のとおりです。

- 疑問から確信へ
- 結果（アウトプット）ではなく、成果（アウトカム）を重視する
- 無駄を省く
- 共通理解を生み出す
- ユニコーン、エバンジェリストやヒーローは不要
- 失敗を許容する

2.3.2.1 原則：疑問から確信へ

内容：ソフトウェア開発は、複雑で予測不可能です。このためLean UXでは、検証されるまではすべてが推測や仮定であるという前提に立ちます。プロジェクトを進めるにつれ、その推測や仮定が正しいかどうかが明らかになっていきます。したがって、チームは常に疑問から確信へと移動していることになります。

実践する理由：あらゆるプロジェクトは推測や仮定から始まります。それらは簡単に検証できる場合もあります。手遅れになるまで確信に至らない場合もあります。的外れな推測や仮定に基づいて作業をすることで時間や労力を無駄にしてしまうリスクを避けるために、チームはまず推測や仮定の検証に取り組みます。筆者は、「**熱心な懐疑主義**」という考え方を推奨します。つまり、疑問から始め、できる限り体系的かつ厳密に、知っていることを検証していくのです。その過程で学習をしていくことで、仕事の内容は改善し、立場が明確なものになっていきます。

2.3.2.2 原則：結果（アウトプット）ではなく、成果（アウトカム）を重視する

内容：機能やサービスは結果（アウトプット）です。これらの機能やサービスで達成を目指すのが**成果（アウトカム）**です。Lean UXでは、チームはなによりも「**価値を生み出すユーザー行動における、測定可能な変化**」――すなわち、成果をつくり出すことを目指します。そして、明示的に定義された成果を基準にして進捗を測ります。

実践する理由：私たちは、開発中の機能がどの程度の成果を上げるかを、推測や仮定に頼って予測しています。この方法ではリリースに向けて機能を開発していくことは簡単ですが、プロダクトやサービスをマーケットに届けるまで、その機能が本当に効果的なのかどうかを測る手段がありません。成果（と成果を基準にした進捗）を管理することによって、開発中の機能の有効性を把握しやすくなります。また、ある機能のパフォーマンスが有効ではない場合、その機能を維持するか、変更するか、他と置き換えるかについて、客観的に判断できるようになります。

2.3.2.3 原則：無駄を取り除く

内容：リーン生産方式の核となる信条の1つは、最終目的の達成につながらないものをできるだけ排除することです。Lean UXの究極の目的は、成果を向上させることです。そのため、この目的に貢献しないものはすべて無駄であると見なし、チームのプロセスから取り除くべきです。

実践する理由：チームのリソースには限りがあります。無駄を省くほど、チームは迅速に動けるようになります。チームは、正しい課題に取り組むべきであり、効果的に機能すべきです。価値の創造と無駄の排除を意識することで、チームは重要な仕事に集中できるようになります。無駄について考えること、特に「**無駄を取り除くこと**」について考えると、デザインプロセスを批判的な視点でとらえられるようになります。私たちは、仕事の進め方を継続的に改善しようとするようになるのです。しかも、それはプロセスに関することだけではありません。究極の無駄とは何でしょう？　それは、人々が欲しがらないものをつくることです。私たちは、それを避けるべきです。ユーザーに焦点を当て、価値あるものを提供するためにエネルギーを使いましょう。

2.3.2.4 原則：共通理解を生み出す

内容：共通理解とは、チームが一緒に働きながら時間をかけて築いていく集団的な知識です。それは状況や、プロダクト/サービス、ユーザーについての深い理解を意味します。

実践する理由：共通理解は、Lean UXにとっての貨幣だと言えます。チーム全体が、自分たちが取り組んでいる仕事の内容やその理由を理解することで、「**何**」が起きているのかを話し合う必要がなくなり、新しい学習に基づいて「**どのように**」問題を解決するかに素早く向かうことができます。間接的な報告や詳細な文書に依存せずに業務を円滑に進められるようにもなります。ユーザーが何を必要としているかについての共通理解が深まるほど、エゴや権力闘争、独善的なデザイン上の意思決定を断ち切れるようになります。

2.3.2.5 原則：ユニコーン、エバンジェリストやヒーローは不要

内容：Lean UXは、チームワークの価値を提唱します。ユニコーン、エバンジェリスト、ヒーローのような個人のパフォーマンスではなく、チームの連帯感やコラボレーションを重視します。

実践する理由：ユニコーンやヒーローと呼ばれる人は、自らのアイディアや、スポットライトを浴びる立場を他のメンバーと共有しようとはしません。エゴが強く、スターのように振る舞うメンバーがいると、チームの結束が弱まります。コラボレーションがうまくいかないと、共通理解を生み出す環境が失われ、チームは効果的に前進できなくなってしまいます。

2.3.2.6 原則：失敗を許容する

内容：Lean UXを実践するチームは、ビジネス/ユーザーの課題への最善のソリューションを見つけるために、アイディアを実験しなければなりません。これらのアイディアのほとんどは、失敗に終わります。そのため、チームが安心して失敗できるような環境をつくることが必要になります。これは、技術的環境（技術的に安全な方法でアイディアを試せる）と、文化的環境（アイディアが成功しなくても罰せられない）の両方に当てはまります。

実践する理由：失敗が許容されることで、チーム内には積極的に実験しようとする文化が生まれます。実験は創造性を育みます。創造性は、革新的なソリューションを

もたらします。失敗しても職を失ったりはしないという安心感があるため、チームは積極的にリスクをとるようになります。このような環境下だからこそ、斬新なアイディアが生まれるのです。

継続的な改善の価値

CB Baby社の創業者デレク・シヴァーズは、「Why You Need to Fail（あなたが失敗すべき理由）」と題した動画（http://www.youtube.com/watch?v=HhxcFGuKOys）のなかで、陶芸クラスを対象にした実験の驚くべき結果について語っています[†4]。

クラスの初日、講師は受講生を2つのグループに分けます。片方のグループは、学期を通じて1つだけ陶器をつくります。成績もその陶器の出来で判断されます。

もう一方のグループは、学期の間にいくつでも陶器をつくることができます。成績は、陶器の総量で判断されます（例：すべての陶器の重さの合計が50ポンド以上であればA、40ポンドであればB、30ポンドであればC）。陶器の質は問われません。講師は「クラスの最終日に、質は一切考慮せず、陶器の重さのみで成績を評価する」と受講生に伝えます。

学期末、興味深いことが起こりました。第三者に陶器を評価してもらったところ、最も質の良い陶器をつくったのは、1つだけ陶器をつくったグループではなく、量で成績を評価されると告げられたグループだったのです。このグループの受講生たちは、学期を通じてできるだけ多くの陶器をつくることを目標にしてきました。良い陶器がつくれた場合も、失敗した場合もありました。こうした試行錯誤を繰り返すなかで、受講生は様々なことを学びました。そして、質の良い陶器をつくるという、陶芸本来の目標を達成できるようになっていたのです。

対照的に、陶器を1つだけつくるように指示されたグループは、失敗を繰り返すことのメリットを得られませんでした。このため、他のグループと同じ速度で学習することができませんでした。このグループの受講生は、Aの成績をとれる陶器をつくるにはどうすればよいかという理論を考えることに時間を費やしまし

†4 Derek Sivers, "Why You Need to Fail - by Derek Sivers," February 15, 2011, YouTube video, 14:54, https://oreil.ly/oZHQe

たが、その壮大な理想を実現するための経験を持っていなかったのです。

2.3.3 「プロセスの指針」となる原則

組織的、文化的な原則を見たところで、次にチームがどのように働き方を変えていくべきかについての、戦術的な視点に目を向けてみましょう。

- 「これまでと同じことを速くやる」のではなく、仕事の進め方を見直す
- プロダクト開発のフェーズに注意する
- アジリティの鍵はイテレーション
- バッチサイズを小さくしてリスクを減らす
- 継続的な発見を活用する
- 建物から出る
- 仕事を外面化する
- 分析よりも形にすることを優先させる
- 中間生成物中心の仕事の進め方から脱却する

2.3.3.1 原則:「これまでと同じことを速くやる」のではなく、仕事の進め方を見直す

内容:アジャイルを採用したチームの多くは、最初に、これまでと同じことを速く行うとします。これは決してうまくいきません。8週間かかる調査を、2週間で行うことはできないのです。このような方法を実行してはいけません。必要なのは、新しい方法で仕事に取り組むことです。それは、仕事についての考え方を根本から見直すことなのです。

実践する理由:アジャイルの目的は、速く仕事をすることではありません。2週間のスプリントで仕事をすることでも、すべてのルールに従うことでもありません。アジャイルの目的は、ソフトウェアというメディアに適した方法で作業することであり、そうすることによって、より多くの価値を提供する、より良いプロダクトやサービスをつくることなのです。アジャイルな手法は、私たちの仕事の進め方、コラボレーションの方法、価値提供の仕方を見直す機会を与えてくれます。時には、それま

でのプロセスをアジャイルのリズムに単純に合わせることもできます。しかし、それができない場合もあります。そのようなときは、強引にアジャイル手法を実践しようとするのではなく、仕事の進め方を見直すべきです。

2.3.3.2 原則：プロダクト開発のフェーズに注意する

内容：調査フェーズ、デザインフェーズ、開発フェーズ、テストフェーズ、（あってほしくはないが）ハードニングフェーズなど、**どんなものであれ「フェーズ」と名のつくものがあれば**、それは何かが間違っているという警告サインだと見なすべきです。なぜならアジャイルチームは、すべてのスプリントでこれらのすべてを継続的に行うべきだからです。アジャイルでは、調査、デザイン、ビルド、テストなどを継続的に行うのです。

実践する理由：アジャイル手法は、「検査と適応」という基本的な考えに基づいています。そのため、頻繁かつ定期的な検査の対象となる生成物を完成させることを目標にします。調査フェーズであれ、デザインフェーズであれ、開発フェーズであれ、フェーズでは生成物は完成しません。フェーズでは、「**プロセスステップ**」が完了するだけです。生成物を完成させるためには、フェーズで区切るのではなく、継続的に仕事を進める方法に移行する必要があるのです。

2.3.3.3 原則：アジリティの鍵はイテレーション

内容：仕事を分割するときは、インクリメンタルなアプローチではなく、反復的なアプローチをとるべきです。つまり、正しい結果が得られるまで、同じ対象を何度もデザインし、テストすべきなのです。

実践する理由：多くのアジャイルチームは、インクリメンタルなアプローチ（大きな機能を小さなパーツに分割して、数スプリントにわたってそれを提供する）とイテレーティブなアプローチ（ある機能を改善するために何度も繰り返して取り組む）を混同しています。この理由の1つは、アジャイルではスモールバッチでの作業が重視されているためです。たしかにどちらも、スモールバッチ式のアプローチだと言えます。しかしイテレーションとは、正しい結果が得られ、問題が解決され、ユーザーのニーズが満たされるまで（単に機能仕様が満たされるだけでなく）、目指す「**成果**」が得られるまで、作業をやり直すことなのです。イテレーションは、アジャイルの世界でUXデザイナーが経験する典型的なフラストレーションである、「常に、正しい作業をするための時間が足りない」という感覚を解消する鍵でもあります。チームは、正しい結果が得られるまでその機能への作業を繰り返すことで、自分たちが誇りに思え、ユーザーを満足させ、ビジネス上の課題を解決できる、優れた仕事をする機会を得られるのです。

2.3.3.4　原則：バッチサイズを小さくしてリスクを減らす

内容：仕事を「バッチ」と呼ばれる小さな単位に分割する方法も、Lean UXがリーン生産手法から取り入れることのできる原則の1つです。リーン生産手法ではこの考え方を用いて在庫を減らし、品質を高めます。これをLean UXに当てはめると、それはチームを前進させるために必要なアイディアのみを作成し、テストや実装をしていないデザイン上のアイディアの「在庫」を減らすことを意味します。

実践する理由：プロジェクトは前提となる推測や仮定から始まります。大きなバッチサイズのデザインでは、これらのテストされていない前提に基づいて、多くのデザインワークを行うことになります。このため、もしこの前提が間違っていたら、作業の多くが無駄になってしまいます。バッチを小さくすれば、デザインや意思決定の検証を細かな単位で行いやすくなり、無駄を減らせます。

2.3.3.5　原則：継続的な発見を活用する

内容：継続的な発見とは、ユーザーをデザインと開発のプロセスに継続的に関与させることを意味します。ユーザーには、定期的に、定量的または定性的な方法による調査活動に参加してもらいます。目的は、ユーザーがプロダクトやサービスをどのように使っているか、**その理由は何か**を理解することです。調査は定期的かつ頻繁に実施し、チーム全体が関与します。

実践する理由：定期的にユーザーとインタラクションすることで、新たなプロダクトやサービスのアイディアを検証する機会が頻繁に得られます。チーム全体が調査サイクルに関わることで、ユーザーの存在とユーザーが抱えている問題点をメンバー全員が身近に実感できます。チーム内に共通理解も生まれます。また、チーム全体が共に学ぶことで、口頭やドキュメントを介した報告を減らせます。

2.3.3.6　原則：建物から出る

内容：「建物から出る（Getting Out Of The Building）」とは、スタンフォード大学教授、起業家、作家であるスティーブ・ブランクによって広められた概念です。ブランクは、UXのコミュニティで「ユーザーリサーチ」と呼ばれていたものを、この言葉で表したのです。リーン生産手法の世界では、同じような考えを「go and see（現場に行き、観察せよ）」と表現することがあります。

これらのコミュニティが共通して持っているのは、「会議室にいても、ユーザーの真実はわからない」という考え方です。ユーザーの行動と要望、その理由を理解するためには、ユーザーのいる場所に行って、彼らが**何をしているか**を観察し、直接的に関わる必要があるのです。

Lean UXでは、従来よりもかなり早い段階から、アイディアについてのフィードバックを見込み客から得るようにします。そう、かなり早い段階から、です。アイディアがまだ若いうちに、ユーザーの視点で有効性を評価します。アイディアが妥当で、不足点はないかを事前に確かめることで、誰も求めていないプロダクトやサービスをつくるために時間と労力を投じるという失敗を避けられるようになります。

実践する理由：プロダクトやサービスの成否を最終的に決めるのは、チームではありません。それは、ユーザーです。あなたがデザインした「購入」ボタンをクリックするのは、ユーザーなのです。早い段階からユーザーの意見を聞くほど、アイディアが有効かどうかを見極めやすくなります。

2.3.3.7 原則：仕事を外面化する

内容：外面化（Externalizing）とは、仕事を自分の頭のなかやコンピューターのなかに閉じ込めず、外に出して他者の眼に晒すことです。チーム各人の仕事の進捗を、ホワイトボード、仮想共有スペース、スチレンボード、掲示板、印刷物、付箋紙などを使ってチームメイトや同僚、ユーザーに共有します。

実践する理由：メンバーの仕事の進捗が外面化されることで、全員がチームの状況を把握しやすくなります。すでに共有されているアイディアのなかから、新たなアイディアが生まれやすくなります。物静かなタイプのメンバーを含め、チーム全員が情報共有に参加できます。付箋紙やホワイトボード上のスケッチは、チームで存在が目立つメンバーと同じくらい強く、メッセージを発信できます。

2.3.3.8 原則：分析よりも形にすることを優先させる

内容：Lean UXでは、分析よりも、アイディアを形にすることを重視します。アイディアを形にして最初のバージョンをつくることは、会議室でそのメリットを半日かけて議論するよりも大きな価値があります。

実践する理由：チームが直面している最も困難な問題の答えは、会議室に閉じこもっていても見つかりません。答えは、現場にいるユーザーが持っています。答えを得るためには、アイディアを具現化して、ユーザーの反応を見られるものをつくらなければならないのです。マーケットベースのデータもなしにただ議論をしていても、効果は望めません。起こり得るシナリオを検討するよりも、まず何かをつくり、それを持って建物の外に出ることが大切なのです。

2.3.3.9　原則：中間生成物中心の仕事の進め方から脱却する

内容：Lean UXでは、チームはデザインプロセスの焦点を、ドキュメントの作成から、目的とする成果を実現することへとシフトさせます。部門横断的なコラボレーションが進むことで、ステークホルダーとの会話の中心は、何を開発するかではなく、どのような成果を達成すべきかに移っていきます。

実践する理由：ユーザーの課題を解決するのは、ドキュメントではなく、プロダクトやサービスです。チームは、どの機能がユーザーに最大のインパクトをもたらすかを学ぶことに焦点を合わせるべきです。チーム/組織内の確認のためだけに中間生成物をつくるのは効率的ではありません。重要なのは、マーケットからの反応によって測られる、プロダクトやサービスの質だけなのです。

2.4　この章のまとめ

この章では、Lean UXの基本原則を説明しました。これらの原則は、すべてのLean UXチームが全力で取り組むべき、極めて重要な概念です。Lean UXを実践する際は、これらの原則を用いてチームの構成、場所、目標、仕事の進め方を定義してください。

3章
成果

従来、ソフトウェア開発のプロジェクトは、要件と成果物によって構成されていました。チームには要件が与えられ、成果物を用意することが期待されます。成果物は、そのシステムや機能、技術が、要件を満たしていることを示すものとして提出されました。また要件には、戦略的なコンテキストについての説明がない場合がほとんどでした。「これをする理由は？」「誰のために？」「何をもって成功と見なす？」といった情報が欠けていたのです。

これに対しLean UXでは、機能やデザインの選択、そして何より開発に取り組む人たち――デザイン部門だけでなく、チーム全体――の成功の定義に戦略的なコンテキストを導入することで、仕事の枠組みを根本から変えます。Lean UXの目標は、成果物や機能を作ることではありません。目標は、顧客の行動や、世の中に対してポジティブな影響を与えること――すなわち、成果を生み出すことなのです。

3.1 私たちがしている仕事とは何か？

端的に言えば、Lean UXとは、「**成果物主体のビジネスからの脱却**」です。私たちは成果物ではなく、成果を生み出すためにビジネスをしています。ですから、ドキュメントやモックアップ、プロトタイプ、機能、ページ、ボタンなどの成果物を作ることばかりに目を向けるべきではありません。何より重要なのは、成果を出すこと。故に、望む成果を生み出すものだけを作ることに集中すべきなのです。

なぜ機能や成果物ではなく、成果に焦点を当てるべきなのでしょうか？　それは私たちがデザインし、構築する機能が目指している価値を創造するかどうかを予測するのが難しい（多くの場合は、不可能）から――です。「このボタンは、ユーザーの購買意欲を高めるだろうか？」「この機能でエンゲージメントは高まるだろうか？」「この機能は、予想外の方法で利用されないだろうか？」「サービスに対するユーザーの関わり方を、うまくシフトさせられないだろうか？」といった問いに対する答えを、事前に理解するのは至難の業です。だからこそ、機能に注目するのではなく、生み出したい価値に注目し、望ましい価値――すなわち成果――を提供できるようになるまで、テストを繰り返したほうが良いのです。

この重点のシフトは、デザイナーがプロセスとして作成するもの――ドキュメント、モックアップ、ワイヤーフレーム、仕様書、プロトタイプなど――と、仕事全体の枠組みの両方に当てはまります。クライアントやステークホルダーが求めているものとは何でしょうか？　たしかに、私たちはWebサイトやアプリの制作を依頼されているのかもしれません。新しいページやフロー、コピーを作ることが求められているのかもしれません。しかし、彼らはなぜそれを求めているのでしょうか？　その背後にある理由を理解し、明確にすることも、私たちの大切な仕事なのです。これを実践するための具体的な方法については、次部で詳しく説明します。ここではまず、納品物から成果――言い換えれば、**アウトプットからアウトカム**――へと仕事のあり方をとらえ直すために、Lean UXの重要なキーワードを少し整理しておきましょう。

3.1.1　成果についてのストーリー

あるエージェントで働く小さなチームを想像してみましょう。チームのメンバーであるジョノ、ニコル、アレックス、アマンダの4人は、新規のクライアントと初めてのミーティングをしています。このクライアントからは、年内後半の立ち上げが確約している新しいWebサイトのデザイン、構築、立ち上げを依頼されています。

このミーティングのために準備をしていたクライアントチームからは、Webサイトが満たすべき要件の詳しいリストが事前に送られてきていました。そのリストは野心的で、エージェントチームが少しばかり怖気づくようなものでした。エージェントチームも下調べをしてきました。要件リストを確認して、クライアントへの質問を用意していたのです。

自己紹介と歓談の後、ニコルが本題を切り出しました。「要件リストを拝見しました。盛りだくさんの内容でしたね。これらを検討する前に、まずは要件から少し離れて、サイトやサービスの目的についてお尋ねします。まず、このサービスが御社のビジネスにとって重要な理由について、お聞かせいただけますか？」

「ええ、もちろんです」とクライアントである小規模企業のCEO、セシルが答えます。「私たちは現在、年間50社ほどの顧客企業に、旅行やイベントに関するとても手厚い企画サービスを提供しています。これは各顧客に対して細かな対応が求められる、ハイタッチなサービスです。そこでこのサービスのオンライン版を立ち上げ、年間数千社の顧客にサービスを提供できるようにしたいと考えているのです。需要があるのはわかっていますが、効率を考えると現在よりも手間のかからない方法が必要です。このWebサイトでは、それを提供したいと思っています」

「それは素晴らしい」とニコルが答え、ジョノがホワイトボードに「インパクト：年間数千社規模の顧客にサービスを提供できる、効率的なロータッチのサービスを実現する」と書き込みます。

ニコルが続けます。「顧客にとって、今はできないが、このサービスが始まったらできるようになることは何でしょうか？」

「ええと」セシルが答えます。「それはいい質問ですね。私たちが現在提供しているのは、異国情緒のある観光地でのオーダーメイドのイベントに特化したイベントプランニングサービスです。現状、企画はすべて自分たちで作成しています。今回の新しいサービスでは、私たちの旅のノウハウを必要としないイベント主催者が、予算やニーズに合ったイベントプランナーを自分で見つけられるようにしたいのです」

「それは素晴らしい」ジョノはそう言って、ホワイトボードにこう書き込みます。「成果：イベントホストが、国内外にいる望ましい条件を備えたイベントプランナーと出会える」

セシルが少し戸惑いながらボードを見て、こう尋ねます。「でも、これは自明のことではないのかしら？　どうしてこれがあなたたちの役に立つの？」

ニコルが説明します。「御社の要件定義書にある機能リストは、とても野心的ですね」。ニコルはやんわりと、このリストが必要以上に長く、憶測的な項目も多いと伝えているのです。ニコルはこう続けます。「希望されている納期はかなり短いので、リストの項目を絞り込み、どの機能を優先的に作り、どれを後回しにするかを決めなければなりません。ユーザーが求めている成果を理解することで、機能リストの優先順位が決まります。それによって、顧客同士が出会い、プロジェクトを見つけ、共同で入札に取り組むのを助けることに集中できるようになります。この成果を生み出さないものは何であれ、優先順位を下げるべきです」

3.1.2　ストーリーを紐解く：結果（アウトプット）、成果（アウトカム）、影響（インパクト）

上記の話はフィクションですが、これは数え切れないほどの実在のキックオフミーティングに基づいています。そしてこれは、「Lean UXとは成果に焦点を当てることである」というLean UXの重要な考え方の1つをはっきりと示すものでもあります。

もう少し詳しく、ニコルとジョノのプロセスの背後にある枠組みについて見てみましょう。

まず、クライアントからは長い要件リストを差し出されました。これらの要件は、デザインと構築を依頼するWebサイトとその機能を記述したものでした。ここでクライアントがエージェンシーに作成を依頼したのは、「**結果（アウトプット）**」です。

エージェンシーには、この機能リストの項目が多すぎることがわかりました。すべてを実現するには相当に長い時間がかかります。そのうえ、このリストにある機能の多くは、エンドユーザー（やクライアント）にとって有用ではないものに思えました。そのため、機能リストの先にある、より大きな目的に目を向けたのです。

ニコルがクライアントに、求めている「**影響（インパクト）**」について尋ねたのは、この大きな目標を明確にするためでした。「もしこのCEOがその地位を保ちたいのなら、取締役会に何を提供する必要があるのか？」という視点で、大きな問題について考えるのです。筆者は、企業にとっての最高レベルの目標を「インパクト」という言葉で表現します。これは収益や利益、顧客ロイヤルティといったものを指すこともありますが、セシルが述べた「ブティック型のサービスプロバイダーから、さらに広範囲にリーチできる組織へと成長する」といった、より大きく、戦略的な目標のことも指します。

インパクトレベルの目標を目指すことの問題は、それを追求する方法や、その実現に貢献する要因が非常に多くあるため、取り組みをどう分解し、進捗をどう測定するかが難しいということです。そこで筆者は、「**成果（アウトカム）**」と呼ぶ中間的な目標を用いることにしています。このストーリーの場合、チームはこれから取り組む最重要の中間目標である「成果」を明確にしました。「**適格なプロフェッショナル同士が出会い、共にプロジェクト入札に取り組むこと**」です。

つまり、結果はWebサイトや機能など私たちが作るものですが、成果は人の行動なのです。これこそが筆者による成果の定義の鍵です。筆者は、成果を「**人間の行動変**

化による価値創造」と定義しています[†1]。この成果の定義では、人間を中心とした考えで成功を測ろうとします。私たちが「結果」（作られるモノ）から「成果」（生み出される価値）へ重心を移すとき、それは人間とそのニーズを活動の中心に据えることを選択しているのです。

ロジックモデル

Lean UXで用いている用語（アウトプット、アウトカム、インパクト）は、2004年にW.K.ケロッグ財団が提唱した「ロジックモデル」と呼ばれるモデルを基にしています。ロジックモデルは非営利団体で広く使われており、その目的は、「プログラム（事業、施策）の有効性を評価する」という複雑なプロジェクトに貢献することです。助成機関がプログラムに資金提供する場合、通常、そのプロジェクトがもたらすインパクトを念頭に置いています。しかし、その資金が有効に使われているかどうかは、どのように評価すればよいのでしょうか？　ロジックモデルの枠組みは、プログラムの評価者がこの問いに答えるために開発されました。ロジックモデルは、通常、**図3-1**のように図示できます。

図3-1　ロジックモデル

筆者は様々なチームと仕事をする中で、ロジックモデルがアジャイルチームにとっても非常に有効であると気づきました。筆者はこのモデルを、自分たちの専門領域という限定された コンテキストに当てはめて用いています。このモデルについてさらに詳しく知りたい方には、ケロッグ財団のサイトに記載されているプログラム評価の方法を一読することをお勧めします。

†1　アウトカムについてさらに詳しく知りたい方は、ジョシュの著書 “Outcomes Over Output: Why Customer Behavior Is the Key Metric for Business Success” (Sense & Respond Press, 2019, https://oreil.ly/7O2xZ) をお読みください。

3.1.2.1 「成果」をさらに深く理解する

では、前述のストーリーに戻り、成果についてさらに詳しく見てみましょう。先ほど、成果とは「**行動の変化**」であると述べました。それはどういうことでしょうか？　このストーリーでの成果は、「優秀なプロフェッショナル同士が出会い、共同でプロジェクト入札を行う」というものでした。それが成功すれば、プロフェッショナル同士がオンラインで知り合い、一緒にプロジェクトの入札をするという行動が生まれます。それは新しい行動（現時点ではプロフェッショナルができないこと）の場合もあれば、現在の行動を改善する方法の場合もあるでしょう。いずれにしても、これは「**行動の変化**」だと見なせます。

では次に、「人間の行動変化による**価値創造**」という成果の定義の、「価値創造」という部分についてはどうでしょうか。もし私たちの仕事が成功すれば、プロフェッショナルたちは新しいことができるようになり、それによって価値を得ます。つまり、これで定義の両方の部分が満たされたことになります。プロフェッショナルは**新しいことができるようになります**（人間の行動変化）、そして、それによって**価値を得ることができる**のです（価値創造）。

さて、ここで興味深いのは、この新しい行動が、組織にも価値創造をもたらすということです。なぜなら、顧客を満足させれば、その顧客はサービスに対してお金を払い、リピーターになり、さらにサービスを他人に勧める可能性も高くなるからです。それによって、組織は価値を得ます。顧客がサービスにお金を払い、再びサービスを利用し、サービスを他人に勧める――これらは顧客の行動です。そして、これらの顧客行動もすべて成果なりますが、それは必ずしも顧客自身の利益になるわけではありません。これらの成果は、組織の利益になるのです。

これは、成果に取り組む際に注意すべき重要な点です。つまり、成果を定義する際には、「**その行動から価値を得ているのは誰か？**」という問題を考えなければならないのです。このストーリーの場合、新しいサービスを使うことで以前よりも簡単にビジネスを行えるようになったプロフェッショナルは、それによって価値を得ていることになります。顧客であるこれらのプロフェッショナルがこの成果に対してお金を払えば、サービスを提供する組織がその価値を得ていることになります。つまり、価値はどこに視点を置くかによって変わるのです。これについては、**8章**で詳しく説明します。ここではひとまず、すべての成果には視点があり、誰の視点に立っているかを理解することが重要だということを覚えておいてください（**図3-2**を参照）。

視点の例として、Facebookのようなシステムを見てみましょう。Facebookにログインしたエンドユーザーは、タイムラインを読んだり、投稿をしたりすることで価値を得ます。広告主は、ユーザーがタイムラインに表示された広告を見たり、広告とインタラクションしたりすることで価値を得ます。Facebookは、サイトで長い時間を過ごしているユーザーが広告にアクセスすることに対して広告主が料金を支払うことによって価値を得ます。これをシステムとして機能させるには、全体として整合性のある成果をつくる必要があります。システムに関わり、影響を受ける様々な人がどこでどのような価値を得るかを理解し、その価値を適切に提供することで、そのシステムを提供する組織もまた価値を得ることができるのです。

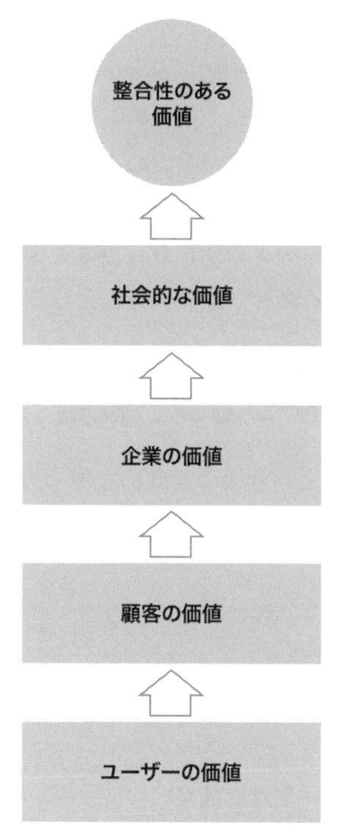

図3-2 整合性のある価値

Facebookの例は、ここでもう一つの視点をもたらします。それは、システムを直接利用しない人々に対して生み出す価値です。Facebookが社会に与えているインパクトには、正直、賛否両論があると言えるでしょう。Lean UXのモデルに従えば、Facebookはユーザー、広告主、同社自身に価値を生み出していますが、そのために同社は社会に対してどのような代償を強いているでしょうか？　整合性のある価値を提供するための堅牢かつ倫理的なフレームワークを構築するためには、システムに直接関わる人も、間接的に影響を受ける人も含めた、幅広いステークホルダーのニーズを考慮する必要があります[†2]。

これは、最後のポイントにつながります——私たちが取り組むシステムは、どれも1つの成果の定義では表現できないものばかりです。それらは、相互に関連した成果のシステムです。そして、これらの相互に関連する成果のすべてが組み合わさることで、目指すべき大きなインパクト（影響）を生み出せるのです。このことは、成果に取り組むのを難しくします——一般的に、システムに対しては様々な人たちが様々な行動を取るものだからです。ですから、何を成果と見なすべきかを考え始めると、簡単に混乱してしまいます。「どの行動が重要なのか？」「どの行動に注目すべきなのか？」——。この問題に対処するため、以降の章では、相互関連する成果を発見し、理解し、マッピングするためのテクニックや、複雑な状況を乗り越え、焦点を当てるべき重要な成果を特定するためのテクニックを紹介していきます。

3.2　成果、イテレーション、検証

焦点を結果から成果に移すと、仕事の全体的な進め方に大きな変化が生まれます。その1つが、フィニッシュラインの定義です。つまり、何をもって仕事を終わりとするか、です。

ソフトウェアの世界では通常、要件や仕様、受け入れ基準などを用いて仕事が完了したかどうかを判断します。「ソフトウェアは動作しているか？」「仕様に合っているか？」「要件に準拠しているか？」「受け入れ基準を満たしているか？」「スクラムが言うところの『完了の定義』満たしているか？」——。これらの問いは、フィニッシュラインを正確に定義できるという点では良いのですが、仕事の「**結果**」を評価することに焦点が当たっています。しかし、そこで仕事を止めたくないとしたら、どうすれ

†2　この問題については、オズ・ルブリング（Oz Lubling）による以下の記事を参照のこと。"The Blurry Line between Empowerment and Exploitation in UX," Culture Clash, February 4, 2021, https://oreil.ly/BDi2z

ばよいのでしょうか？　すなわち、仕事によって生み出された「**成果**」を評価したいとしたら？

その場合、成果物を作り終えたら終わりというわけにはいきません。成果を測定するためには、実際にそれを世の中に出して、人々の行動がどう変わるのか（または、そもそも少しでも変わるのか）を観察する必要があるのです。つまり、要件通りに仕事を終わらせることは必要ですが、それだけでは不十分です。なぜなら、その仕事が生み出した価値を**検証**しなければならないからです。

結果を検証するプロセスは、本質的に反復（イテレーション）的なものになります。チームが最初の試みですべてを正しく行えることはまずありません。最初の試みでは通常、求める成果の一部が得られるだけです。成果に焦点を当てると、改善の機会が見えてきます。その改善に取り組みながら、目指している成果が得られるまでそれを繰り返します。これはリーンスタートアップが「**構築—計測—学習**」のループと呼ぶプロセスであり、アジャイルコミュニティが「**検査と適応**」と呼ぶプロセスです。名称は異なりますが、このループがイテレーション的なアプローチを説明していることに変わりはありません。つまり、それはすべてを一度きりで終わらそうとするのではなく、成果が出るまでイテレーションを繰り返すというアプローチなのです。

第II部
プロセス

II.1　第II部について

第I部では、Lean UXの根底にある考え方と、ソフトウェア開発を推進する原則について説明しました。この第II部では実践編に入ります。Lean UXのプロセスを詳しく見ていきましょう。

第II部は、筆者がここ数年使い始めた新しいツールである「Lean UXキャンバス」を中心に構成されています。Lean UXキャンバスは、Lean UXのプロセスを体系的に進めるのに役立つツールで、機能やエピック、イニシアチブ、さらにはプロダクト全体についての作業を1ページで視覚化し、一目で把握できるようにします。

このツールは、Lean UXの主要なツール、メソッド、プロセス、テクニックをすべて、統一された構造を持つ1つのドキュメントにまとめます。デザインプロセスの初期段階である最初の課題設定から、デザイン、プロトタイピング、リサーチまでを行えます。

Lean UXキャンバスは、Lean UXを実践するうえでの必須のツールというわけではありません。しかし筆者は、これがLean UXのプロセスを説明するのに最適な方法であるという確信を抱いています。そのため本書では、このツールを用いてLean UXのプロセスを説明していくことにします。

II.2　Lean UXキャンバス

「**4章　Lean UXキャンバス**」では、Lean UXキャンバスの概要を説明します。Lean

UXが「要件」ベースの仕事の進め方に対して懐疑的で、代わりに「思い込みによる前提」を取り上げる理由と、Lean UXキャンバスでその思い込みによる前提を明確にし、検証する方法を学びます。キャンバスを用いた作業プロセスを促進するためのアイディアも紹介します。

「**5章 ボックス1：ビジネスプロブレム**」では、あなたとチームが解決しようとしている問題を、ビジネスの視点から定義するためのテクニックを説明します。

「**6章 ボックス2：ビジネスの成果**」では、プロジェクトの成功を定義する方法について説明します。このボックスでは、ビジネス、組織、クライアントのために達成しようとしている成果を理解します。

「**7章 ボックス3：ユーザー**」では、ユーザー（および顧客）を定義するキャンバスのセクションについて説明します。プロトペルソナという手法とその使い方について見ていきます。

「**8章 ボックス4：ユーザーの成果とメリット**」のテーマは、ユーザーゴールです。ユーザー（および顧客）は何をしようとしていて、何がその成功を定義するのかについて考察します。

「**9章 ボックス5：ソリューション**」では、定義した問題を解決するために何を作成（または実行）するかを定義します。

「**10章 ボックス6：仮説**」、「**11章 ボックス7：最初に学習すべき最重要事項は何か？**」、「**12章 ボックス8：MVPと実験**」は、キャンバスの下3分の1を占め、キャンバス内の他の部分の妥当性を確認するためのチーム内での会話を推進します。

各ボックスについて、会話がどのように展開するか、どうすればそれを促進できるかを掘り下げていきましょう。また、エクササイズを通じて実際に前提を宣言しながら、各ボックスで注意すべきことを具体的に見ていきます。

4章 Lean UXキャンバス

4.1 「思い込み」は新たな要件

物事が予測しやすい業界では、「会社が何を作るか」「プロダクトを作るのに何が必要か」「完成するプロダクトはどのようなものになるか」「顧客はプロダクトをどう使うか」などについての見込みが立てやすいため、厳密な要件を事前に定義しても支障なく仕事ができます。こうした製造業式の考え方が主流の業界では、前もってデザインを確定しておくのが一般的であり、プロダクトを作る過程で生じる変更はすべて、「マーケットの変化に対する機敏な対応」ではなく、計画からの高コストな逸脱だと見なされます。ソフトウェア業界でも、誕生間もない時期にこのような「要件ありき」のモデルが採用されて以来、数十年にわたって支配的であり続け、今日でも多くのチームの仕事の進め方に影響を及ぼしています。

要件は、「何を構築しなければならないかが正確にわかっている」ことを前提にしています。理想的なのは、エンジニアリング分野に見られるような厳密さがあることです。しかし、ソフトウェアの世界には通常、そのような厳密さは存在しません。それにもかかわらず、要件は定義をした人の信頼性や組織の肩書きがあるために、額面通りに受け取られがちです。しかも、その根拠のなさは「以前はうまくいったから」という言葉で補強されています。要件の完全性に疑問を持つ個人やチームはトラブルメーカーと見なされ、プロジェクトの納期が遅れたり当初のスコープを超える作業が発生したりしたときには責任を押し付けられます。また、筆者の友人であるジェフ・パットソンがよく言うように、チームに指示を与える手段として要件を重視している組織では、要件は「黙って従え」という意味で使われることもあります。

しかし、今日のソフトウェアベースのビジネスは、一貫性や予測可能性、安定性、確実性が低い現実の中にいます。事前に自信を持って、「このコードとコピー、デザインの組み合わせが望ましいビジネス成果を達成します。それを期限までに確実に提供できます」と断言するのは、単に高リスクであるだけでなく、嘘に等しくなります。ソフトウェア開発は複雑で、予測不可能です。変化はとてつもなく速く起こります。ソフトウェア企業は前例のないスピードでプロダクトを出荷し続け、消費者行動も同じように速く変化します。プロダクト開発チームがこれから開発する機能やデザインアプローチ、ユーザーエクスペリエンスを決定したときには、ユーザーは他のオンラインサービスでの経験をもとに、新たなメンタルモデルへと進化し始めているのです。

幸い現在では、以前のように要件に依存する必要はなくなりました。ソフトウェア業界の新しい開発手法によって、私たちは厳格な要件から脱却できるようになったのです。本書の第1版を執筆した当時、Amazonは11.6秒に1回、本番環境のコードを書き換えていました。現在ではさらに頻度が上がり、1秒に1回になっています[†1]。そうです。Amazonのエコシステム内のどこかにいる顧客は、毎秒、プロダクトの動作方法に変更が加えられているのを体験しているのです。つまりAmazonは1分間に60回、顧客のニーズにどれだけ応えているかを知り、学んだことを反映し、ユーザー体験をより良いものにする機会を得ているのです。このような能力があるとき、事前に厳密な要件を定義し、それに従って開発を進めるという考えは、よく言えばせいぜい時代遅れで、最悪の場合はチームが最大限の力を発揮するうえでの障害物にさえなります。Amazonは極端な例であるとはいえ、これは私たちに何が可能かを明確に示す良い目標になります。Amazonのようにプロダクトやサービスを素早くリリースし、ユーザーの反応を察知し、それに対応できるのであれば、「価値提供の最善策を正確に知っている」のを前提とするのは傲慢なことであり、組織として許容できないリスクを伴うことがわかるはずです。

事前に厳密な要件を定めることを避けるべき理由は他にもあります。それは、ソフトウェア開発は難しいということです。経験豊富なソフトウェアエンジニアにとっても、作るのが**簡単そう**だからといって、実際にそれが簡単であるとは限りません。あるユーザーエクスペリエンスを構築しようとしたとき、想定以上のコードが必要になるのは珍しくありません。シンプルなコードを書けばいいと見込んでいたはずが、複

†1 Vogels, “The Story of Apollo - Amazon’s Deployment Engine.”

雑な依存関係や、レガシーシステムによる制約、予期せぬ障害などに直面して、問題回避のために膨大な時間を費やさなければならなくなってしまうのです。こうした現実も、事前に厳密なスケジュールを定める要件とは相反するものです。

そしてもちろん、複雑で予測不可能なのはコードだけではありません。人間もまた複雑で予測不可能なのです。人間が生まれながらにして持っている動機や性格、期待、文化的規範、習慣はすべて、私たちがユーザーにとって理想的なソフトウェアサービスであると信じていることと相反した何かが起こる原因になります。私たちが「使いやすい」「直感的」と確信して作ったものを、オーディエンスは裏切ります。私たちが提供したシンプルさをあえて避け、独自の使い方をするのです。このような予期せぬ行動につながる可能性がある要因はさまざまです（それらは、顧客とのインタビューや調査を通じて知ることができるものです）。いずれにしても、最終的な結果は同じです。つまり、それは私たちの要件が間違っていることを証明するものなのです。

では、どうすればいいのでしょうか？　私たちは、要件とは基本的に、権威をもって表現された単なる「思い込み」であることを認識すべきです。要件から権威や自信過剰、傲慢さを取り除いたときに残るのは、ユーザーゴールを達成し、ビジネスプロブレム（ビジネス上の問題）を解決するための最善策についての推測にすぎません。私たちはデジタルプロダクトの作り手です。ですから謙虚になり、私たちが要件と見なしているものは、現時点での最善の推測や思い込みであると認めるべきなのです。そうすれば、プロダクトディスカバリ[†2]やLean UXを実践するための空間がはっきりと作り出されます。私たちがチーム全体として、「人間の行動は予測できない。**だからこそ**、私たちが取り組んでいることのリスクは高いのである」と理解すれば、仕事を進めるうえで実験や調査、リワークが不可避であることがわかるはずです。それによって推測や前提への執着が薄れ、必要に応じた臨機応変な軌道修正や、実現不可能なアイディアの中止さえも厭わないチーム文化が生まれるのです。

では、チーム全体から積極的にアイディアを募りつつ、そのアイディアを思い込みによるものと見なしてプロセスを進められるような会話を実現するには、どうすればよいのでしょうか。本書の以前のバージョンでは、思い込みを洗い出すエクササイズに取り組みました。これらは、読者やLean UXの実践者が自らのアイディアを「**検証**

†2　監訳注：仮説検証を行いながらプロダクトのリスクを軽減するために行われるプロセスのこと。顧客あるいはユーザーはプロダクトを購入または導入してくれるか？　利用してくれるか？　などの質問に答える。

可能な思い込み」として新たな方法で表現するのに役立つものでした。その後、筆者は長い年月をかけて、これらの前提宣言のエクササイズと、前提を検証するために必要なステップを、「Lean UXキャンバス」と呼ぶ包括的なファシリテーションツールに統合してきました。

4.2 Lean UXキャンバス

Lean UXキャンバス（**図4-1**）は、チームがイニシアチブに関する前提を宣言できるようにするための一連のエクササイズをまとめたものです。これによってチーム内だけでなく、ステークホルダーやクライアント、他の同僚との会話が促されます。Lean UXでは、共有理解を構築することが重要です。そのためには（特に、従来のような要件を用いた手法から離れようとしているときは）、ステークホルダーや個々の貢献者が意見を共有し、問題点を明確にしておくための一貫性のある「共有言語」を持つことが必要になります。

過去にLean UXを実践したことがある人なら、キャンバスを通じて行うのと似た活動にはすでに馴染みがあるはずです。デザイン作業をしたことがある人なら、キャンバス上のトピックの重要性と、プロジェクト開始時にこれらについて会話をしておくことがどれだけ大切かがわかるでしょう。筆者の経験からも、このキャンバスの構造によって、これらの会話が多様な視点からすべて行われ、終了時には、ステークホルダーなども含めた全体的なチームが共通の理解を築き、進むべき道が明確になっていることを保証できます。

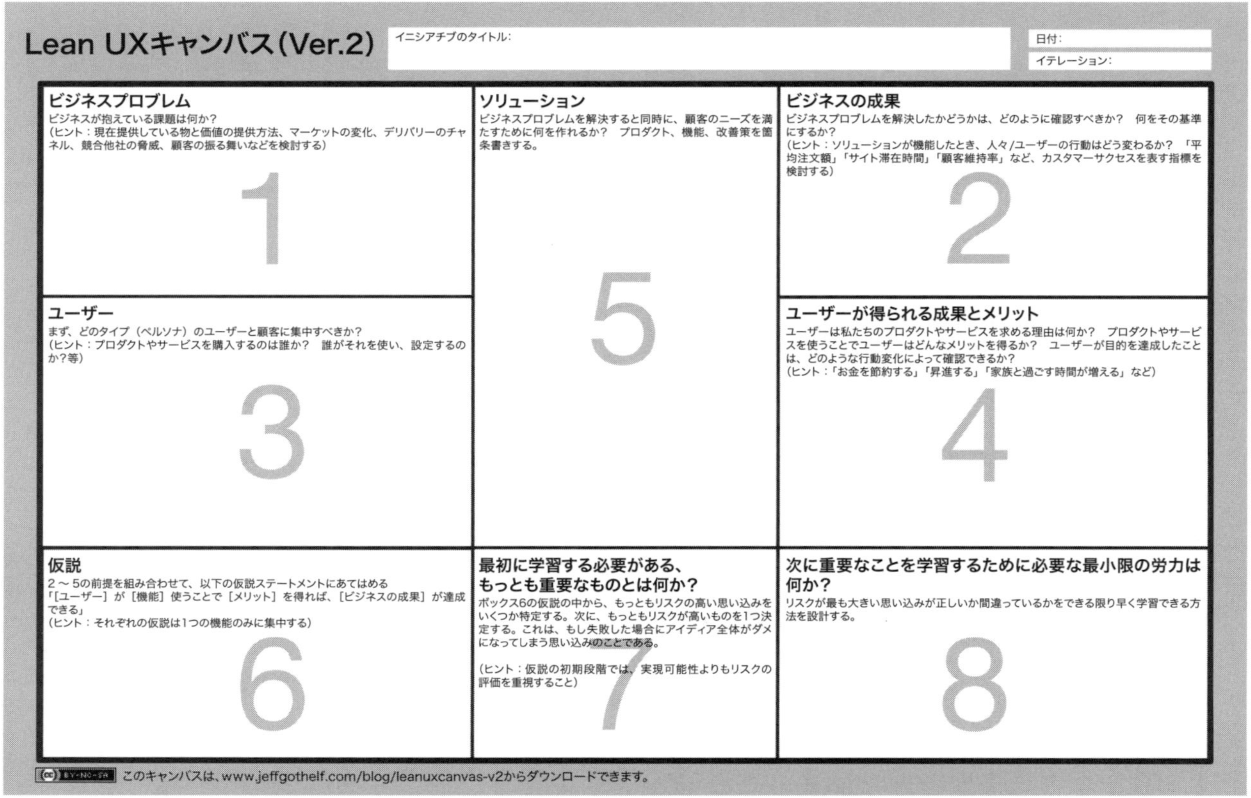

Lean UXキャンバス(Ver.2)

イニシアチブのタイトル:

日付:

イテレーション:

ビジネスプロブレム 1

ビジネスが抱えている課題は何か?
(ヒント:現在提供している物と価値の提供方法、マーケットの変化、デリバリーのチャネル、競合他社の脅威、顧客の振る舞いなどを検討する)

ソリューション 5

ビジネスプロブレムを解決すると同時に、顧客のニーズを満たすために何を作れるか? プロダクト、機能、改善策を箇条書きする。

ビジネスの成果 2

ビジネスプロブレムを解決したかどうかは、どのように確認すべきか? 何をその基準にするか?
(ヒント:ソリューションが機能したとき、人々/ユーザーの行動はどう変わるか? 「平均注文額」「サイト滞在時間」「顧客維持率」など、カスタマーサクセスを表す指標を検討する)

ユーザー 3

まず、どのタイプ(ペルソナ)のユーザーと顧客に集中すべきか?
(ヒント:プロダクトやサービスを購入するのは誰か? 誰がそれを使い、設定するのか?等)

ユーザーが得られる成果とメリット 4

ユーザーは私たちのプロダクトやサービスを求める理由は何か? プロダクトやサービスを使うことでユーザーはどんなメリットを得るか? ユーザーが目的を達成したことは、どのような行動変化によって確認できるか?
(ヒント:「お金を節約する」「昇進する」「家族と過ごす時間が増える」など)

仮説 6

2〜5の前提を組み合わせて、以下の仮説ステートメントにあてはめる
「[ユーザー]が[機能]使うことで[メリット]を得れば、[ビジネスの成果]が達成できる」
(ヒント:それぞれの仮説は1つの機能のみに集中する)

最初に学習する必要がある、もっとも重要なものとは何か? 7

ボックス6の仮説の中から、もっともリスクの高い思い込みをいくつか特定する。次に、もっともリスクが高いものを1つ決定する。これは、もし失敗した場合にアイディア全体がダメになってしまう思い込みのことである。

(ヒント:仮説の初期段階では、実現可能性よりもリスクの評価を重視すること)

次に重要なことを学習するために必要な最小限の労力は何か? 8

リスクが最も大きい思い込みが正しいか間違っているかをできる限り早く学習できる方法を設計する。

 このキャンバスは、www.jeffgothelf.com/blog/leanuxcanvas-v2からダウンロードできます。

図4-1 Lean UX キャンバス(https://www.jeffgothelf.com/blog/leanuxcanvas-v2)

このキャンバスは、プロダクトやシステムの現在の状態——マイク・ロザーが著書『Toyota Kata』[†3]で「**現状**」(**図4-2**「現在」)と呼んだ状態——から、「**目標とすべき状態**」(**図4-2**の「目標」)と呼んだ望ましい将来の状態に到達するまで、チーム内外の会話を導きます。

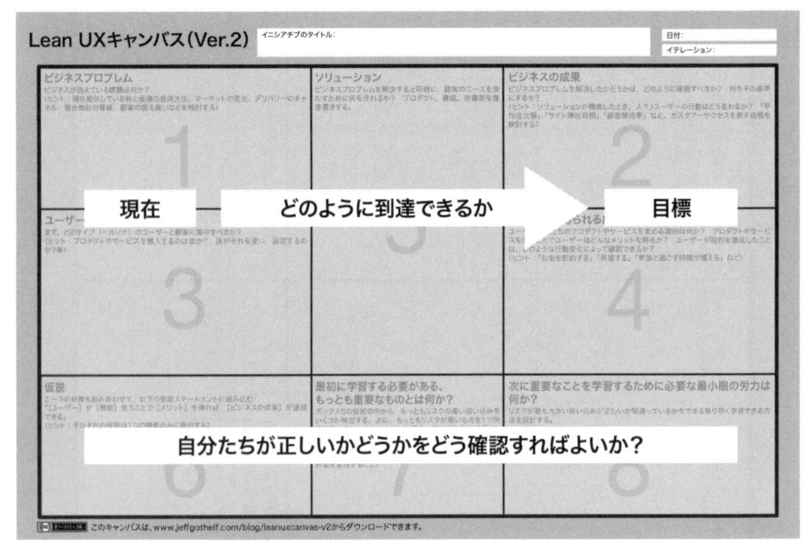

図4-2 Lean UXキャンバスの主要エリア

もう1つのキャンバス?

他のキャンバスを使ってもいい? いい質問です。アレックス・オスターワルダーとストラテジャイザー(Strategyzer)社のチームが「ビジネスモデルキャンバス」を世に送り出して以来、キャンバスは大流行し、様々な種類のものが溢れかえるようになりました。キャンバスを発表しなければ、まともなソートリーダーとは見なされないという風潮があるくらいです。とはいえ、キャンバスが有

†3 Mike Rother, The Toyota Kata: Managing People for Improvement, Adaptiveness, and Superior Results (McGraw-Hill Education, 2009).

用であるのは間違いありません。このツールは、バランスのとれた包括的なチームコラボレーションで中心的な役割を果たせます。正しく使用すれば、次のようなメリットが得られます。

- 一連の活動を、ストーリーを推進するようにデザインされた連続的なプロセスに統合する。
- 複雑な環境で役立つ。複雑にさなりがちな主要要素を1つの視覚的なモデルで表現できる。
- 特定の議題に関する会話をしたいチームが、ファシリテーションツールとして簡単に利用できる。
- 通常のブレーンストーミングではアイディアを出すことに躊躇しがちなメンバーに、意見を提出しやすい公平な場を提供する。
- チームが使用する「共通言語」を構築する。
- チームで行うべき仕事の枠組みを作る。
- チームが取り組んでいる課題や仕事を、チームの枠を超えて広く伝えられる。

4.3 キャンバスの使用

以降の章では、キャンバスの各セクションについて詳しく説明していきます。その前に、筆者がこのキャンバスについてチームに教えるときに必ず出てくる一般的な質問に答えておきます。

4.3.1 どんな時にLean UXキャンバスを使うべき？

筆者は、このキャンバスを使うことがイニシアチブに取り組む最適な方法だと考えています。新しい機能やプロダクトの開発であれ、これはキックオフミーティングに最適な枠組みを提供してくれます。慣れてくると、キャンバスを使うほど大きくはない規模のプロジェクトがどんなものかを見極める感覚が養われていきます。それなりに規模が大きいプロジェクトの計画を立てる際には、常に使用するとよいでしょう。

4.3.2 Lean UXキャンバスが最適なのは、初期段階のアイディア？ それとも持続的なイノベーション？

どちらのタイプにも有効です。重要なのは、「未知のもの、不確実なもの、複雑なものにどれだけ直面しているか」です。これらが大きく当てはまるとき、Lean UXキャンバス、さらにはLean UX全般が効果を発揮します。初期段階の仕事には、未知の要素がつきものです。「このプロダクトやサービスに対するニーズはあるか？」「このソリューションを使う人はいるだろうか？」「この問題を解決することで、ビジネスを構築できるだろうか？」といった問題を検討しなければならないからです。持続的イノベーションの場合は、こうした問題は初期段階に比べれば小さくなります。とはいえ、だからといって答えが明確にわかるわけではありません。ですから、両方の状況で、Lean UXキャンバスは役に立つのです。

4.3.3 誰がキャンバスに取り組むべき？

このキャンバスを通して作業することで、チーム内に共通理解が得られます。チームとステークホルダーは、プロダクトを成功させるためのプロダクトディスカバリを行うことができます。そのためキャンバスを用いた作業には、チームメンバー全員が参加すべきだと言えるでしょう。ステークホルダーやクライアントも可能な限り、(特にビジネスプロブレムやビジネスゴールを明確にする作業には）参加すべきです。

4.3.4 Lean UXキャンバスにはどれくらいの時間を費やすべき？

半日足らずのセッションですべてを終えるのは簡単ではありません。キャンバスの作成はプロジェクトのキックオフ時に最適です。普段、プロジェクトのキックオフにどれだけの時間をかけているか考えてみてください。半日程度で終わることは稀なはずです。2日間かかる場合もあれば、1週間かかる場合もあるでしょう。全員が一度に集まれる場合は、この程度の時間をかけて、集中的にキャンバスを進めるチームもあります。あるいは、2〜3週間かけて複数回に分けて行うチームもあります。一般的に、プロジェクトが大規模で重要になるほど、Lean UXキャンバスの作成と実践にも時間がかかります。重要なのは、問題点にぶつかった場合に、それをその場ですべて解決しようとして深みにはまってしまわないようにする（「分析麻痺」に陥らない）ことです。わからないことがあったら、いったん脇に置いて前に進みましょう。キャンバスの肝は、わからないことを明らかにして、それらについて早い段階から学習できるようにすることなのです。

4.3.5 Lean UXの実践にはこのキャンバスが必須？

いいえ、必須ではありません。ただしキャンバスの各パートには、Lean UXプロセスの有用な要素が含まれています。ですから、どのようなイニシアチブに取り組むにしても、キャンバスの各ボックスに示される質問について考えることになるでしょう。キャンバスの各ボックスを、独立したテクニックとして使うこともできます。ユーザーについて不明な点があるのなら、ボックス3のプロトペルソナについて読み、これらのアイディアをチームと一緒に使って疑問点を明確にすることができます。問題に対する最適なソリューションが不明確なら、ボックス5を使ってチームでこのプロセスを行うとよいでしょう。

キャンバス全体を通して使う場合は、これが柔軟に活用できるツールであることを忘れないようにしてください。状況やチームに合った、もっとも効果的なエクササイズを行いましょう。慣れてきたら、活動の数を増やしましょう。一番大切なことは、どんな会話をするときも、顧客を中心に考えることです。Lean UXキャンバスは、それを実現するための強力な出発点になります。

4.3.6 各セクションのファシリテーション

以降の章では、筆者がキャンバスを完成させるために好んで使っているエクササイズの手順を詳しく紹介します。ここでは、これらに共通するパターンを挙げておきます。

4.3.6.1 包括的であること

望ましいのは、チーム全体がキャンバスの作成に参加することです[†4]。そのためファシリテーションでは、参加スタイルの違いや、その場にいるメンバーの権限や権威のレベルの違いを考慮する必要があります。

そこで、「**1-2-4-オール**」のパターンの変形版を使うことをお勧めします[†5]。これは

---

†4 「チーム全体」が何を意味するかは文脈によって異なるので、グループの規模や参加者の役割に応じて、このアドバイスを柔軟に応用してください。

†5 これはとても便利なLiberating Structuresコレクションのパターンの1つです。“1-2-4-All” Liberating Structures、https://oreil.ly/12vgk（2021年6月16日にアクセス）を参照。

グループ全員の参加を促すための仕組みで、具体的には次のように実践します。

- まずは、参加者が1人（「1-2-4-オール」の「1」）で作業します。黙ったまま、アイディアを文字や図で表現します。短めの制限時間を設定します（通常は5分程度）。直観的に浮かんだアイディアをそのまま提出してもらうことが大切であるため、手直しや見直しに多くの時間をかけさせないようにするのです。1人での作業が終わったら、それぞれのテーブルや小グループでアイディアを共有します。ポストイットで作業した場合は、それをボードや壁に貼り出すとよいでしょう。この時間帯にディスカッションするという選択肢もあります。また、ここでアフィニティマッピング（**9章**）をしてもいいでしょう。
- 次に、2人1組（「2」）でアイディアを練り、発展させる作業をします。ペアワークは時間がかかるので、ソロワークのときよりも多めに時間をとります。ペアワークの後、各ペアに自分たちのアイディアを各テーブルまたは小グループで発表してもらいます。この時点でさらにディスカッションをしてもいいでしょう。
- 次に、各テーブルまたはサブグループのアイディアを1つのプレゼンテーションにまとめさせます（「4」）。
- 最後に、（最終的にアイディアを1つにする場合）グループ全体でアイディアを1つに絞り、練り上げる作業を行います（「オール」）。

「1-2-4-オール」のパターンが効果的なのは、参加者全員からのインプットが得られ、1人でも共同でも作業ができ、最後にグループでアイディアを1つにまとめられるからです。このパターンを特定のエクササイズに合わせて応用することもできますが、グループワークを計画する際には、まずこの基本的なパターンを忘れないようにしておきましょう。

4.3.6.2 リモートと対面での比較

これらのエクササイズはすべて、対面式のワークショップでも、ビデオ会議ソフトウェアと共有ホワイトボードツールを使用してリモートでも行えます。リモートで行う場合は、セッションに休憩時間を挟んで、参加者が立ち上がって体をほぐしたり、Zoom疲れを癒したりできるようにします。また、全員がオンラインのホワイトボードツールに慣れているわけではないので、経験の浅い参加者のために、ある程度、時間的な余裕を見てスケジュールを作成しましょう（参加者をツールに慣れさせるためのアイスブレーカー的なエクササイズを行うこともあります）。必要な方は、Lean UXキャンバスのテンプレート（https://www.jeffgothelf.com/blog/leanuxcanvas-v2）も活用してください。

4.4 まとめ

第Ⅱ部の以降の章では、Lean UXキャンバスの各セクションについて詳しく説明していきます。

5章 ボックス1：ビジネスプロブレム

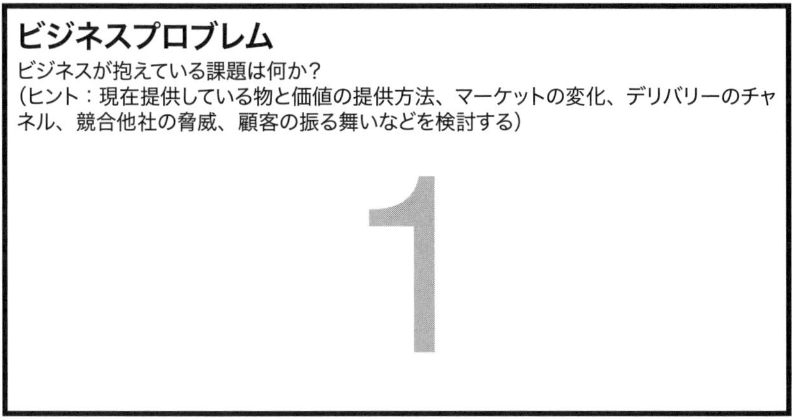

図5-1　Lean UX キャンバスのボックス1: ビジネスプロブレム

Lean UXを円滑に進めるためには、チームにはソリューションではなく、解決すべき課題が与えられなければなりません。しかし多くの場合、これらの「ソリューション」は要件や機能仕様として表現されます。では、こうした要件を用いる方法が間違っているのだとしたら、正しい方法とは何なのでしょうか？　それは、チーム全体で、ステークホルダーやクライアントが解決しようとしている課題を理解し、それを表現することです。これが「**ビジネスプロブレム・ステートメント**」の役割です。ビジネスプロブレム・ステートメントを定義することで、プロダクトディスカバリ作業が行われることが明確に要求されるようになり、それに基づいてチームの作業が再構成されます。

ビジネスプロブレム・ステートメントの表現方法にはある程度の柔軟性がありますが、最低でも、以下の条件が満たされるべきです。

- 実装すべき機能ではなく、チームが解決すべき具体的な課題を示す。
- 顧客中心の視点をチームに浸透させ、顧客の成功が最終目標に組み込まれるようにする。
- 何がスコープの対象で、何が対象外かを明確にするガイドラインと制約を明確にし、チームの労力を集中させる。
- ビジネスのKPI（主要業績評価指標）、または企業がターゲットオーディエンスに求める具体的な成果として表現された、明確な成功の基準を明記する。
- ソリューションを定義しない（これは思っている以上にとても難しい）。

基本的に、ビジネスプロブレム・ステートメントは3つの部分から成っています。

1. **チームが取り組んでいるプロダクトまたはシステムの現在の目標**。すなわち、「これはそもそもなぜ作られたのか？」「もともとは、どんな問題を解決することが目的だったのか？」「どのような価値を提供することが意図されていたのか？」。
2. **世の中の何が変化したのか？　それがプロダクトにどのような悪影響を及ぼしているのか？**　すなわち、「このプロダクトのために設定された目標の、何が達成されていないのか？」。
3. **プロダクトの明示的な改善要求。** ソリューションを明示せず、「改善」を成果として定量化するもの。

ビジネスプロブレム・ステートメントを作成するときは、最初の取り組みには思い込みが多く含まれている可能性があることを忘れないようにしましょう。あなたは次第に、これがLean UXキャンバスのすべての部分に当てはまることに気づいていくはずです。これは問題ありません。それは、避けられないことなのです。問題に取り組み始めると（つまり、プロダクトディスカバリに着手し始めると）、間違った問題に取り組んでいたり、間違ったオーディエンスをターゲットにしていたり、間違った方法で成功を測定しようとしていたりすることの証拠が明らかになっていきます。それでいいのです。だからこそ、私たちはプロダクトディスカバリを行うのです。ただし、その学びはできるだけ早くチームやステークホルダーに持ち帰り、無効なプロブレムステートメントのために時間と労力を浪費しないようにしましょう。

5.1 エクササイズのファシリテーション

ステークホルダーやプロダクトオーナーと共に、非公式なビジネスプロブレム・ステートメントのドラフトを作成することもできます。しかし筆者は、チーム全体でのワークショップの一環としてこの作業を行うのが望ましいと考えています。その場合、次のようなプロセスで行うことをお勧めします。

「**チームにコンテキストや背景情報を提供する**」。一般的に、これはプロダクトマネージャーの仕事になります。作業を正しく構成するために非常に重要です。ビジネスプロブレム・ステートメントを作成する前に、プロダクトマネージャーはチームに対して次のような質問に答えるべきです。

- 問題があると考えるに至った観察・測定結果は何か？
- これからやろうとしていることは、誰をターゲットにしているのか？
- これからやろうとしていることは、全社的な事業の中でどのように位置づけられるか？
- この問題を解決する（しない）ことで、会社全体の経営状態にどのような影響があるか？

参加者が多い場合は、ペアやトリオに分かれてビジネスプロブレム・ステートメントのドラフトを作成します。参加者が少ない場合は、全体で作成してもかまいません。この最初のドラフトにかける時間は30分以内にします。

既存のプロダクト向けに、適切なビジネスプロブレム・ステートメントの作成に役立つテンプレートを紹介します。

> ［**このプロダクト/サービス**］は、［**ビジネス/顧客の目標**］を達成し、［**価値**］を提供することが意図されている。このプロダクト/サービスがこれらの目標を達成しておらず、それがビジネスに［**悪影響/問題**］を引き起こしていることが、［**方法**］によって観察された。
> ［**顧客行動における測定可能な変化**］を基準とする成功を顧客が手に入れる

ために、どのようにプロダクト/サービスを改善できるか?

新規のイニシアチブに取り組んでいる場合のテンプレートは次の通りです。

> [**取り組んでいる対象のドメイン**] の現状は、主に [**顧客層、ペインポイント、ワークフローなど**] にフォーカスしてきた。
> 既存のプロダクト/サービスが対応できていないのは、[**マーケットのギャップや変化**] である。
> 我々のプロダクト/サービスは、[**プロダクト戦略やアプローチ**] によって、このギャップを解決する。
> まずは、[**ターゲット層**] に焦点を当てる。
> [**ターゲット層に見られる測定可能な行動**] が観察されることを、成功の基準とする。

ペアまたはトリオで最初のドラフトを完成させたら、それをチームで共有します。チームで各ドラフトについて意見や感想を述べ、不明点を明らかにするために作成者に質問をします。ドラフトに対する批判ではなく、作成者の意図の理解を目的として質問することに留意してください。

全員でドラフトを共有したら、4、5人のグループに分かれて、各グループでステートメントを1つにまとめます。30分後、グループごとにリワークしたドラフトを再びチーム全体で共有します。最後にさらに30分かけて、チーム全体で1つのビジネスプロブレム・ステートメントにまとめます。注意すべきは、これは「前提」を宣言するためのエクササイズだということです。ですから、ボックス1の目的は完璧なビジネスプロブレム・ステートメントの作成ではありません。目的は、このイニシアチブの方向性と目標達成の確認方法について、チーム全体の共通理解を築き始めることなのです。

NOTE

ビジネスプロブレム・ステートメントは、最終的にプロジェクト憲章に関わるものです。そのため、ステークホルダーが関与していない場合は、この時点で参加を依頼し、コミットメントを求める必要があります。

完成したビジネスプロブレム・ステートメントのドラフトを、キャンバスに記入します。

5.2 プロブレムステートメントの例

良いビジネスプロブレム・ステートメントの例を見てみましょう。

> 我々が中小企業向けデジタル融資ソリューションを提供し始めたとき、マーケットには旧態依然とした銀行が販売する時代遅れの商品しかなかった。その中で我々のデジタルファーストな融資ソリューションは際立った存在となり、銀行との新しい関わり方を模索していた中小企業の顧客を引きつけた。しかし従来型の銀行が「フィンテック」企業として機能するようになるにつれ、競合が増え、マーケットの競争が激化した。その影響で顧客獲得コストは増加し、マーケットシェアは停滞し、顧客サポートコストは上昇している。中小企業向けのプロダクトラインを再編成して、顧客に「現代的なビジネスをサポートしてくれるプロダクトだ」という確信を与え、その結果として顧客獲得コストを下げ、マーケットシェアを高めるにはどうすればよいだろうか？

この例は、大きな問題を対象にしています。これは、ビジネスユニットレベルで対処しなければならない問題です。そのため、この問題に取り組むチームにはこのレベルの仕事に影響を与えられるだけの裁量権や影響力があることが重要になります。チームがいくら優れたビジネスプロブレム・ステートメントを作成しても、必要な裁量権や影響力がなければ問題は解決できないのです。

次に、機能レベルで開発に取り組むチームに当てはめることが可能な、戦術的なビジネスプロブレム・ステートメントの例を見てみましょう。

> パスワード再設定機能は、パスワードの紛失や期限切れなどのトラブルに直面した顧客が素早くプロダクトに戻れるようにするために導入された。また、このセルフサービス機能の追加は、カスタマーサービスセンターへのコール数の減少をもたらした。パスワードのリセット方法を尋ねることを目的としたコール数はインバウンドコールの35％以上を占めていたため、年

間サポートコール数の大幅な削減につながったのである。

分析レポートやユーザビリティ調査のフィードバックを通じて、顧客がパスワード再設定機能を見つけるのに苦労し、見つけた場合でもその複雑さのために42%以上の確率で自力でのリセットプロセスを完了できないことがわかった。これはコールセンターのサポートコストを12％増加させ、プロダクトに対する顧客の不満を高めており、その結果として解約率が0.7％上昇する可能性がある。

プロセス完了率90%、パスワード再設定に関するカスタマーサポートへの問い合わせの削減率50%を成功の基準としたとき、ユーザーのパスワード再設定体験をどのように再デザインすればよいだろうか？

5.3　注意すべきこと

「**ソリューションを決めつけないこと**」。これは、ビジネスプロブレム・ステートメントという名のエクササイズです。にもかかわらず、ステートメントにソリューションを含めようとするチームをよく見かけます。ステートメントの最後の「どのように～すればよいだろうか？」の部分を、「この問題を解決するモバイルアプリを実装するにはどうすればよいだろうか？」などとしてしまうのです。ここでは、ソリューションを指定してはいけません。ソリューションについては、ボックス5で検討します。

「**適切なレベルの問題に取り組むこと**」。前述したように、ビジネスプロブレム・ステートメントは、チームが適切な裁量権や権限を持って解決に取り組めるレベルのものであるべきです。作成するのがチーム全体であれ個人であれ、適切なレベルのビジネスプロブレム・ステートメントをチームに割り当てることは、極めて重要です。問題のレベルが高すぎると、チームは自力で問題を解決できません。そうなると、チーム内だけでなく、Lean UXのプロセス全体にフラストレーションが生じてしまいます。

「**具体的であること**」。ステートメントに具体性がないことも、よくあるアンチパターンの1つです。ビジネスプロブレム・ステートメントは、明確な指標や証拠を欠くべきではありません。具体性を持たせることは、問題の重要性を理解し、チームのビジネスレベルでの明確な成功基準を設定するために重要です。ステートメントを作成するときは、必ず具体性を持たせるようにしましょう。

具体性は、成功の基準となる指標だけでなく、対象となるプロダクトを記述する際にも重要です。「直感的なUI」や「素晴らしいユーザーエクスペリエンス」といったフレーズを使って、実施済み・予定の作業を説明するチームがいますが、このような抽象的なフレーズは、ビジネスプロブレム・ステートメントに用いるべきではありません。

ビジネスプロブレム・ステートメントの中でこのようなフレーズが用いられた例を2件、見てみましょう。どのように修正すればよいでしょうか。

> ショッピング体験の向上を目指し、平均注文額を上げるために直感的なUIを実装した。

この例では、何が実装されたのかが漠然としているため、チームはUIのどの部分を改善対象にすればよいのかがよくわかりません。

次の例では、最後の「どうすれば〜を作成できるか？」という部分が曖昧です。また一見すると問題がなさそうに思えますが、プロダクトディスカバリの前に、すでに特定のソリューションに焦点が合っています。

> 顧客が毎回ショッピングカートに商品を入れるようにするために、どうすればより直感的なUIを作成できるか？

このステートメントは、平均受注額の減少の根本的な原因を探るのではなく、UIの改善のみに取り組むべきだというチームの仕事を枠にはめてしまっていることがわかります。

NOTE

そもそも、直感的なUIは、あえて言うまでもなく誰もが目指すべきことです。「eコマースプラットフォーム向けに使いにくいユーザーインターフェースを出荷する」などと言う人はいません。

6章
ボックス2：ビジネスの成果

ビジネスの成果
ビジネスプロブレムを解決したかどうかは、どのように確認すべきか？　何をその基準にするか？
（ヒント：ソリューションが機能したとき、人々/ユーザーの行動はどう変わるか？「平均注文額」「サイト滞在時間」「顧客維持率」など、カスタマーサクセスを表す指標を検討する）
2

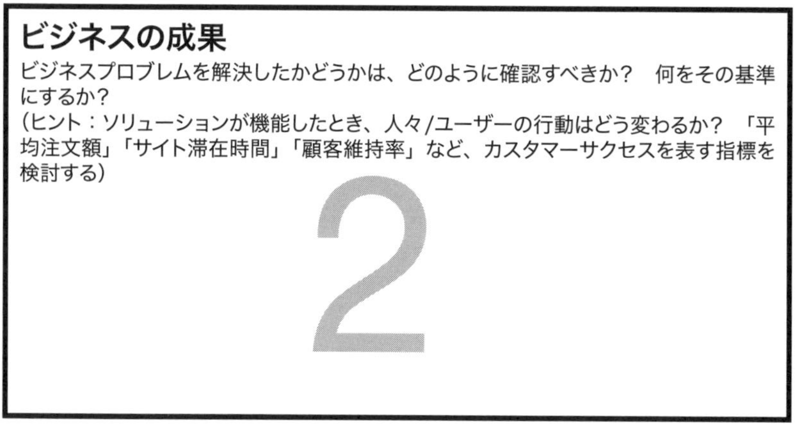

図6-1　Lean UXキャンバスのボックス2：ビジネスの成果

3章では、成果（アウトカム）の概念を取り上げました。Lean UXキャンバスでは、成果はこのボックス2で初めて登場します。ビジネスプロブレム・ステートメントを作成した後は、イニシアチブの一部として私たちが求めることになる、核となる行動変化について深く掘り下げていきます。一般的に、ビジネスプロブレム・ステートメントの成功基準は、KPI（重要業績評価指標）やインパクト評価指標など、経営陣が目にする機会の多い、ハイレベルな基準が用いられます。たとえば、収益、メリット、売上原価、顧客満足度などがこれに当たります。これらはビジネスの健全性の測定には役立ちますが、機能レベルの開発を行うチームは、これよりもローレベルなものを指標にして作業に取り組む必要があります。

このエクササイズでは、これらのインパクト指標の先行指標を明らかにするための作業を行います。私たちが答えようとしているのは、「ソリューションがうまくいった場合、人々の行動はどう変わるのか？」という質問です。私たちがコード、コピー、デザインを適切に組み合わせたとき、何が起こると予想されるのでしょうか？　このエクササイズでは、これらの質問に対する答えを探していきます。

ここでのブレーンストーミングでは、選択肢はすべて顧客の行動を表すものにすべきです。それぞれの答えも、「顧客がシステム上ですでにしている、価値のある行動」「顧客にしてほしくない、価値のない行動」「価値があると思われる、顧客に求めている新たな行動」などになります。つまり、カスタマージャーニーについて考え、それを明確にするのです。

6.1　カスタマージャーニーの活用

このエクササイズの目的は、チームが注目すべき、価値ある顧客行動を見つけることです。そのために、顧客行動のモデル（「現在、人々はどのような行動をしているか？」）から始めるとよいでしょう。現在、顧客はどんな困難に取り組もうとしているか？　顧客にとっても私たちにとっても生産的ではないものは何か？　新しく引き出せる、価値ある行動は何か？　これらの問いに答えるうえで役立つのが、カスタマージャーニーという考えです。

サービスデザインのツールであるカスタマージャーニーマップはとてもシンプルなものとして作成することもできます。その際、「海賊指標（AARRR）」や「メトリクスマウンテン」のようなテンプレートも使えます（どちらも後述します）。どのフレームワークを選んだとしても、ポイントは同じです。それは、チームとステークホルダーをマップの周りに集めて、人々がシステムを使ってどのようなプロセスをたどるのか、そのジャーニーのどの部分に開発作業の焦点を当てるべきかについての共通の理解を生み出すことです。

これから、いくつかのモデルを紹介します。あなたの状況に合ったものを試してみてください。

6.1.1 カスタマージャーニーのタイプ：海賊指標（AARRR）

成果指標を考える1つの方法に、「海賊指標（Pirate Metrics）」があります。これはスタートアップインキュベーターの500 Startups社が考案したもので、プロダクトを通してのユーザージャーニーを考えるために広く用いられています。このファネルは、私たちが取り組んでいる問題の中で、どこが重要であるかを判断するために用いることができます。

海賊指標は、5種類の顧客行動で構成されています。

獲得（Acquisition）
: これらは、まず顧客をプロダクトにアクセスさせるための活動です。ダウンロード数、会員登録ページへの訪問数、サインアップ数などが代表的な指標になります。

活性化（Activation）
: 顧客の獲得後は、その顧客が実際にプロダクトを使用しているかどうかを測定します。アクティベーションの指標には、アカウント作成数、フォロワー数、新規登録者における購入率などがあります。これらの指標は、プロダクトの核となる機能を反映したものでなければなりません。

継続（Retention）
: 顧客にプロダクトを試しに使ってもらうことに成功できたら、次の課題は、定期的に使い続けてもらうことです。この場合の「定期的な利用」の意味は、プロダクトに応じて変わります（たとえば、Netflixのようなプロダクトなら毎日の視聴習慣を測定することになり、スマートな「学習型」サーモスタットのようなプロダクトならユーザーがどれだけデバイスとインタラクションしたかを測定することになるでしょう）。一般的に、顧客の継続とは、顧客がプロダクトを使うために頻繁に戻ってくること、プロダクトの中で多くの行動を取ること、時間を費やすことなどを指します。

収益（Revenue）

顧客をプロダクトにたどり着かせ、試してもらい、定期的に使ってもらえるようになった後は、お金を払ってくれているのかどうかを測定します。これは、私たちが顧客に求める次のレベルのコミットメントです。目標は、顧客がどこで、どのように有料ユーザーになっているか、そのパターンは時間とともにどう変化しているかを確認することです。有料ユーザーと無料ユーザーの割合、各顧客の平均生涯価値（LTV）などの指標に注目します。

紹介（Referral）

海賊指標のファネルの最後のステップは、顧客が他人にプロダクトを紹介しているかどうかを評価することです。もし顧客がプロダクトを心から気に入り、価値を得ていると感じ、これなしでは生きていけないと思えば、友人やインターネットにその良さを伝えるはずです。これは、最高のマーケティング手法です。ここで追跡すべき指標には、紹介で来た新規ユーザーの割合、既存ユーザーが他人を紹介した割合、新規ユーザー1人あたりの獲得コストなどがあります。

このメソッドの頭文字が「AARRR」になることに気づいた人もいるかもしれません。これが海賊の叫び声（「アー」）に似ているために、海賊指標と呼ばれるようになったということです。しかし筆者は海賊に会ったことがないので、これが本当に海賊の言葉であるという確証はありません。

6.1.2 カスタマージャーニーのタイプ：メトリクスマウンテン

筆者は海賊指標について以前から気になっていたことがありました。それは、その「ファネル（漏斗）」型のビジュアルです。現実の世界では、ファネルに入れたものはすべてそのファネルから出てきます。ファネルの一番上から注いだもの（たとえば、液体）は、当然、一番下から出てくるものと考えられます。なぜなら、一番下には穴が開いているからです。しかし、顧客がファネルの一番下に必ず到達するとは限りません。ですから、もっとよい比喩があるはずです。

そこで筆者は、ファネルの代わりに「メトリクスマウンテン」という比喩を提案します（**図6-2**）。

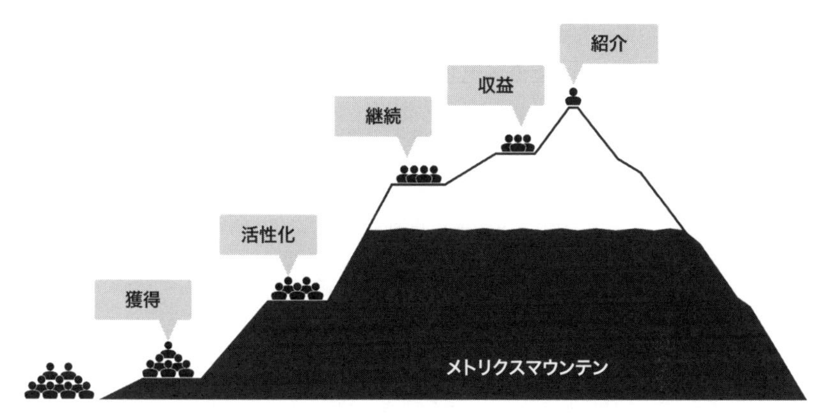

図6-2 メトリクスマウンテン。ジェフ・パットンとジェフ・ゴーセルフによるコンセプト。

顧客のライフサイクルを可視化するために山をモチーフにするというアイディアは、私たちの目的が顧客の多くを山頂に導くことであると考えれば、理にかなっていると言えるでしょう。現実的には、顧客は途中で減っていきます。疲れ、飽き、気が散り、競合に流れてしまうからです。つまり、全員が山頂にたどり着くわけではないのです。ですから、こちらのほうが適切な比喩ではないでしょうか（ファネルの比喩では、全員が下から出るという印象を与えてしまいます）。

顧客はメトリクスマウンテンを登っていくにつれ、プロダクトやサービスに対して多くのことをするように求められます（山を登るのが難しくなります）。あなたの目標は、このプロセスをできるだけ容易にして、顧客が山に登り続けるように動機付けすることです。魅力的な価値提案、ユーザーエクスペリエンス、ビジネスモデルがあれば、顧客は山を登り続けるでしょう。しかし前述したように、全体としては、山を登っていくうちに顧客の数は次第に減っていきます。そのため私たちが目指すべきは、できるだけ多くの顧客を山頂に到達させるような体験を提供することになります。

6.1.3 メトリクスマウンテンでビジネスの成果に関する対話を促す

チームやステークホルダーと、プロダクトを利用するユーザーに段階的に取ってほしい行動について話し合うときに、この山の比喩が役立ちます。具体的な方法を見てみましょう。

1. まずは図の一番下から始めます。ユーザーがプロダクトを使い始めるために最初にしなければならないことを特定しましょう。どのようにユーザーを獲得するのか？　チームが開発に取り組んでいる新機能を、ユーザーはどうやって見つけるのか？
2. カスタマージャーニーの各ステップにおいて、山の途中の「プラトー（安定状態）」を定義し、そこに到達するために必要なユーザーの行動を決定します。
3. 各ステップで、何パーセントのユーザーが上に登っていくと予想しますか？　その数字を山の図に書き込みます。
    - たとえば、毎日プロダクトを利用しているユーザーを100％とすると、そのうち75％が新機能を見つけ、50％がそれを試し、25％が毎週使い続け、10％が料金を払うという予想を立てます。
4. 正確なカスタマージャーニーがわからない場合は、海賊指標を山の5つの「棚」に見立てることから始めてみましょう。これは、このエクササイズを開始するのに良い方法です。

6.1.4　カスタマージャーニーのタイプ：サービスジャーニーとユーザーストーリーマップ

カスタマージャーニーを漏斗（ファネル）や山のイメージで可視化しても、意味がない場合があります。チームがプロダクトについて熟知している場合は、これらのモデルがうまく当てはまらないと判断することもあるでしょう。その場合は、無理にこれらのモデルを用いる必要はありません。代わりに、ユーザーがプロダクトやサービス内を移動する様子をさらに細かくマッピングできる、サービスジャーニーマップやユーザーストーリーマップを作成することができます。これらのマップの形式には、あまりこだわる必要はありません。プロダクトにとって最適な方法を用いましょう。目的は、一目で理解できる方法でプロダクトのフローを視覚化し、このモデルを使ってジャーニーの最重要部分に注目し、イニシアチブの成功に不可欠な行動を特定して、ジャーニーの成功を示す成果指標を決定することです。

6.2　アウトカム-to-インパクトマッピング

「**アウトカム-to-インパクトマッピング**」も、ビジネスプロブレム・ステートメントにあるインパクト指標と、顧客に期待する戦術的な成果（アウトカム）との関連を可視化するテクニックです。これは機能レベルの開発に取り組むチームで採用すると効果的です。また、ステークホルダーと一緒に行うことでも効果を発揮するエクササイズです。

このエクササイズでは、先行指標と遅行指標の概念も可視化します。インパクト指標が、遅行指標（つまり、すでに起こったことの後方視的な指標）である場合が多いことがわかるはずです。このエクササイズを進めると、下位指標である成果の多くが先行指標であることがわかるでしょう。これらの行動は多くの場合、インパクト指標を達成する前に行われる必要があります。たとえば、顧客はサービスに料金を支払う前に、アプリをダウンロードしなければなりません。前者は後者の有力な指標になります。通常は、1～2個のインパクト指標に対して、多くの先行指標があります。このエクササイズはこの事実を明らかにし、指標の優先順位付けについて生産的な会話をすることに役立てられます。

その仕組みを見てみましょう。

1. チームとプロダクトのリードをミーティングルームに集める。
2. ホワイトボードに2本線を引き、エリアを3分割する。その場で一番立場が上の人が、その上部に現時点の年間の戦略目標を書き出す。
3. 同じ人物（または別の幹部）が成功の測定基準をポストイットに書き、戦略目標の下に貼る（1段目のエリアにインパクト指標、2段目に遅行指標を貼る）。
4. インパクト指標と成果指標（遅行指標）を線で結ぶ（組織図を作成するイメージ）。
5. メンバー全員に、成果指標を導く顧客行動（先行指標）を考えるよう呼びかける。まず、各人がポストイットを使って1人でブレーンストーミングを行う。
6. 各人のアイディアをもとに、チーム全体で適切な先行指標は何かを議論し、結果を3段目のエリアに貼る。

この時点で、ホワイトボードは**図6-3**のようなマップになっているはずです。

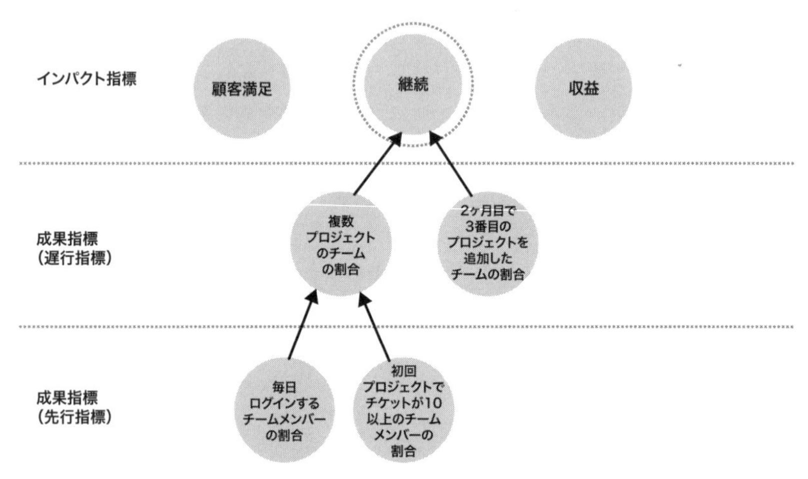

図6-3　アウトカム-to-インパクトマッピング

全員が貢献することができたのなら、会社が戦略的目標とインパクト目標を達成するのに役立つ様々な顧客行動（成果）を示す何十枚ものポストイットがボードに貼られているはずです。またこの時点で、チームはエクササイズの結果に圧倒されているかもしれません。このエクササイズを実施するまでは、たいていチームはポジティブな変化を促せる方法がこれほどたくさんあることに気づいていないからです。

さて、ここからが大変です。メンバー全員によるドット投票（または進行役が選んだ決定方法）によって、まず注力すべき成果指標を10個選びます。

この作業によって、チームは成果（顧客行動）とインパクト指標（経営者が気にするもの）を結びつけ、次のサイクルでどこに焦点を当てるべきかを明確にすることができました。最後のステップは、これらの各成果についてベースライン（現状）と目標（サイクルの終わりの望ましい状態）を作り、次のサイクルの目標としてそれをチームに割り当てることです。

これで、チームが特定の成果に関する進捗を報告するたびに、ステークホルダーはチームがその課題に取り組んでいる**理由**と、それが自分たちにとって最も気がかりなインパクト指標に**どう影響するのか**を明確に理解できるようになります。

6.3　注意すべきこと

数字やパーセンテージであれば、どんなものでも成果指標になるわけではありません。筆者の1人であるジェフは、この章で紹介したエクササイズを、ドイツの巨大小売コングロマリットと共同で実施したことがあります。同社のインパクトレベルの目標は、既存店の売上高を対前年比で増加させることでした。「アウトカム-to-インパクトマッピング」のエクササイズでは、チームメンバー数人が、成果のエリアに「自社ブランドのプロダクトが棚に並ぶ割合」という項目を書き込みました。これは指標ではありますが、顧客行動を測るものではありません。これは、顧客行動を促進するためのプロダクト戦略決定なのです。同じような問題が、自動化ツールを開発している別のクライアントでも起こりました。このチームのあるメンバーは、「システムによって自動化された手動タスクの割合」をリストアップしました。同じく、これは顧客行動の指標ではありません。これは、構築されるシステムの一面であり、プロダクト決定なのです。最終的な目標は、スタッフが繰り返し作業に費やす時間を短縮することです——これは、良い成果指標になります。

また、このチャートが複雑なものになってしまうケースも多くあります。書籍やパワーポイントのスライドでは、このチャートをきれいに見せることは簡単です。しかし現実には、チームが取り組んでいる仕事は直線的ではなく、整然とチャート化するのは簡単ではありません（**図6-4**）。1つの成果が複数のインパクト指標と結びつき（これは至極当然のことです）、チャート全体で重複することは珍しくありません。見た目の美しさや整然さにこだわらず、ビジネスとチームにとって有効なチャートを作るようにしてください。ただし、このエクササイズの趣旨を損なわないように気を付けましょう。

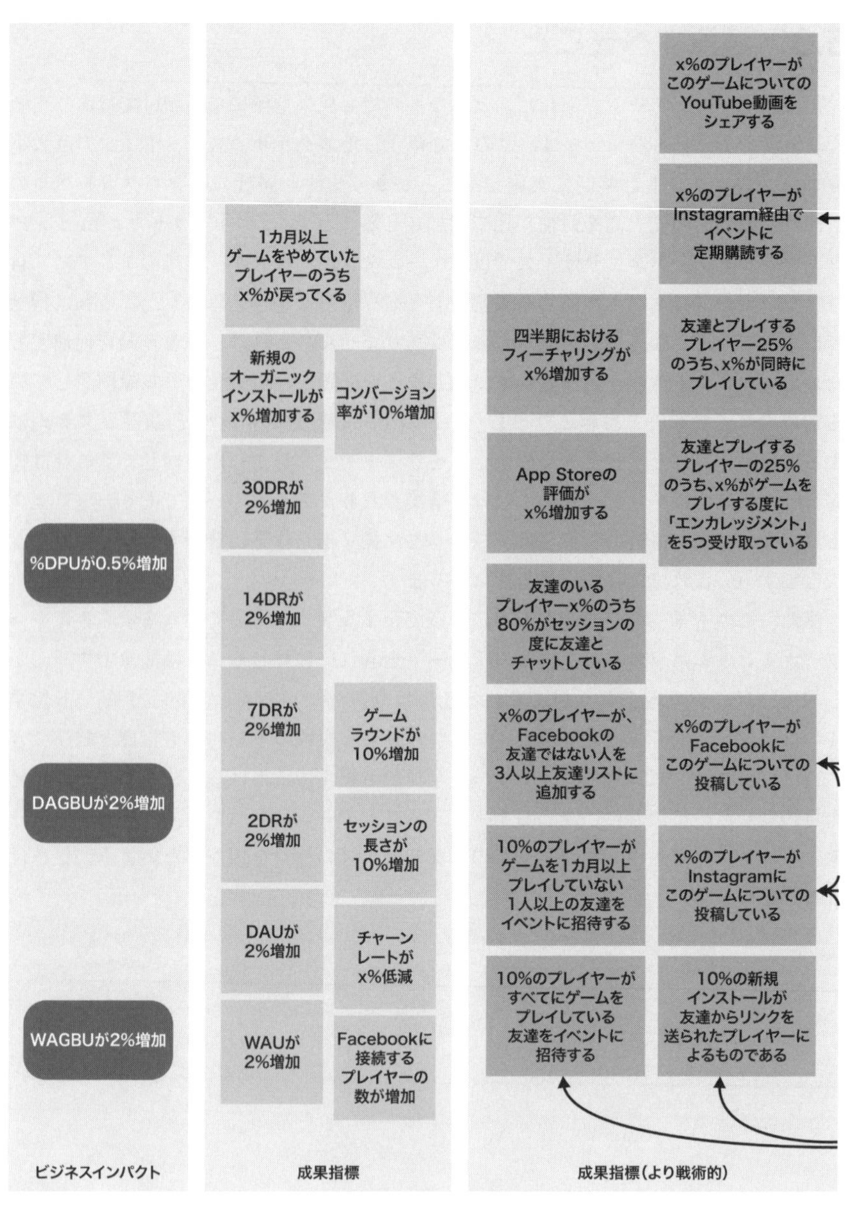

図6-4 「アウトカム-to-インパクトマッピング」の実例（出典：デルフィン・サシとキングのチーム）

7章 ボックス3：ユーザー

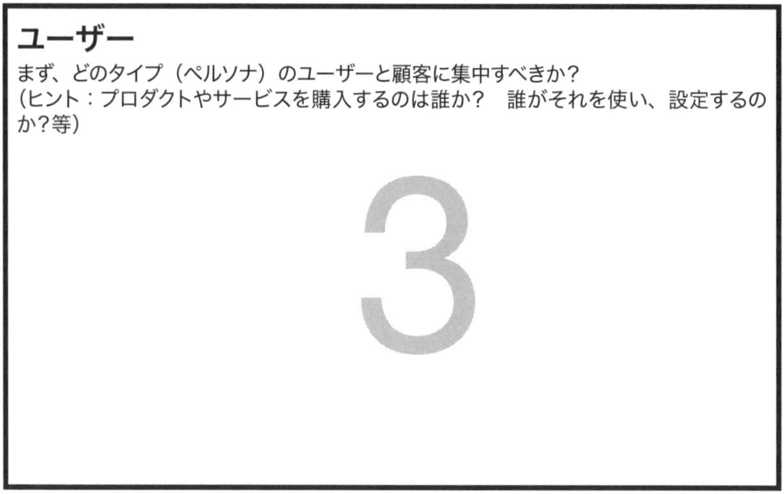

ユーザー
まず、どのタイプ（ペルソナ）のユーザーと顧客に集中すべきか？
（ヒント：プロダクトやサービスを購入するのは誰か？　誰がそれを使い、設定するのか？等）

3

図7-1　Lean UXキャンバスのボックス3：ユーザー

従来、デザイナーはエンドユーザーの視点を重視して仕事をしてきました。これは、Lean UXでも同じです。ビジネスや達成したい成果に関する思い込みを定義するときにも、何よりもユーザーを優先し、ユーザーを中心に考えなければなりません。Lean UXキャンバスのボックス3では、ターゲットユーザーについての深く掘り下げた会話を始めます。

デザイナーはたいてい、「ペルソナはリサーチで得たことを表すためのツールである」と教わっています。その結果、多額の費用を投じたリサーチの結果を示す分厚い資料としてペルソナが表現されることが珍しくありません。しかし、このような方法で作成されたペルソナには、いくつかの問題があります。

まず、多くの労力を投じて作成したために、ペルソナを絶対的なものと見なしてしまいがちです。また、ペルソナは専門のリサーチチームや外部のベンダーによって作成されることが多いため、ペルソナを作成する側とそれを使う側の間に知識のギャップが生じやすくなるというリスクもあります。

Lean UXでは、このペルソナ作成プロセスの手順を変えます。また、ペルソナ作成を一度きりのものにせず、継続的に行うようにします。ユーザーについて何かを学ぶたびに、ペルソナを調整していくのです。

Lean UXのペルソナ作成では、まず前提を明確にすることから始め、次にその前提を検証するためにリサーチを行います。現場で何カ月もかけて大勢の人にインタビューする代わりに、ペルソナの原型である「プロトペルソナ」を数時間程度で作成します。プロトペルソナは、「プロダクトやサービスを使っている（または将来的に使う）のは誰か」「その理由は何か」についての、その時点での最善の推測です。プロトペルソナはチーム全体で、前提となりえる全員の意見を取り入れながら紙に描くという方法で作成します。その後は、継続的にリサーチを行うことで、最初の推測がどれくらい正しかったのかを迅速に判断し、それをペルソナに反映していくことができます。

プロトペルソナによって、様々なメンバーから成るプロダクトやサービスの開発チームは、顧客を真正面に据えることができます。さらに、プロトペルソナは以下の2つの重要な役割を担っています。

共有理解

チームが会議をしているとき、誰かが「犬」と言ったとします。そのとき、あなたの心にはどんなイメージが浮かぶでしょうか？　それは同僚がイメージしているものと同じでしょうか？（**図7-2**）同じかどうかは、どうすれば確かめられるのでしょう？

チームの誰かが「ユーザー」と言ったときも同じことが起こります。しかしプロトペルソナを用いれば、チーム全員が「ユーザー」という言葉に対して同じイメージを持てるようになります。

図7-2　「犬」という言葉から思い浮かべるものは人によって様々（このコンセプトは、筆者の尊敬すべき同僚エイドリアン・ハワードに拠るところが大きい）

「自分たちはユーザーではない」ことを自覚する

私たち開発チームは、ユーザーを自分たちと同じような人間だと見なしてしまいがちです。特に、自分たちがつくったプロダクトやサービスを使う場合にはそう考えてしまいやすくなります。しかし実際には、一般のユーザーが開発チームの人間と同じようなテクノロジーへの理解や許容度を持っていることはめったにありません。プロトペルソナのエクササイズを行うことで、チームは外部にいる一般ユーザーに目を向けやすくなり、プロダクトやサービスを自分たちが好みに合わせて作ってしまうという過ちを避けやすくなります。

プロトペルソナの使用

筆者がニューヨークのチームで仕事をしていたときのことです。チームは、ニューヨークの市民向けに「地域支援農業（CSA）」体験の向上を目的とするアプリを開発していました。CSAとは、市民が共同出資をして、地元の農業従事者から一年を通じて農産物を購入できるようにするプログラムです。農業従事者は、CSAの会員に週に1度、農作物を配送します。CSAの会員の多くは20代後半から30代前半の男女です。忙しく働きつつも、仕事以外の活動にも積極的で、CSAへのようなプログラムへの参加を希望する人々です。

チームはまず、CSAアプリのユーザーの多くは料理を好む女性だと想定し、1時間ほどかけてスーザンという女性のペルソナをつくりました。しかし現場で20代のプロフェッショナルを対象にリサーチしたところ、アプリの潜在ユーザーの大半は、若い男性であることが明らかになりました。そこでチームはオフィスに戻るとペルソナを修正し、アンソニーという男性のペルソナをつくり始めました。

アンソニーは、スーザンよりもはるかに正確なターゲットユーザーでした。チームは、間違ったオーディエンスに向けたアイディアを練るという無駄を避け、時間を節約できました。まだ完璧ではないものの、最初の前提よりもはるかに正確なオーディエンスを想定して、プロジェクトを進められるようになったのです。

7.1 プロトペルソナのテンプレート

筆者が好む方法は、一枚の紙を3分割し、その上に手書きでプロトペルソナのスケッチを描くというものです（**図7-3**）。左上のボックスには、ペルソナの簡単な似顔絵と、名前、役割を記入します。右上には、基本的となるデモグラフィック（人口統計学的属性）、サイコグラフィック（心理学的属性）、ビヘイビア（行動学的属性）に関する情報を記入します。ペルソナの悪い例として、デモグラフィックが強調されすぎていることが挙げられます。プロダクトデザインでは、デモグラフィックよりも、ニーズ、目標、行動を重視します。ですから、デモグラフィックスを考えるときは、プロダクトやサービスに関連する特定のタイプの行動を予測する情報に焦点を当てるようにしてください。たとえば、ペルソナの年齢は、プロダクトやサービスを使う上でまったく違いをもたらさない場合があります。一方、iPhoneのような特定のデバイスへのアクセスがあることによって、プロダクトやサービスのインタラクティブな使用方法が根本的に変わるケースもあります。重要なのは、「違いをもたらす違い」を記入することです。

このテンプレートの下半分には、プロトペルソナの情報の肝となるディテールを記入します。ここでは、ペルソナの目標、ニーズ、望ましい成果と、その達成を妨げているペインを記入します。ユーザーが特定の「機能」を必要としていることはめったにないという事実を忘れないようにしましょう。ユーザーが必要としているのは、何らかの目標を達成することです（それは必ずしも具体的な目標ではありません。感情的な目標、漠然とした欲求などである場合もあります）。そして、その目標を達成するための最善策を探すのが、私たちの仕事なのです。

ティム
39歳
「パパ」

・既婚者
・子供は2人
・子供の健康と学校生活に強い関心がある
・可処分所得あり

ニーズやペイン（不満）
- ニーズ：子供の学校での様子を知りたい
- ニーズ：子供の成績を明確な基準で継続的に評価したい
- ペイン：教師に子供たちの状況を細かく尋ねることができない
- ペイン：学校のIT機器が古い
- 望み：子供の勉強に協力したい

図7-3　プロトペルソナのテンプレートへの記入例

7.2　エクササイズのファシリテーション

ここでも、ペルソナの作成はブレーンストーミングから始めましょう。

1. まずチームメンバーが、「このプロジェクトでは誰をターゲットにするのか」「そのことがプロダクトの使用にどう影響するのか」についての意見を述べるところから始めます。
2. チーム全体で、ペルソナタイプのリストを作成します。
   たとえば、このリストには、「大学生」「ストリーミング好き」「医療従事者」などのターゲットセグメントが考えられます
3. その中から、最もターゲットになりそうなペルソナを3～4人程度に絞り込みます。

4. ペルソナはデモグラフィック情報ではなく、ニーズや役割によって区別するようにしましょう。
5. 潜在的なユーザーのリストを絞り込んだら、それぞれのユーザーに対してプロトペルソナのテンプレートを完成させます。
   小グループに分かれ、各グループがペルソナを1つ担当して作成し、結果を全体に持ち帰って検討することもできます。
6. フィードバックをもとに、各ペルソナを修正します。

チーム全体でペルソナについての合意が取れたら、チーム以外の同僚にも共有して、意見を求めましょう。

7.2.1　早い段階で検証する

この時点で、思い込みの一部を早速検証できるようになります。ペルソナを使って、リサーチ対象となるターゲットを募集します。

このとき、プロトペルソナに基づいて以下の3つのことを判断できます。

顧客は存在するか？

作成したペルソナに当てはまる人を募集することにより、チームの推測がどれくらい正確なのかを素早く判断できます。ペルソナとして想定した人を見つけられないのなら、おそらくそのような潜在ユーザーはいないと判断できます。その場合は、そこで得た情報をもとにしてペルソナを調整しましょう。

顧客にはチームが想定しているニーズやペインがあるか？

言い換えれば、「チームは正しい課題を解決しようとしているか？」ということです。これは、募集した人たちを観察し、話をすることで判断できます。観察や会話によって課題が確認されない場合は、チームは存在しない課題のソリューションや機能を構築しようとしていることになります。これでは、よい結果は得られません。

顧客は課題を解決してくれるソリューションを評価するか？

顧客が実際に存在していて、チームが解決しようとしているペインポイントを持っているからといって、課題を解決するための新たな方法に必ずしも価値を見い出すわけではありません。たとえば、顧客が毎日シリアルにバナナを加えて食べていて、バナナを切るのが面倒だと感じていたとしても、あなたのチームが新たに開発したバナナスライサーを買うとは限りません（**図7-4**）。重要なのは、顧客が現在どのようにニーズを満たしていて、チームのアイディアがこの現行のソリューションを置き換えられる可能性がどれくらいあるかを理解することです。もし電子メールや表計算ソフトのような長年使われてきたツールに置き換わるものをつくろうとしているのなら、それはかなり難しい挑戦になるでしょう。こうした情報は、早い段階で得ておくべきです。

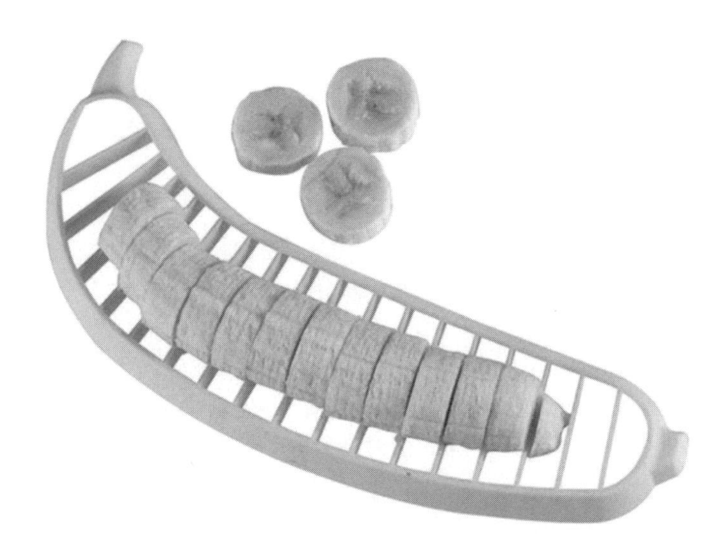

図7-4　バナナスライサー。誰がこれを購入するだろうか？

筆者は、エンジェル投資家のニーズに応えるために、投資に関する様々な情報をオンラインで管理するサービスを提供するスタートアップに協力したことがあります。同社はエンジェル投資家向けに、投資の合理化・簡素化を可能にする堅牢なプロダクトの開発を目指していました。プロジェクトに参加した筆者は、チームと共にプロトペルソナの作成に取り組みました。ターゲットとなるオーディエンスを見つけるのは、難しくはありませんでした。アメリカには、エンジェル投資家になれる人（5～10万ドルの投資資金がある人）がたくさんいたからです。つまり、ペルソナは存在していました。

次に、チームがこの潜在的なオーディエンスが抱える現実の課題を解決しようとしているかどうかを確かめるために、直接話を聞きました。その結果、このオーディエンスが、投資に関する様々な情報（プレゼン資料、タームシート、資本政策、フォローオンラウンドなど）を管理するのを面倒に感じていることがわかりました。つまり、課題も存在していました。チームにとって、これはとてもエキサイティングなことでした。

しかし、この課題に対するデジタルソリューションの話になったとき、チームはある傾向に気づきました。それは、ターゲットオーディエンスの圧倒的多数（95％近く）は、年に1、2度しか投資をしないということでした。年に1、2回の投資であれば、メールやMicrosoft Excelで十分に情報を管理できます。オーディエンスはこれらのツールに精通しているので、私たちが開発しようとしていたオンライン投資管理ツールの堅牢性や高機能性、使いやすさなどの利点をいくら上げても、使い慣れたメールやExcelを捨ててまで移行しようとはしないと思われました。つまり、私たちが開発しようとしていたツールは、全体の5%しかいないプロの投資家のためのものでした。プロダクト開発に費やされる労力の大きさを正当化するには、あまりにも少ない比率です。ご想像の通り、この話を会社に持ち帰るのはつらいことでした。このように、ペルソナが実際に存在していて、彼らが現実に抱える課題をチームが解決しようとしているからといって、ペルソナがそのソリューションに価値を見出すとは限りません。ですからプロダクトをリリースする前に、Lean UXキャンバスのボックス3のエクササイズをして、この段階でそのことに気づいておくべきなのです。

7.3　注意すべきこと

筆者の体験上、多くのチームがこのプロトペルソナのエクササイズを行っていますが、いったんペルソナを作成した後で、考えを修正するケースはめったにありません。プロトペルソナは、現在の状況に合わせて絶えず更新していくべきユーザー情報です。顧客との会話やユーザビリティ調査を実施するたびに、ターゲットオーディエンスに関するチームの現在の考えがどれくらい正しいのかを自問しましょう。新しい情報が明らかになったら、それについて議論し、今後のリサーチを的確で効果的なものにするためにペルソナを修正します。

8章
ボックス4：ユーザーの成果とメリット

ユーザーが得られる成果とメリット
ユーザーは私たちのプロダクトやサービスを求める理由は何か？　プロダクトやサービスを使うことでユーザーはどんなメリットを得るか？　ユーザーが目的を達成したことは、どのような行動変化によって確認できるか？
（ヒント：「お金を節約する」「昇進する」「家族と過ごす時間が増える」など）

4

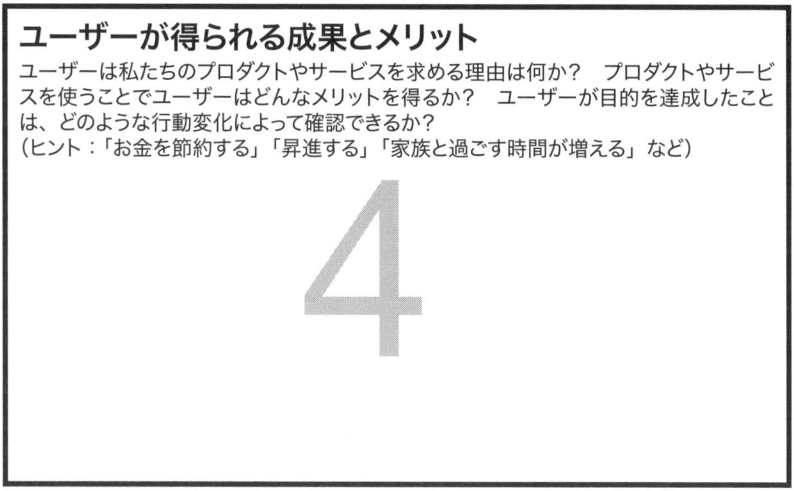

図8-1　Lean UX キャンバスのボックス4：ユーザーの成果とメリット

ユーザーストーリーと呼ばれるようなアジャイル的要素が普及しているにもかかわらず、機能やデザイン、実装に関する議論を長期間にわたって続けていくうちに、チーム内での「ユーザーとその目標」への意識は薄れがちになってしまいがちです。優れたプロダクトやサービスをつくるためには、ユーザーへの共感は極めて重要です。従来、共感の観点からユーザーを満足させる責任は、主にデザイナーが担ってきました。しかし、これまで説明してきたように、その認識は間違っています。ユーザーに対する理解を深め、ユーザーが何を達成しようとしているのかについての深い共感を得るために、筆者はチームに、ユーザーが何をしようとしているのかについての思い込みを、「ユーザーの成果とメリット」という形で宣言するよう求めています。そのために、チームで以下の質問に対する答えを考えてください。

ボックス4を始める前に、「ビジネスの成果」「顧客の成果」「ユーザーの成果」の違いについて考えてみましょう。たとえば、企業向けの経費管理ソフトを開発している会社に勤めていると仮定して、例を見てみましょう。

同社が達成しようとしているビジネスの成果は、多くの新規顧客を獲得し、既存顧客を維持し、ソフトウェアサブスクリプションの月間収益を増やすことです。

この会社の「**顧客**」である「経費管理ソフトを購入する企業」が達成しようとしているのは、経理部門の効率を上げ、立て替えできない費用への支払いを減らし、全体的な運用コストを下げることです。

このソフトウェアの「**ユーザー**」である「顧客企業の従業員」が達成しているのは、できるだけ早く経費を精算し、短時間で正しく経理データを入力することです。

どれも行動ベースの成果ですが、視点は異なります。つまり、異なるグループの人たちが、異なる目標を指しているのです。行動変容に加え、顧客とユーザーのレベルにはそれぞれ感情的な目標があります。

このソフトウェアの「**購入者**」は、自分が会社の成功と利益向上に役立っていると感じたがっています。経理部門の効率化を実現することで、上司に評価されたいし、会社の成功に貢献しているとアピールしたいのです。それが、この目標を容易に実現できる経費管理ソフトを探す動機になっています。

このソフトウェアの「**ユーザー**」は、立て替えた費用が、面倒な手続きなしにすみやかに精算できるようになることを望んでいます。それを実感できれば、このソフトウェアをきちんと計画的に使うようになるでしょう（その結果、従業員がまともに企業向けのITツールを使おうとしないといったよくありがちな状況を避けられます）。

これらの成果はどれも重要であり、ビジネス、顧客、ユーザーの成果として具体的に設定し、チーム全員で共有すべきです。ただし、これらがすべて定量化できるわけではありません。特に、厳密な数値化を重視するチームにとって、ユーザーの感情的な目標を達成したかどうかを判断するのは簡単ではありません。これらの感情的な要素は、様々な方法で測定できるからです。とはいえ、難しいからといって、この種の目標に注目しなくてもいいというわけではありません。感情的な目標はとても重要です。チームがどのような体験を提供しようとしているかを理解するのに役立ちますし、適切に達成できれば、定量的な測定基準において良い成果を上げることにつながるからです。

8.1 エクササイズのファシリテーション

プロトペルソナ作成後は、プロトペルソナの下部分に記述された内容をもとにしてディスカッションができます。個人、小グループ、チーム全体で、それぞれのプロトペルソナについて話し合います。以下の質問を参考にしてみましょう。

ユーザーは何をしようとしているのか？

回答例：新しい携帯電話を買いたい。

このプロセスの最中または後に、ユーザーはどのような気持ちになりたいか？

回答例：手ごろな価格で欲しいスマホを手に入れ、周りの人と同じようなモノを持っていると思いたい（＝カッコイイと思われたい）。

私たちのプロダクトやサービスは、ユーザーの目標や夢の実現にどう役立つか？

回答例：テクノロジーを使いこなしていると感じたい。そのことで周りから良く思われたい。

なぜ、ユーザーは私たちのプロダクトやサービスを求めるのか？

回答例：学校の友達と同じスマホを使うことで、話題についていけるようになりたい。

目標を達成したことを判断するために、どのような行動変容を観察できるか？

回答例：ユーザーは毎日学校に新しいスマホを持っていく。

レベルによっては、適切なユーザー成果が見当たらない場合もあります。それでも、このような観点から成果を考えることは、機能的なタスク指向の成果から、感情的な経験指向の成果まで、チームが取り組むべきソリューションの重要な側面を幅広く見出すのに役立ちます。

Lean UXキャンバスのこのセクションでは、チームは感情面に注目した議論を行います。機能やピクセル、コードについて議論するのではなく、ペルソナが何を求めてプロダクトを探し、それを見つけたときに何をするのかを理解することを議論の目標にします。プロダクトのテストやマーケティング、宣伝を行う段階になると、このセクションで行った作業の結果が、コンテンツやコールトゥアクション、適切な説明文を作成するための貴重な情報源になります。

8.2　注意すべきこと

チームが機能を重視しすぎていると、このエクササイズでも機能に意識が向きすぎてしまうことがあります。機能に目が向いてしまうのは、それが顧客のモチベーションになると思い込んでいるからです。しかし、例えばもしチームがユーザーのメリットを「カレンダー機能を統合する」ことだと考えたのなら、このエクササイズのポイントを逃しています。ここでの目標は、ユーザーの潜在的なニーズを理解することです。ユーザーにとって、「会議に遅刻しない」ことは、そのために役立つ機能の詳細よりも、はるかに重要で説得力があります。Appleは、Samsungをはじめとする競合他社に対して、iPhoneをこのように差別化するのが得意です。競合他社が「12メガピクセルのカメラ」といった機能をアピールしている一方で、Appleは「外国にいる祖母に、赤ちゃんの姿を見せよう」と宣伝しているのです。

9章 ボックス5：ソリューション

ソリューション
ビジネスプロブレムを解決すると同時に、顧客のニーズを満たすために何を作れるか？　プロダクト、機能、改善策を箇条書きする。

5

図9-1　Lean UX キャンバスのボックス5：ソリューション

ようやく、Lean UXのプロセスにおいてソリューションを検討する段階になりました。これは、意図的なものです。たしかに、構築したいソリューションや機能から議論を始めることはできました（実際、たいていの場合、プロジェクトはソリューションを考えることから始まります）。しかしソフトウェア開発では、まず全体を俯瞰し、いくつかの制約を設けておく方が良い結果が得られるものなのです。本書の例でも、ここまでビジネスプロブレム・ステートメント、ビジネスの成果、ペルソナ、ユーザーの成果やメリットに関する議論をしてきたことで、制約を設けています。これらの制約がなければ、ソリューションは対象とすべき人たちや課題が不明確な、焦点の定まらないものになってしまいます。私たちがこれまで宣言してきた前提となる思い込みは、ソリューションをつくり出すための空間を制約するものになっているのです。

この段階では、まだ細かいデザイン作業には入っていません。細かなデザイン作業に入るのは、キャンバスを完成させてからです。ただし、「顧客は、現在の状態から目標とする状態へ到達するために何をすればいいか」については、具体的に考え始めます。

9.1　エクササイズのファシリテーション

他の前提となる思い込みを宣言する際のエクササイズの多くと同じく、このエクササイズを促進する方法には様々なものがあります。以下にいくつかの方法を示しますが、好みのブレーンストーミングのテクニックを自由に加えて、チームがボックス5を完成させるのに役立ててください。

9.1.1　アフィニティマッピング

アフィニティマッピングは、最もシンプルかつ簡単にボックス5でチームを協力させることができる方法です。まずメンバーが個別に「ビジネスプロブレムを解決し、ターゲットペルソナのビジネスとユーザーの成果を達成するようなソリューションのアイディア」をブレーンストーミングします。この際、できる限り多くのアイディアを出し、アイディアを1件ずつ付箋に書き出します。どのようなブレーンストーミングでもそうですが、答えを引き出す質問が極めて重要です。この場合、ファシリテーターはメンバーに次のような質問をするとよいでしょう。

> ペルソナが望む成果を実現するために、どのようなソリューションをデザイン・構築すればよいか？

5分間かけて、各自が答えを付箋に文字やスケッチで書き出します。その後、全員でアイディアを持ちより、似たようなものをグループ分けして、どのアプローチが最適かを議論します。

アフィニティマッピングを用いることで、このプロセスをごく短い時間で行えます。また短時間であれ、ここで議論をしておくことで、ハイレベルなソリューションのアイディアを検討できる以上の、様々なメリットが得られます。

9.1.2 コラボレーティブデザイン：より体系的なアプローチ

ソリューションのアイディアをより意図的に開発する方法として、筆者が「デザインスタジオ」と呼ぶコラボレーティブなデザイン手法があります（「デザインスプリント」を含むコラボレーティブなデザイン手法については、14章で詳しく説明します）。デザインスタジオが特に有効なのは、正式なセッションのためにチーム全員を集める必要がある場合です。

デザインスタジオは、建築分野で「デザインシャレット」と呼ばれている手法から生まれたものです。これは、部門横断的なチームがデザインにおける課題への解決策を一緒に検討するための方法で、チームメイトが組織の壁を乗り越えて自由に意見を述べ合うフォーラムの役割を果たします。

デザイナーやエンジニア、当該テーマの専門家、プロダクトマネージャー、ビジネスアナリストなどが同じ場所に集まり、同じ課題の解決に集中的に取り組むことで、個別に作業をするよりもはるかに効果的な成果が得られます。また、チームが正式なセッションだけでなく、非公式の個別的なコラボレーションを頻繁に行うために不可欠な信頼関係が、メンバー間に醸成され始めるというメリットもあります。

9.2 デザインスタジオの実践

以下に紹介するテクニックはかなり具体的なものです。ただし、状況とタイミングに応じて、チームが快適な環境を築けるように、自由に調整しても構いません。目的は詳細な手順に従うことではなく、同僚やクライアントと共に課題を解決することです。どのようなアプローチを取るにせよ、目的はビジネスプロブレムへの解決策を考え出すことであることを忘れないようにしましょう。

9.2.1 環境の準備

デザインスタジオを実践するには、チームが同時に参加できる、まとまった時間が必要です。3時間以上は確保しておきましょう。メンバー全員が着席できるテーブルのある会議室も必要です。部屋の壁には、作業中のアイディアを書いて紙に貼り出すためのスペースも必要です。

リモートで行う場合は、チーム全員で使用できるMuralやMiroのようなホワイトボードツールを利用しましょう。ミーティングの開始時には時間をとり、全員がツールを支障なく操作できることを確認します。

9.2.2 チーム編成

5人から8人のチームで行うのが最適です。これよりも人数が多い場合はチームを分割して行い、最後に各チームの結果を比較するとよいでしょう（グループの人数が多いと、批評的な視点での意見交換やフィードバックのステップに時間がかかります。このため、メンバーが8人を超えた場合はして以下に説明するプロセスを並行して進め、最後に意見をまとめる手法をとることが重要です）。

物理的に仕切れるスペースがないリモートセッションの場合は、ビデオ会議アプリの「ブレイクアウトルーム」機能を使うと効果的です。この機能を用いることで、各チームはプライバシーと集中力を保ちながら作業に取り組めます。

9.2.3 プロセス

デザインスタジオは、以下の手順に従って行います。

- 課題の定義と制約やリスクの明確化
- 各メンバーによるアイディエーション（多様性）
- プレゼンテーションとフィードバック
- 2人1組でのイテレーションとアップデート（形成）
- チーム全体でのアイディエーション（集約）

9.2.4 事前に用意するもの

デザインスタジオを行うためには、以下が必要です。

- 鉛筆
- ペン
- フェルトペンまたは同類の筆記具（複数色、太字）
- ハイライトマーカー（複数色）
- スケッチ用のテンプレート（1個または6個のボックスが印刷されたテンプレート、またはA3サイズ（11×17インチ）の空白の用紙を6個のボックスができるよう折り曲げたもの）
- A1サイズ（25×30.5インチ）のイーゼルパッド（ノリ付き）
- 製図用のドットシール（または他の小さなステッカー）

リモート型のチームの場合は、これらが仕えないため、代わりにオンラインのコラボレーションツールを使用します。ただしリモートの場合でも、各自がまずローカルで紙とペンを使ってスケッチをし、それを写真に撮り、次にオンラインのホワイトボードツールで共有することを参加者に求めるファシリテーターもいます。

9.2.5 課題の定義と制約条件（15分）

デザインスタジオの最初のステップは、チーム全員で、これまでに宣言した前提の内容（解決しようとしているビジネスプロブレム、取り組みの成功を定義する成果、サービスの提供対象となるユーザー、ユーザーが達成しようとしているメリット）を確認することです。たいていの場合は、チームはここまで一緒にキャンバスに取り組んできたため、すでにこれらを認識しています。この作業を一緒に行ってこなかった場合は、チーム全体に前提について説明し、質疑応答をする時間を取るようにします。

9.2.6 各メンバーによるアイディエーション（10分）

このステップは各メンバーが行います。メンバーに、ボックス型の空欄が6つ記された用紙を渡します（**図9-2**）。A3サイズの用紙を折り曲げても、罫線が印刷されたテンプレートを使っても、どちらでも構いません（オンラインツールを使っている場合、そのツールでこの作業を行うことを強制すべきではありません。操作が難しく、時間がかかることがあるからです。代わりに、メンバーには紙で作業してもらい、写真やスキャンしたものを共有してもらうとよいでしょう）。

図9-2　6分割のテンプレート（空白）

手がかりのない空欄にアイディアを書き込むことが難しく感じる場合もあります。そのようなケースでは、用紙の各ボックスに、ペルソナとそのペルソナが抱えているペインや課題を書き込むようメンバーに促しましょう（6つのボックスの上部に、ペルソナの名前とペインや課題を書きます）。複数の解決策があるのなら、同じペルソナやペインを複数のボックスに書き込んでも構いません。すべてのボックスに違うペルソナやペインを書くこともできます。各ボックスに組み合わせを1つ記入する限り、どのようなパターンでも問題ありません。5分間をかけてこの作業を行います。

次に、さらに5分間をかけて、ペルソナやペインを記入済みの6分割シートに、それぞれの解決策のラフなスケッチを書き込みます（**図9-3**）。視覚的な表現（UIのスケッチ、ワークフロー、ダイアグラムなど）を用い、文章だけで表現しないようにします。円、四角、三角形を描ければあらゆるインターフェースを描けるというインタラクションデザインのトリックをメンバーに教えましょう。これらの図形を描けないメンバーはいないはずですし、これでメンバーは公正にそれぞれの力を発揮できるようになります。

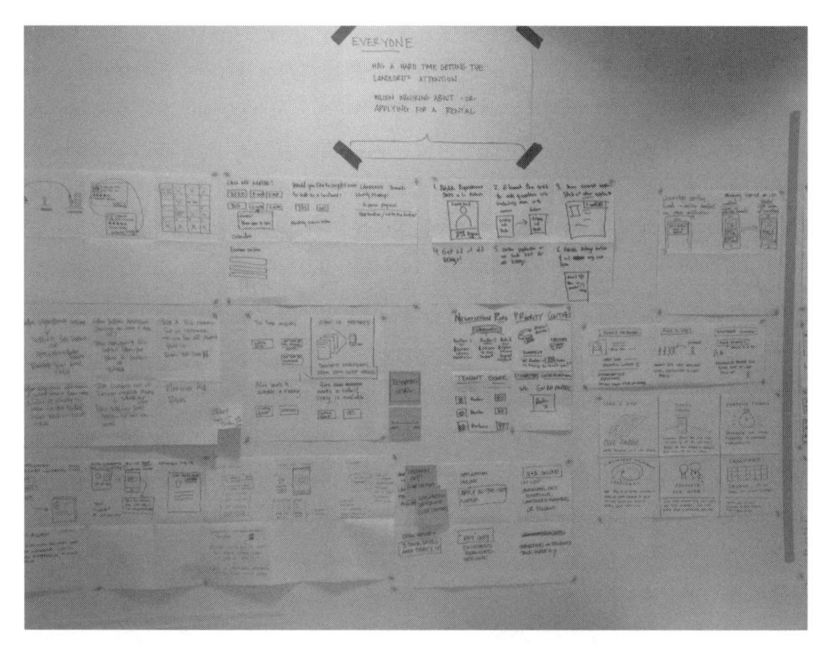

図9-3 6分割テンプレートへの記入例

9.2.7 プレゼンテーションとフィードバック（1人当たり3分間）

5分間のセッションが終了したら、チームでその時点の結果を共有し、ディスカッションを行います。全員がテーブルを囲んで着席し、1人3分間の制限時間で、各メンバーが自分のスケッチをチーム全体に見せながらプレゼンテーションを行います（**図9-4**）。プレゼンターは、誰（ペルソナ）の課題を解決しようとしているのか、どのペインに対処しようとしているのかを明確にした上で、スケッチについて説明します。

他のメンバーは、批判的な視点からの意見やフィードバックを述べます。この際、プレゼンターの意図を明確にしながら意見を述べるようにします。

メンバーには、「良いフィードバックを提供するには、自分の意見を述べるより、相手に質問をする方が効果的である」というコツがあることを説明しましょう。質問をすることで、チームがしようとしていることについての議論がしやすくなります。また、各自もそれぞれが担当する仕事について深く考えることができます。一方、誰かのアイディアに対して質問ではなく意見を述べると、議論が活性化せず、コラボレーションも起こりにくくなり、メンバーは自己弁護的になります。「この機能は、ペルソナの課題にどのように対処していますか？」「その部分が理解できません。詳しく教えてもらえますか？」という質問はとても効果的です。逆に、「そのアイディアは好きではありません」というコメントにはほとんど価値がなく、プレゼンターはイテレーションで使える具体的なアイディアを得られません。

図9-4 デザインスタジオでアイディアのプレゼンとフィードバックを繰り返すチーム

9.2.8 2人1組でのイテレーションとアップデート（10分）

ここで、メンバーを2人1組に分けます（できれば、同じようなアイディアを持つメンバー同士がペアになるように呼びかけます）。リモートセッションの場合は、各ペアはブレイクアウトルームで作業します。

各ペアが、それぞれのデザイン案の改良に取り組みます（**図9-5**）。ここでの目標は、各ペアが最もメリットのあるアイディアを選び、それを進化させ、統合することです。各ペアは、何を残し、何を変え、何を捨てるかについて決断を下さなければなりません。これは大変なことであり、各ペアの意見がわかれることも予想されます。そのため、合意を得るために、せっかくのアイディアを一般的、抽象的なものにしてしまいたくなりがちですが、そうならないように気をつけます。各ペアには、アイディアがより具体的になるように、決断を下すよう促します。各ペアは、A3サイズの用紙を6分割したボックスのなかに、アイディアのスケッチを1つ書き込みます。このステップの制限時間は10分です。

制限時間が終了したら、再びチーム全体でプレゼンテーションと批評を行います。

図9-5　デザインスタジオのエクササイズに取り組む

9.2.9　チーム全体でのアイディエーション（45分間）

まず各メンバーがアイディアを提案し、他のメンバーからフィードバックを受け、

2人1組でアイディアを洗練させました。次は、チーム全体で最も有望なアイディアを絞り込みます。ここで選択された複数のアイディアは、Lean UXの次のプロセスである仮説の構築と、その後に行うデザインと実験の基礎になります。

アイディアのコンポーネントやワークフローをスケッチするために、大型のイーゼルパッドペーパーかホワイトボードを用意します。絞り込みの検討では多くの妥協が必要であり、意見の相違もあるはずです。チーム全体が合意に達するためには、優先事項を決めたり、機能を減らしたりすることが必要になる場合もあります。

選択はしなかったが、捨て去るには惜しいアイディアを一時的にためておくための「バックログ」をつくるようにすると、これらのアイディアをいったん脇に置いて、前に進みやすくなります。ここでも、決断を下すことが大切です。一般化や決断の先延ばしをして合意を得ようとする誘惑に負けないようにしましょう。

NOTE

複数チームに分かれてデザインスタジオを実施している場合は、各チームに最終的なアイディアを発表してもらい、全チーム合同で批評とフィードバックを行い、アイディアの集約を目指します。

9.2.10 デザインスタジオのアウトプットを活用する

デザインスタジオで行った結果は、仮説の作成と、最終的には実験デザインにフィードバックされます。すべてのアイディアが最終的な検討対象に含まれるわけではありませんが、チームがまとめたアイディアはすべて、ボックス6の仮説の作成以降でテストの対象になります。

アウトプットを視覚化するために、壁などの目立つ場所に貼り出します。残しておきたいスケッチがあればそれを決定し、最終的なスケッチと同じ場所に掲示して、メンバーがそのアイディアをいつでも参照できるようにします。掲示しなかったものも含めて、すべてのアイディアを写真に撮り、アーカイブフォルダに保管しておきましょう。いつどのアイディアをさかのぼって参照したくなるかはわかりません。このアーカイブの管理担当者も決めておきましょう。責任の所在が明確になることで、チームが適切に記録を残していることを全員が意識できます。

9.3 注意すべきこと

コラボレーティブデザインで最も難しいのは、参加者が平等に参加できるようにすることです。このエクササイズは、シンプルに実践することで、メンバーは参加しやすいと感じるようになります（難しいツールではなく、付箋であれば、誰でも簡単に使うことができます)。デザインスタジオのような複雑な技法を実践するときには、最善のファシリテーションを提供することがとても重要になります（リモートセッションでは、これがとても難しくなることを覚えておきましょう)。もしメンバーが「このエクササイズは自分には高度すぎる」と感じて、このパートに積極的に参加しなくなったら、チームが下流で行う機能やデザインの選択に対してさらに大きな抵抗を示す可能性があります。このような場合、チームのデザイナーにとってデザインファシリテーションは極めて重要なスキルになります。

10章 ボックス6：仮説

仮説

2～5の前提を組み合わせて、以下の仮説ステートメントにあてはめる
「[ユーザー] が [機能] 使うことで [メリット] を得れば、[ビジネスの成果] が達成できる」
（ヒント：それぞれの仮説は1つの機能のみに集中する）

図10-1　Lean UXキャンバスのボックス6：仮説

ボックス6に到達した段階で、チームは戦術的で検証可能な仮説を立てるために必要な材料をすべて手にしています。しかし、その前に、一般的な仮説について話しておきましょう。

「仮説（hypothesis）」という言葉は、近年、プロダクト開発でよく使われるようになりました。これは、エリック・リースが科学的手法に着想を得たプロダクト開発手法について説明した著書『リーン・スタートアップ』（井口耕二訳、日経BP）の影響もあります。リースは、仮説を早期かつ頻繁に検証することを提唱しています。では、そもそも仮説とは何でしょうか？『The Oxford Dictionary of Difficult Words』

はこの言葉を、「さらなる調査の出発点として、限られた証拠に基づいてなされる仮定または提案された説明」と定義しています[†1]。

これはまさに、私たちがこれから作ろうとしているものです。私たちは、すべての前提（「限られた証拠」に基づく記述）をまとめて、統一されたステートメント（課題とソリューションの「説明案」）にし、リサーチとテストのプロセス（「さらなる調査」）を開始しようとしているのです。

さて、それではさっそく仮説を書いてみましょう。以下は、筆者が推奨するテンプレートです。

> 私たちは、以下の条件が満たされたとき、[**ビジネスの成果**] を達成できると信じている。
> [**ペルソナ**] が、
> [**ユーザーが得られる成果（アウトカム）やベネフィット**] を、
> [**機能またはソリューション**] で獲得する。

このテンプレートでは、「(私たちは)、〜と信じています」という表現が用いられています。これは意図的なものです。なぜなら、現段階ではまだ「信じる」ということしか言えないからです。つまり、ここまではまだ「思い込み」の段階です。ですから、この時点までのキャンバスのボックスで作成してきた内容をもとに、仮説テンプレートを完成させます。ボックス2の「ビジネスの成果」、ボックス3の「ペルソナ」、ボックス4の「利点」、ボックス5の「ソリューション」を書き込みます。このプロセスは、**空欄を埋めていく**ようなものだと言えます。

しかし、それ以上のことも求められます。ここで私たちが目指すのは、理にかなっていて、信じられる仮説を書くことです。これらの仮説は本質的に、あるデザインの方向性を追求することへの支持を得るための、ごく短いストーリーです。デザイナーやチームが納得できる良い仮説を書くことは、ソリューションのアイディアの有効性を検証するための最初の方法なのです。もし、ボックス5のソリューションのアイディアについての説得力のある仮説が立てられないのなら、そのアイディアは次のプロセスに進めるべきではありません。説得力のある仮説とは、その機能を利用する

---

†1　Archie Hobson (ed.), The Oxford Dictionary of Difficult Words (New York: Oxford University Press, 2004), s.v. “hypothesis.”

明確なユーザーがいて、そのユーザーが機能からベネフィットを得て、その後のユーザーの行動変化がボックス1で明確にしたビジネスプロブレムの解決に役立つものであることです。

10.1　エクササイズのファシリテーション

このプロセスでは、図10-2のような表を作成し、キャンバスの前の部分に記入した内容を用いて表を完成させます。付箋を適切なボックスに移動させて、関連するアイディアを並べましょう。各列は、左のボックス2から右のボックス5まで、キャンバスの特定のボックスに直接的に関連しています。

我々は、以下の条件が満たされたときに、記載の成果が実現できると信じる。	もしこのペルソナが、	以下の成果を、	以下の機能で達成できたら。
ビジネスの成果	ペルソナ	ユーザーの成果	機能

図10-2　仮説表

このエクササイズを実施すると、最初のブレーンストーミングとの結果にギャップがあることがわかるはずです。ビジネスの成果はつくったのに、それを実現するためのソリューションや機能のアイディアを考えていないケースもあるでしょう。ソリューションや機能のアイディアは考えたが、それがユーザーやビジネスに価値をもたらすとは思えないケースもあるでしょう。このギャップを見つけることが、このエクササイズのポイントです。ギャップを明らかにしたら、それを新たに付箋に書き込むか、関連性の低いアイディアを仮説のリストから外します（図10-3）。これは、チームが考案した多くのアイディアをメンバー全員が確実に理解するのに役立ちます。

バーチャルホワイトボードツールを用いた分散型のチームは、このエクササイズを行いやすくなります。キャンバスの他の部分のエクササイズで作成したメモをコピーしてボックス6にペーストし、必要に応じてメモを移動させながらチャートを完成させましょう。

図10-3　仮説のリストを用いた検討

図表が完成したら、7〜10行を目安に、機能の仮説を抽出します。仮説テンプレートを使用して、仮説ステートメントに関連するすべての構成要素を含めるようにします。チャートが完成したら（最初の目標としては7〜10行程度が適切です）、そこから機能の仮説を抽出します。仮説テンプレートを使用して、仮説ステートメントの関連するすべての要素を含めるようにします。もう一度、テンプレートを見てみましょう。

> 私たちは、以下の条件が満たされたとき、［**ビジネスの成果**］を達成できると信じている。

［**ペルソナ**］が、
［**ユーザーが得られる成果（アウトカム）やベネフィット**］を、
［**機能またはソリューション**］で獲得する。

仮説をまとめる際は、ソリューションや機能を提供する対象がどのペルソナなのかをよく検討します。複数のペルソナを対象にしていることに気づく場合は珍しくありません。また、複数のソリューションや機能で同じような成果を目指している仮説を立てていることに気づく場合もあります。このようなケースでは、仮説を修正して、1つの機能のみを目指すようにします。複数の機能を持つ仮説を検証するのは、簡単ではないからです。このプロセスで重要なのは、妥当性を適切に評価できるテストが作成できるように、アイディアを明確にしておくことです。

仮説とアジャイル開発におけるユーザーストーリーとの違いとは？

筆者はよく「仮説ステートメントは従来のアジャイル開発におけるユーザーストーリーとどう違うのか？」と尋ねられます。その違いは一見すると小さなものですが、実質的には大きなものです。アジャイル開発におけるユーザーストーリーの一般的なフォーマットは、次のような形をとります。

［ユーザーのタイプ］として、
［目標］を実現したい。
なぜなら［理由］があるから。

本書を読み進めてきた人なら、このストーリーにユーザーとユーザーが得られる成果（アウトカム）が定義されていることに気づくはずです。しかし、筆者の経験上、たいていのチームは「目標」を「機能」に置き換えてしまいます。ユーザーストーリーを書いた後、「目標」ではなく、「機能」の実装ばかりに目を向けてしまうのです。早く機能を提供することばかりを気にすると、ユーザーのことを忘れてしまいがちになります。チームにとっての受け入れ基準（成功の定義）も、ユーザーがそのシステムを使ってタスクを完了できるかどうかになります。ソリューションが使いやすいか、望ましいか、ましてや喜ばしいものかどうかについての議論はありません。その機能が成果を生み出すかどうかについての議論もありません。システムが「意図した通りに動作するかどうか」だけがテストされるのです。

これに対し、「仮説」の成功の定義はユーザーの行動の変化（ビジネスの成果）です。動作する機能をリリースすることは、この仮説の検証の始まりにすぎません。筆者のチームも、どのくらい早く機能を提供できるかで成功を測っていません。成功の基準は、ユーザーが「目標」をどれくらい達成できるかです。

これがユーザーストーリーと仮説の主な違いです。仮説によって、チームは生産性を成功の基準にするのではなく、「ユーザーの望みを叶え、ビジネスの目標を達成する」という、本当に重要なことに再び意識を向けられるようになるのです。

とはいえ、チームはアウトプットや機能（チームが作っているもの）についても話をしなければなりません。もし、チームのユーザーストーリーが機能中心でも、それは問題ありません。実際、ある仮説が多くのユーザーストーリーを生み出すのはよくあることです。作業を追跡する方法は、自由に決められます。ただしプロセスのどこかが、機能レベルの作業を高次のレベルのユーザー／ビジネスの成果とつなげるものなっているようにしましょう。

10.2 仮説の優先順位付け

Lean UXでは、優先順位付けを徹底的に行います。プロジェクトの予算が学習に重点を置いているケースはほとんどありません。またたいていの場合は、プロダクトやサービスもリリースしなければなりません。プロジェクトの最初に前提を宣言するのは、リスクを特定して優先順位をつけるためです。「リスクが高く、テストが必要なものは何か？」「リスクが少なく、簡単に始められるものは何か？」について検討するのです。

これらの前提をまとめたら、潜在的な作業のバックログを作成します。次に、最もリスクが高いものを検討して、最初に取り組むべきものが何かを把握します。すべての前提をテストできないことを理解した上で、どれを最初にテストすべきかをどのように決定すればよいのでしょうか？

優先順位をつける方法はいくつもありますが、筆者はこの作業は共同で行うと効果的であることに気づきました。また、この作業用のフレームワークを用いると便利です。そこで、**図10-4**に示す「仮説優先順位付けキャンバス（HPC=Hypothesis Prioritization Canvas）」を作りました。HPCは2×2のマトリックスで、X軸がリスク、Y軸が「知覚価値」です。知覚価値としたのは、これが大きな前提だからです。筆者は、実装されることで、ユーザーエクスペリエンス、ひいてはビジネスに意味のある影響を与えるならば、そのアイディアには十分な知覚価値があると考えます。リスクに関しては、各仮説をそれぞれの利点に基づいて評価します。技術的にリスクが高い仮説もあれば、ブランドにとってリスクのある仮説もあります。デザイン能力に問題を生じさせる仮説もあるでしょう。このような場合は、特定の種類のリスクを標準化せずに、各仮説のリスクのあらゆる側面を考慮できるようにします。

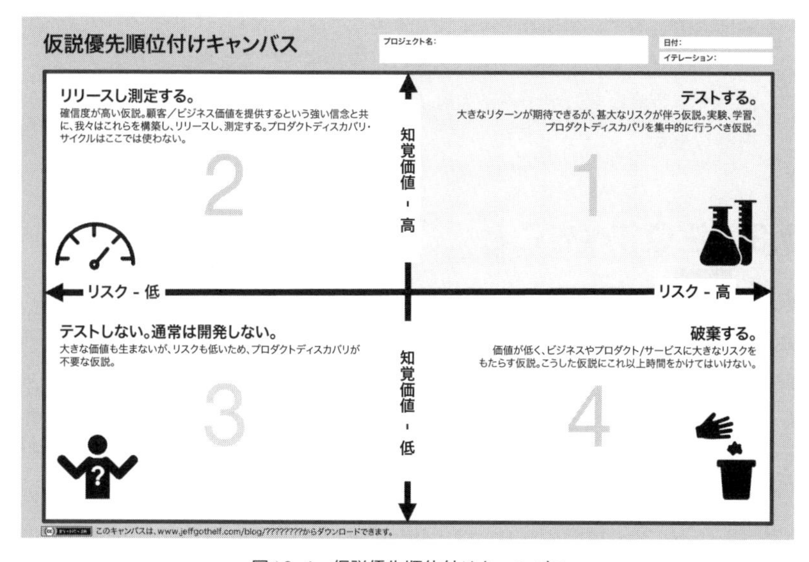

図10-4　仮説優先順位付けキャンバス

チームでキャンバスに仮説をマッピングします。

- 「第1象限」に当てはまるのは、これから検証する仮説です。これらはLean UXキャンバスのボックス7と8に進みます。

- 「第2象限」（知覚価値=高、リスク=低）に当てはまる仮説は、開発対象になる仮説です。ユーザーストーリーを書き、バックログに入れ、リリースします。ただし、その機能が稼働し始めたら、測定を忘れないようにしましょう。もし期待（仮説で成功として定義された「ビジネスの成果」）通りに稼働していないのであれば、このアイディアを見直す必要があります。
- リスク軸の下にある、「知覚価値=低」の領域に当てはまる仮説は、テスト対象にしません。HPCの「第4象限」（知覚価値=低、リスク=高）に位置する仮説は破棄します。開発する必要はありません。
- 「第3象限」（知覚価値=低、リスク=低）に当てはまる仮説は、テスト対象にせず、ほとんどの場合、開発もしません。ただし、ここには特に知覚価値やリスクが高いわけではないが、ビジネスを運営するために開発する必要がある仮説が当てはまる場合があります。たとえば、eコマースサービスを開発する場合には決済システムを実装する必要がありますが、それだけではマーケットでの差別化はできません。このケースでは、革新的で快適な機能（リスクの高い機能）を実装前にテスト・検証されることを認識して、基本的なユースケースを構築します。

10.3　注意すべきこと

多くの新しい技法がそうであるように、仮説の作成も、練習すれば上達します。Lean UXに取り組み始めたばかりのチームは、テストするには大きすぎる仮説を作成してしまいがちです。そのような場合は、仮説の範囲を再考しましょう。「どうすればもっと仮説を小さくできるか？」「どうすれば仮説の範囲をチームが完全に責任を持てる程度のものにできるか？」と考えるのです。

仮説もビジネスプロブレム・ステートメントと同様に、具体的なものとして作成すべきです。ビジネスの成果の定義には、具体的な数字を用いましょう。開発する機能も明確なものにします。「より良いユーザーエクスペリエンス」「直感的なUI」といったフレーズは漠然としているために意味をなしません。「直感的なUI」が直感的であるかどうかは、どのようにテストすればよいというのでしょうか？（キャンバスの次のステップでは、この問題に直面します）。こうした曖昧な表現は、「ワンクリックのチェックアウト」や「顔認証」のような具体的なものに置き換えます。

11章
ボックス7：最初に学習すべき最重要事項は何か？

最初に学習する必要がある、
もっとも重要なものとは何か？

ボックス6の仮説の中から、もっともリスクの高い思い込みをいくつか特定する。次に、もっともリスクが高いものを1つ決定する。これは、もし失敗した場合にアイディア全体がダメになってしまう思い込みのことである。

（ヒント：仮説の初期段階では、実現可能性よりもリスクの評価を重視すること）

7

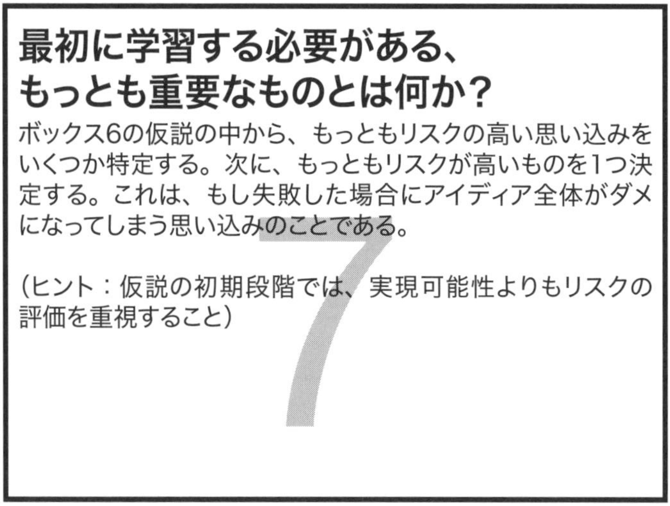

図11-1　Lean UXキャンバスのボックス7：学習

仮説に優先順位をつけ、どの仮説をテストするのかを決めたら、次は各仮説の主なリスクを特定していきます。これを行うために、Lean UXの2つの重要な質問の1つである、「**この仮説について最初に学習すべき最重要事項は何か？**」について考えます。

学習について議論するとき、チームは実際にはリスクについて議論をしています。このとき、仮説を根底から揺るがす可能性のあるものをすべて明らかにしなくてはなりません。本書でこれまでアドバイスしてきたように、部門横断的なチームでこの質問について考えるとき、役割の数だけ答えが出てくるはずです。ソフトウェアエンジニアは当該の機能を開発することの技術的な難しさを指摘するでしょうし、デザイナーはワークフローやユーザビリティの問題に言及するでしょう。プロダクトマネージャーにとっては、その機能が期待されるようなビジネス上のメリットをもたらすかどうかが重要な問題になります。これらのリスクはすべて意味のあるものです。しかし、この時点で注目すべきは、もし現実化すれば仮説そのものが無効になり、すぐに切り替えて次のステップに進むべきだと判断できるようなリスクです。

基本的に、仮説のライフサイクルの初期段階での最大のリスクは、ソリューションの価値に関するものになります。「人々はソリューションを必要としているのか？」「彼らはそれを探すだろうか？」「試してみるだろうか？」「使うだろうか？」「価値を見出すだろうか？」などについて考えることが、初期段階においてとても重要になります。これらの質問に対する答えが「いいえ」であれば、どのようにデザインするか、構築するかについて考える必要はなくなります。価値が確認され、技術的な実装の段階に移行したとき（仮説が成熟したとき）、はじめて技術的課題や、ユーザビリティやスケーラビリティなどの問題を、検討すべきリスクとしてとらえられるようになるのです。

11.1　エクササイズのファシリテーション

このエクササイズでは、チームの議論の流れは次のようなものになります。まず全員で仮説の優先順位を確認し、どれを最初にテストすべきかを決定します。次に、その仮説について「**最初に学習すべき最重要事項は何か？**」について考えます。議論が行き詰まったら、ここでブレーンストーミングをして、その後でアフィニティマッピングやドット投票を行ってもよいでしょう。この問題について明確な考えを持つメンバーの意見に従ってもよいでしょう。一般的に、このステップでは多くのプロセスは必要ありません。重要なのは、この仮説に関連するリスクの上位1〜3位を特定して、ボックス8で行う実験の計画へと進むことです。

11.2　注意すべきこと

ここでチームのコンセンサスが得られるのは良いことです。しかし、常にそうなるとは限りません。もし合意に達することができないのなら、それはチームが決定を下すためにはさらなる情報が必要であることを意味しています。さらなる情報を得るための唯一の方法は、どれを対象にするかについてひとまず決定を下し、実験を行うためにボックス8に進むことです。通常、この決定はプロダクトマネージャーが下します。ただし、ここで選ばなかった仮説や前提、リスクを完全に捨てるわけではないことに注意してください。とりあえず特定の仮説を対象にしてプロセスを進めるだけで、もしそれが誤りであることが証明されれば、仮説のバックログに戻り、再度このプロセスを行うことになります。

12章
ボックス8：MVPと実験

次に重要なことを学習するために必要な最小限の労力は何か？
リスクが最も大きい思い込みが正しいか間違っているかをできる限り早く学習できる方法を設計する。

8

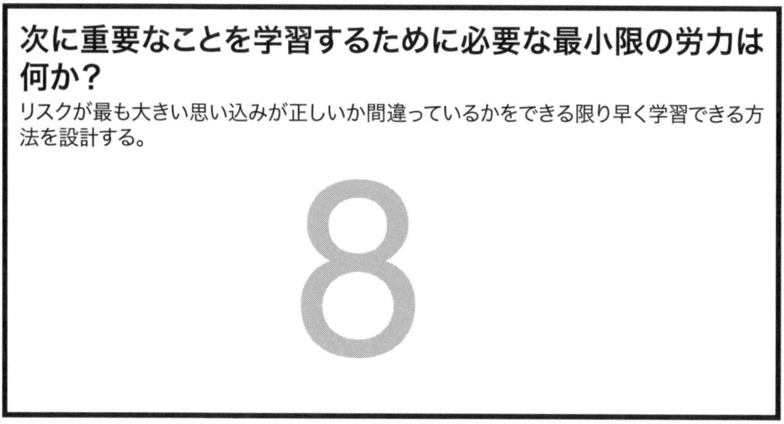

図12-1　Lean UXキャンバスのボックス8：MVPと実験

Lean UXキャンバスの最後のステップは、実験に焦点を当てます。Lean UXキャンバスの2つの重要な質問のうちのもう1つは、「**次の最重要事項を学ぶために必要な最小限の作業は何か？**」です。この質問に対する答えが、仮説を検証するために実行する実験になります。

最小限の仕事をしようとするのは、怠慢だからではありません。それは、リーンであるということです。チームは、無駄を省こうとしています。アイディアが適切かどうかを検証するための作業が増えるほど、無駄が増えていくことになります。そのアイディアが継続的に取り組むべきものであるかどうかが早く見極められるほど、検証のための手間を減らせるのです。これによって軌道修正も容易になり、チームのアジリティも高まります。

ボックス8でチームが考案した実験が、MVP（Minimum Viable Product：実用最小限のプロダクト）になります。これは、エリック・リースが『リーン・スタートアップ』で定義したMVPとまったく同じです。

12.1　そもそも、MVPとは何か？

技術者に「MVPとは何か？」と尋ねると、次のような含蓄のある言葉を含む、様々な答えが返ってくるはずです。

- 「機能するもののうち、最速で世の中に出せるもの」
- 「妥協だらけのひどいリリースで、全員を不幸にさせるもの」
- 「クライアントが『これがMVP』と言えば、それがMVPになる」
- 「『機能している』と言える、最低限の機能」
- 「フェーズ1のこと」（フェーズ2がどんな末路を迎えるかは、私たち全員が知っています）

MVPは比較的新しい概念ですが、その短い歴史の中で多くの混乱を招いてきました。その原因は、この概念が複数の意味で用いられていることにあります。MVPは、「小規模な素早いリリース」という意味で使われることがあります。上の引用文が指しているのも、この意味です。しかし、Lean UXでのMVPの意味は異なります。

Lean UXでのMVPは、「何かを学ぶための小規模で素早い方法」のことを指します。時にはそれがソフトウェアのリリースになることもありますが、そうではない場合もあります。たとえば、MVPが図面、ランディングページ、プロトタイプなどである場合もあります。ここでのチームの最大の関心事は、価値ではなく学習を創造することです。とはいえ、価値の創造と学習の創造は相いれないものではありません。チームにとって、マーケットが何を価値あるものと見なしているかということも、学ぶべき重要な問題だからです。優れたMVPはたいてい、価値と学習の両方を創造します。ただしLean UXでは、MVPでは学ぶことに重点を置きます。

12.1.1 例：ニュースレターを発行すべき？

筆者が数年前にコンサルティングを担当した中規模企業を例にとりましょう。新たなマーケティング戦略を探っていた同社は、月刊でニュースレターを発行するという案を思いつきました。とはいえ、ニュースレターの作成は簡単ではありません。進行中のマーケティング戦略や販売戦略と平行して、コンテンツの方針や編集スケジュール、レイアウト、デザインなどの準備を整えなければなりませんし、ライターやエディターも必要です。これは同社にとって大きな出費になります。そこでチームは、このニュースレターのアイディアを仮説と見なすことにしました。

チームは自問しました。「**我々が学習しなければならない、もっとも重要なこととは？**」。その答えは、「ニュースレターを発行する労力に見合うだけのユーザーがいるか？」でした。チームがこのアイディアをテストするためのMVPとして用いたのは、現行のウェブサイトにサインアップフォームを追加することでした。このサインアップフォームでは、ニュースレターの宣伝を行い、ユーザーにメールアドレスの入力を求めます。この方法は、この時点ではユーザーに価値を提供してはいません。チームの目標は、需要を測り、どのような価値提案や宣伝文句がサインアップを促すかを探ることでした。チームはテストの結果が、このアイディアを実現すべきかどうかについての良い判断材料になるという感触を得ました。

チームは半日かけてフォームのデザインとコーディングを行い、その日の午後にリリースしました。チームは、同サイトの1日のトラフィック量が相当に多いことを知っていました。そのため、ユーザーがニュースレターに興味を示したなら、すぐにそれを判断できるだけのデータが集められると考えていました。

チームはこの時点では、実際のニュースレターのデザインや作成を行うための労力を一切投じていません。ニュースレターの作成に着手するのは、最初の実験によってデータを集め、ユーザーがニュースレターを求めていることがわかったことを確認してからです。データが良い結果を示していた場合は、次のMVPとしてニュースレターを実際に作成して価値を提供し、良いニュースレターを作るために「コンテンツのタイプ」「プレゼンテーションの形式」「発行頻度」「社会的な流通度」などについて学習をします。チームは目標とするビジネス上の利益を得るために、その後もMVPとしてのニュースレター（前回よりも改善をしたもの）によって実験を続け、様々な種類のコンテンツやデザインを提供することを計画しています。

12.2　MVPを構築するには？

MVPを構築する際は、最初に必ず「**次に学ぶ必要がある、もっとも重要なことは何か？**」を考えます。ほとんどの場合、その答えは価値の問題か実装の問題になります。どちらの場合も、この問題に答え、当該のアイディアに取り組み続けるかどうかを判断するための十分な証拠を提供する実験を設計します。

12.2.1　価値を探るためにMVPを構築する

MVPによってアイディアの価値を学習しようとしている場合は、以下のガイドラインを参考にしてください。

核心を突く

どのようなMVPの手法を採用するにしても、アイディアの核となる価値提案とそれをユーザーに提示する方法を考えることに時間を費やしましょう。アイディアに付随するもの（ナビゲーション、ログイン、パスワード取得フローなど）は、アイディアそのものがターゲットオーディエンスにとって無価値である場合、考えても意味がありません。これらは後回しにしましょう。

明確なCTA（コール・トゥー・アクション）を使う

ユーザーがそのソリューションに価値を見いだしているかどうかは、ユーザーがそれを実際に使おうとする、あるいは料金を支払おうとする意図を示すかどうかで判断できます。サービスの選択やサインアップの機会を提供することで、ユーザーの興味の度合いや、実際に金を払ってくれるかどうかを判断しやすくなります。

行動を測定する

人々の実際の行動を観察し、測定できるMVPを構築しましょう。これにより、人々が言葉で説明する自らの意図（予定）に惑わされずに、実際の行動に焦点を当てることができます。デジタルプロダクトのデザインで価値があるのは、ユーザーの意見ではなく行動です。

ユーザーと話す

行動を測定することで、MVPを使って人々が「何」をしたかがわかります。しかし、「なぜ」人々がそのように行動したかがわからなければ、MVPの実験をいくら繰り返しても、ランダムにデザインしているのと変わりありません。MVPをチームの意図通りに使った人とそうでなかった人の両方から話を聞きましょう。

優先順位付けを重視する

アイディアはコストがかからず、たくさんつくれます。どのアイディアが最善かを実験によって確かめましょう。気に入っているというだけで、有効であることが検証されていないアイディアに固執しないようにしましょう。とはいえこれを実践するのが難しいのは、筆者もデザイナーとしてよく知っています。デザイナーは楽観的に物事を考える傾向があり、考案するのに5分間しかかけていなくても、5カ月間かけていても、自分たちのソリューションはよく練られた適切なものだと思い込みがちです。実験の結果が期待に反したものであるのなら、その期待は間違っています。そのことを忘れないようにしましょう。

アジリティを維持する

学習は素早く繰り返されます。アップデートが容易な方法やツールを用いて実験やプロジェクトを進めましょう。

ゼロからつくろうとしない

アイディアをテストするために必要なツールやシステム、仕組みの多くは、すでに存在しています。電子メール、携帯メール、チャットアプリ、Facebookグループ、Shopifyストアフロント、ノーコードツール、インターネット掲示板などの既存のツールを使って学習をする方法を検討しましょう。

12.2.2 実装方法を探るためにMVPを構築する

ユーザーへの提供を検討しているプロダクトやサービスの実装方法を理解しようとしている場合は、以下のガイドラインに従ってください。

機能的である

現実的な利用シナリオを実現するために、アプリケーションとMVPのある程度の統合が必要になる場合があります。その際、既存の機能のコンテキストで新たなワークフローを検討することが重要です。

既存の分析との統合

MVPのパフォーマンスは、既存プロダクトのワークフロー上のコンテキストで測定しなくてはなりません。そうすることで、MVPによって得た数字を適切に理解できるようになります。

アプリケーションの他部分との一貫性の維持

新機能へのバイアスを最小限に抑えるために、現行のルック・アンド・フィールやブランドに準拠するようにMVPをデザインします。

12.2.3 MVPの構築に向けた最後のガイドライン

一見すると、MVPは簡単に構築できると思えるかもしれません。しかし実際に構築しようとすると、難しいことがわかるはずです。あらゆる技術と同じく、MVPの構築も実践を重ねていくことで上達していきます。そのことを念頭に置いたうえで、価値あるMVPを構築するためのガイドラインを紹介しましょう。

一点集中は容易ではない

MVPを活用すれば、1回のテストで1つのことだけをできるわけではないことがわかるはずです。アイディアに価値があるかどうかと、実装の詳細を同時に判断しようとするケースは珍しくありません。これらのプロセスは分けられることが理想ですが、MVPの計画時に前述のガイドラインを念頭に置くことで、トレードオフや妥協点を見つけ出しやすくなります。

学習目標を明確にする

何を学ぼうとしているのか、そのためにどのようなデータを集める必要があるのかを明確にします。実験を開始した後に、適切な測定や重要データの収集ができていないことに気づくとがっかりします。

小さく始める

どのような成果を求めている場合でも、MVPはできる限りミニマムなものにしましょう。これは、学習のためのツールです。イテレーションを繰り返し、修正をすることになります。完全に捨てる場合もあります。作成に多くの時間をかけなければ、捨てることへの抵抗も減ります。

コードが要らない場合もある

MVPでは、コードを一切使わない場合も多くあります。その代わりに、UXデザイナーがよく用いる、スケッチ、プロトタイプ、コピーライティング、ビジュアルデザインなどを用います。

12.2.4 学習曲線を意識する

MVPに投じる労力の量は、アイディアが良いものであることを示す証拠の量に比例すべきです。以下に示すギフ・コンスタブルが作成したグラフ（**図12-2**）も、そのことをはっきりと示しています[†1]。X軸は、MVPに投入すべき労力のレベルを示します。Y軸は、アイディアについてマーケットから学習した証拠の量を示します。証拠の量が増えるほど、MVPの忠実度と複雑度は高くなります（学ぶべきことが複雑になるため、さらなる労力が必要になる）。証拠の量が少なくなるほど、MVPに投じる労力は少なくなります。2つ目の重要な質問、「**次の最重要事項を学ぶために必要な最小限の作業は何か？**」について考えましょう。それ以上の労力を投じることは無駄になります。

†1 Giff Constable, "The Truth Curve," June 18, 2013, https://oreil.ly/vAXJ5.

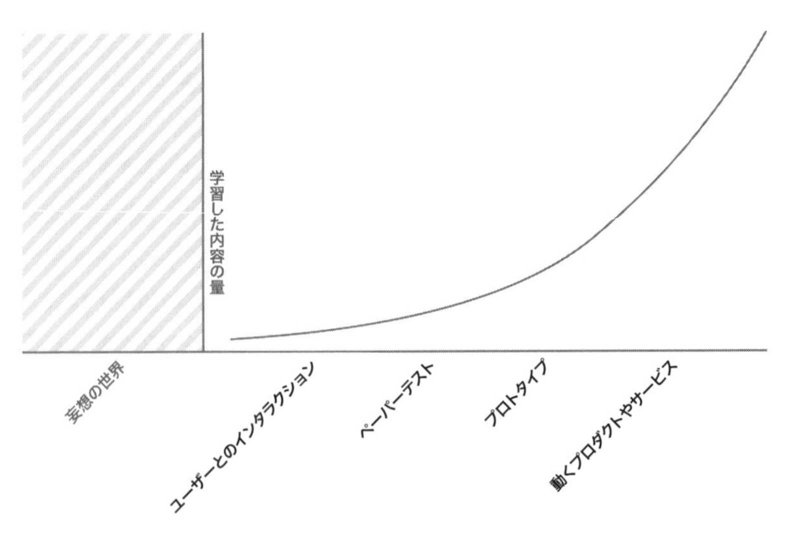

図12-2　学習曲線（筆者がオリジナルを改変）は、学習が継続的なものであり、投じた労力の量は十分な証拠が得られてはじめて価値があることを思い起こさせるために効果的である

12.3　MVPの例

一般的に用いられているいくつかの種類のMVPを見てみましょう。

12.3.1　ランディングページ・テスト

このタイプのMVPは、チームがプロダクトやサービスの需要を判断するのに役立ちます。明確な価値提案、CTA、コンバージョン率（転換率）測定機能などを備えたマーケティング用のページを作成します。チームは関連性の高いトラフィックをこのランディングページに誘導し、有用な結果を得られるだけのサンプル数を取得する必要があります。そのために、既存ワークフローのトラフィックを流用しても、オンライン広告を利用してもよいでしょう。

ランディングページによる検証結果の解釈は、ポジティブな場合はわかりやすいですが、ネガティブな場合は難しいことがあります。たとえば、「コンバージョンなし」だったからといって、必ずしもアイディアに価値がないとは限りません。アイディアはよくても、説得力のあるストーリーを提示できていないだけかもしれないのです。幸い、ランディングページは低コストで実現でき、短期間でイテレーションを繰り返せます。**図12-3**に示すように、Kickstarterなどのクラウドファンディングサイトでも、ランディングページのMVPが多く使われています。利用者は、プロダクトやサービスのMVPをこれらのサイトに掲載することで、アイディアを実際に構築するために投資すべきかどうか（十分な資金的支援があるかどうか）を検証しているのです。ランディングページ・テストは、ページである必要はありません。上記のような構成要素を持つ広告や他のオンラインメッセージでもかまいません。

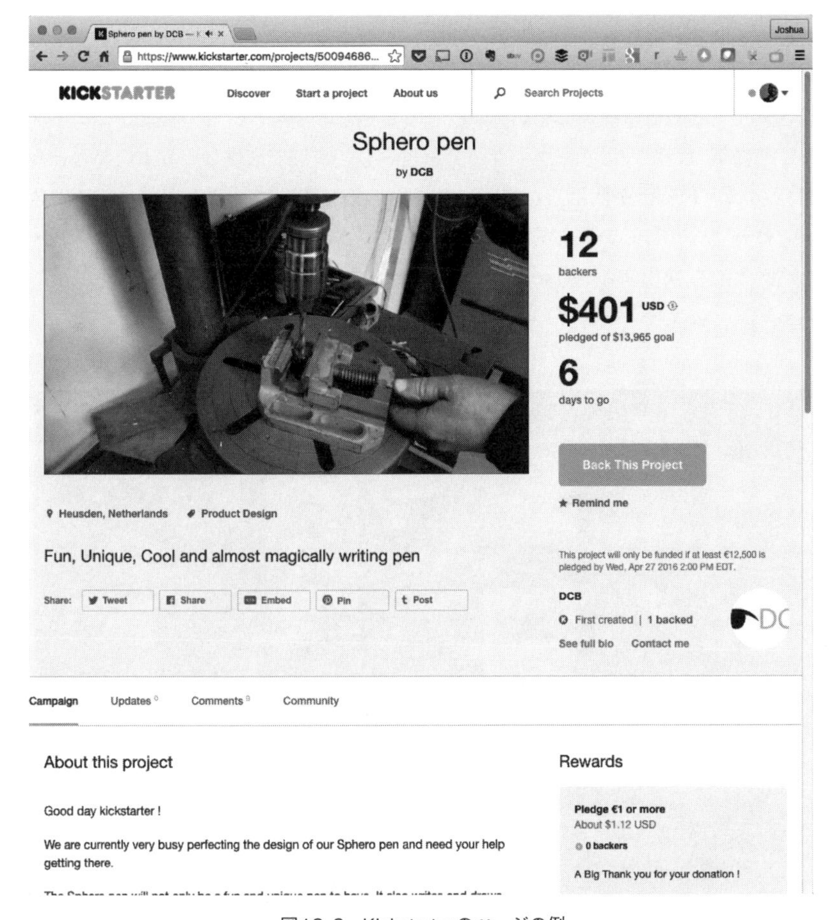

図12-3　Kickstarterのページの例

12.3.2 機能フェイク

MVPのために機能を実装しようとすると、多額のコストが必要になることもあります。そのような場合、実体のない機能の外観を作成することで、アイディアの価値を低コストかつ迅速に学習できます。HTMLボタンやCTA、他のプロンプトやリンクによって、ユーザーに機能が実際に存在するという錯覚を抱かせます。リンクがクリックやタップされると、ブラウザにはその機能が「もうすぐサービス開始」であり、サービスが開始されたら通知すると表示されます。機能フェイクは、人々の興味の度合いを測るために存在するという点で、小さなランディングページのようなものです。ただし、控えめに使用し、有効な結果が得られた段階で速やかに削除すべきです。ユーザーとの信頼関係に悪影響が生じると感じる場合は、この機能がフェイクであることに気づいた人に、ギフトカードを送るなどの形で補償してもよいでしょう。

図12-4は、Flickrが使用した機能フェイクの例です。ユーザーがデバイスのスクリーンセーバーとしてフォト・アルバムを指定できるように見せかけた「スクリーンセーバーとして使用する（Use as screensaver）」というラベルのボタンが表示されています。

図12-4 FlickrのAppleTVアプリで用いられている機能フェイク

ユーザーがこのボタンをクリックすると、今はまだ使用できないことを示す画面（**図12-5**）が表示されます。Flickrはこの機能フェイクによって、ユーザーがこの機能を望んでいるかどうかの証拠を集めているのです。クリック率を測定することで、この機能への需要があるかどうかを開発前に評価できます。

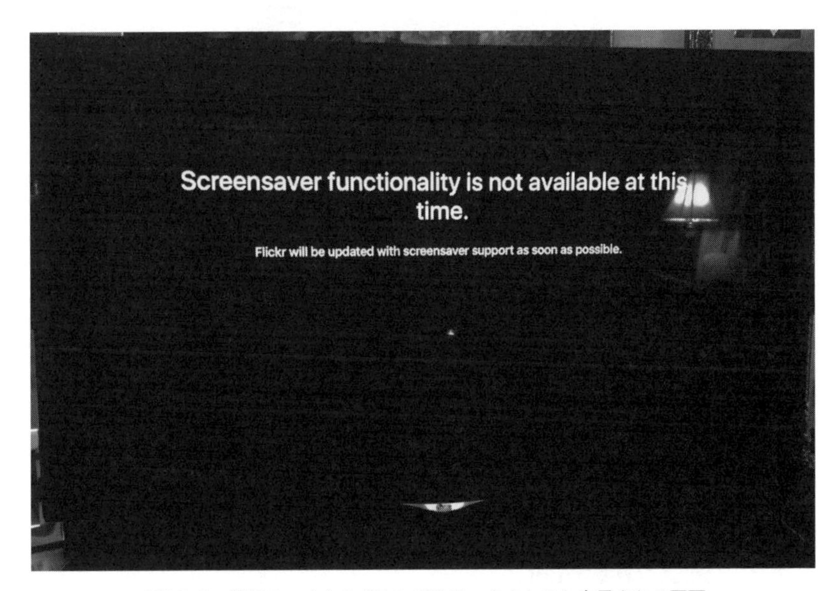

図12-5　機能フェイクのボタンがクリックされると表示される画面

図12-6は、別の機能フェイクの例です。MapMyRunは、2つのモーダルオーバーレイを使用して、ジョギング中に写真の撮影とアップロードができる機能を提供しています。a）人々がこの機能を望んでいるか、b）どれくらいの金を払うかがわかるまで、この機能は存在していませんでした。

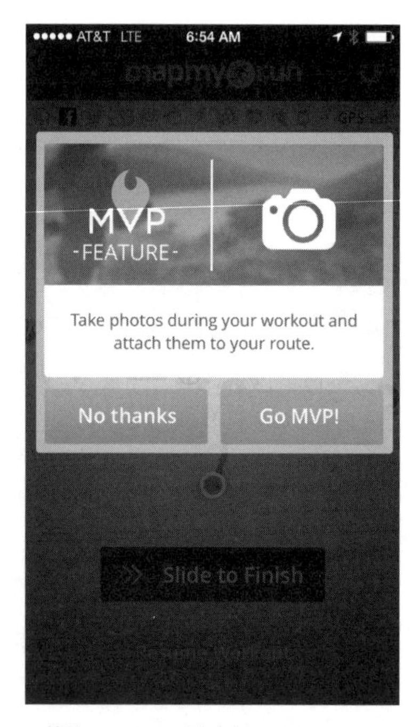

図12-6 機能フェイクの例（MapMyRunのWebサイト）

12.3.3 オズの魔法使い

アイディアの需要があることが実証されたら、次はプロダクトやサービスの仕組みを理解するために、「オズの魔法使い」を用いることができます。このタイプのMVPは、一見すると完全に機能しているデジタルサービスのように見えます。しかし実際には、初期のユーザーに対するデータやコミュニケーションは、背後で人間が手動で処理しています。たとえばAmazonの人工知能スピーカー「Echo」の開発チームは、初期テストの一環として、オズの魔法使いを用いてMVPを構築し、人々がスピーカーに尋ねる質問の種類や、期待している応答時間などの理解に役立てました。ユーザーに部屋に入ってもらい、Echoの愛称である「アレクサ」に向けて質問をしてもらいます。別の部屋では、開発チームのメンバーがその質問を聞いていて、素早くGoogle検索で答えを探し、回答を入力します。テストユーザーは、ソフトウェアではなく人間が質問に答えていることに気づいていませんでした。この手法を用いたことで、チームは本格的な開発作業に着手する前に、この新製品をユーザーがどう使うかを観察できました。

12.3.4 Taproot Plusでのオズの魔法使い

2014年、筆者の会社はTaproot Foundationという組織と協力して、プロボノ・ボランティア向けのオンラインマーケットを開発ました（「プロボノ」《Pro bono》とは、意義ある目的のためにボランティアで専門的な能力を捧げることを指します。多くの人々が週末に参加する、特別な技能を必要としないボランティアサービスとは異なり、プロボノサービスではその人の職業的な専門性を活かそうとします）。

クライアントであるTaproot Foundationは、それまで何年にもわたり、プロボノ・ボランティアと非営利団体を結びつける活動をしてきました。しかしそのマッチングサービスはすべて、電話やメール、会議などの人間が介在する手段を用いたものでした。そのため、同財団はこのプロセスをオンラインに移行し、プロボノ・ボランティアと、このボランティアによって恩恵を受ける組織の両方に役立つマーケットになるウェブサイトの構築を目指していました。

プロジェクトを開始すると、様々な疑問に直面しました。「マッチングプロセスはどのように機能すべきか？」「ボランティアは自らのサービスをアピールすべきか？」「組織は自らのプロジェクトを広告すべきか？」「どの方法がうまくいくか？」「ウェブサイト上で相手を見つけた後、どのようにプロジェクトを始めればいいか？」「組織はどのようにニーズを伝えるべきか？」「ボランティアはどのように作業範囲を設定すべきか？」などです。細かな点も大きな疑問になりました。たとえば、「ボランティアや組織が、見つけた相手に初めて電話をかけるべきタイミングは？」

私たちは、これはオズの魔法使いを用いてMVPを構築するのに最適な時期だと判断しました。そして、シンプルなウェブサイトを構築し、サービスを開始したように見せかけた静的なページを手作業で作成しました。最初は、ページ数は1ダース程度しかありませんでした。インデックスページが1つと、12個のパイロットプロジェクト用のページです。水面下では、コミュニティマネージャーがボランティア候補をリストアップし、この新しいサイトのリンクを記載してボランティアを呼びかける電子メールを送信しました。ただしシステムが実際に稼働しているという錯覚をつくり出すために、メールはコミュニティマネージャーからではなく、この新システムから自動的に送信したように見せかけました。

ボランティアが受信したメールに記載されたリンクをクリックすると、オズの魔法使いで作成されたサイトが表示されます（**図12-7**）。このサイトからボランティアの申し込みをすると、システムとやりとりしているように感じられるようになっています。しかし、実際には水面下でコミュニティマネージャーのチームがメールを手作業で送信していました。私たちはこのやりとりをすべて、シンプルなTrelloボード（**図12-8**）に記録しました。これは私たちにとっての「データベース」として機能しました。

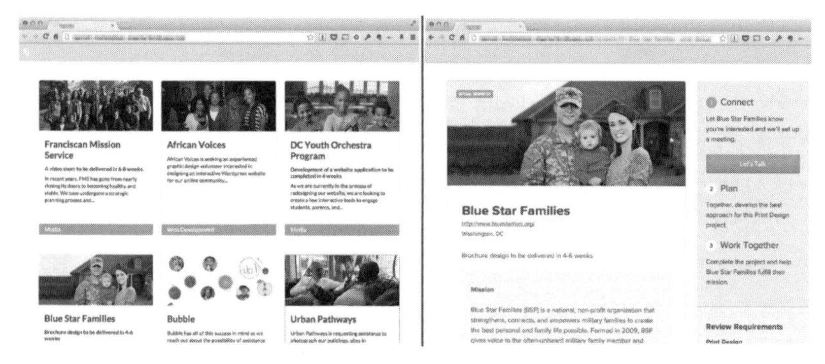

図12-7　Taproot Foundationが作成した「オズの魔法使い」サイト

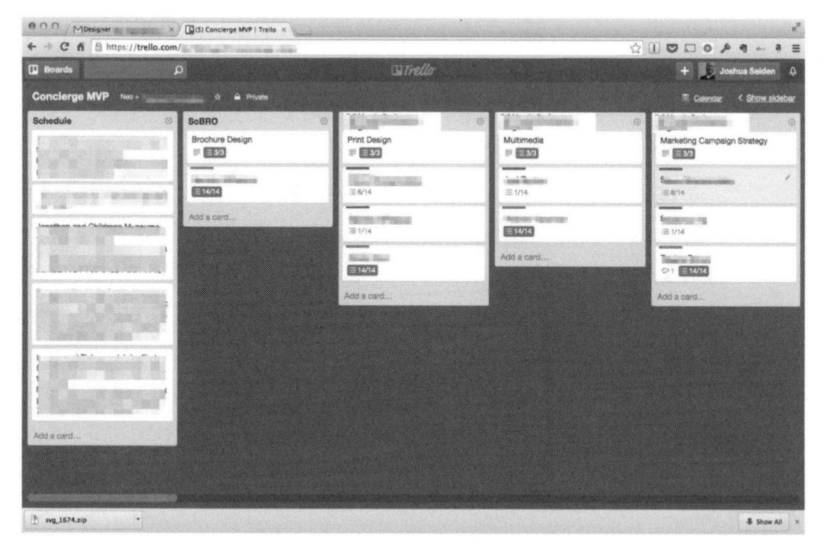

図12-8　Trelloボードをシンプルな「データベース」に

私たちはこの方法で運用を数カ月間続け、ボランティアとのやりとりから学んだ内容をもとにしてビジネスのオペレーションを見直し、自動化などのアップデートをウェブサイトに追加していきました。最終的には、システムとして機能するバックエンドを追加し、サイトから「カーテンの後ろにいて作業する人間」を取り除きました。また、ブランドをどう伝えるべきかを十分に理解した後で、ビジュアルを更新し、グラフィックデザインを洗練させました（図12-9）。

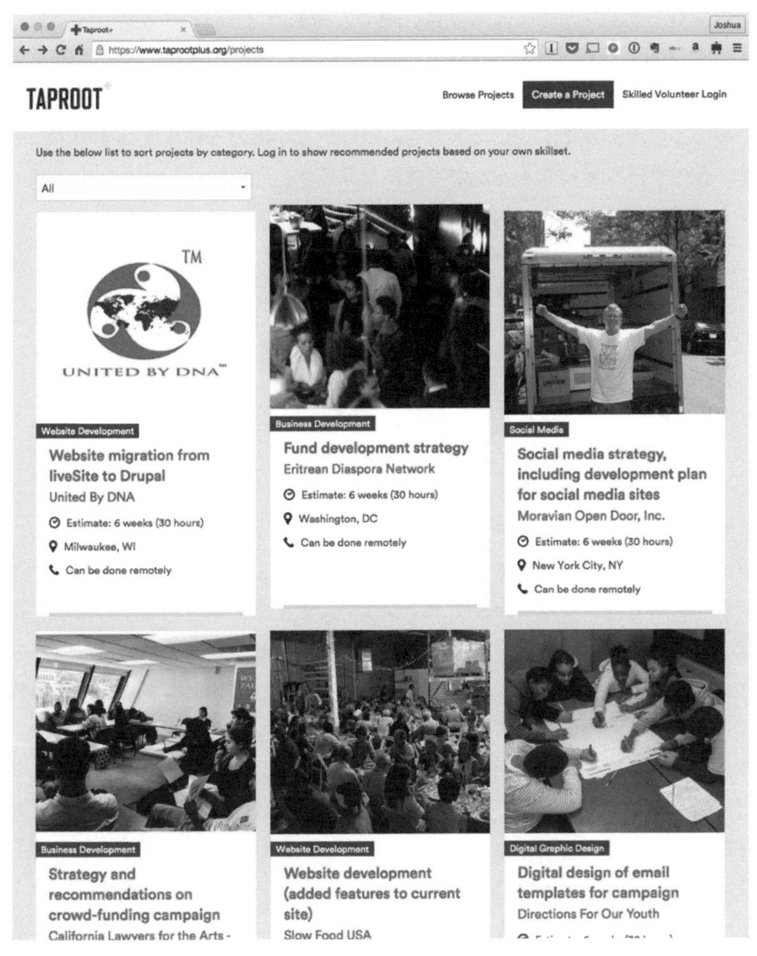

図12-9 グラフィックデザインを洗練させたTaprootPlusのウェブサイト

このように、私たちは「オズの魔法使い」のアプローチを用いることで、デザインのハイリスクな部分（ビジネスプロセスのデザイン）を試すことができました。また、このサイトで学習した内容に基づき、効果のないものに時間や資金を費やしてしまうというリスクを避けることができました。

12.4　プロトタイプ

体験のプロトタイプをつくることは、極めて効果的なMVPの構築方法です。プロトタイプとは、実際の体験に近いものをつくり、プロダクトやサービスの利用をシミュレーションすることです。プロトタイプは、様々なターゲットデバイスで使えるものである必要があります。また、できるだけ少ない労力で作成すべきです。そのためには、どのツールで作成するかが重要になります。

プロトタイプ作成ツールの選択では、以下を基準にするとよいでしょう。

- プロトタイプとインタラクションをするのは誰か
- 何を学習したいか
- 既に正しいとわかっているものは何か
- 作成に必要な期間はどれくらいか

プロトタイプの対象オーディエンスを特定することはとても重要です。オーディエンスを知ることで、そのオーディエンスから有益なフィードバックを得るための必要最小限のプロトタイプが何かを判断できるようになります。たとえばプロトタイプの主目的が「チーム内のソフトウェアエンジニアにアイディアをデモすること」なのであれば、プロトタイプに影響を受けないプロダクトやサービスの他の部分（この場合ならグローバルナビゲーションなど）を省略できます。エンジニアはこれらの他部分のアプリケーション内アイテムが存在し、変更が不要なことを知っているので、あなたは彼らにそれらについて説明する必要はありません。

ただしステークホルダーは、自分たちが思っているほどプロダクトやサービスをよく知らないものです。このため、ステークホルダーにコンセプトを本当に理解してもらうためには、プロトタイプの忠実度のレベルを上げる必要があります。これらの多様なオーディエンスのニーズを満たすために、幅広いプロトタイプが作成できるツールを用意しておきましょう。様々なプロトタイプの技法と、そのメリットとデメリットを見ていきましょう。

12.4.1　ペーパープロトタイプ

ペーパープロトタイプは、身近な材料（紙、ペン、テープなど）で作成するもので、体験を巧妙かつ楽しい方法で迅速にシミュレーションできます。デジタルへの投資は不要です。ページ上で、フラップ（折り返しできるフタ）などを用いてページの表示/非表示を切り替える、画像をスライドショー形式で動かして状態遷移を表現する「ウィンドウ」をつくるなどして、プロダクトやサービスがどのように機能するかを感覚的に表現できます。この方法では、体験で利用できるものや欠けているものが何かを感覚的につかめます。また、インターフェース要素とワークフローがどう融合していくかについての理解も深めやすくなります。ペーパープロトタイプは、ユーザーに画面上の要素の操作を求めるタッチ・インターフェースを用いると特に効果的です。

長所：

- 1時間程度で作成できる
- 配置と変更が容易
- 低コスト
- オフィスにある身近な材料を使える
- 多くの人が楽しめる創造的活動になる

短所：

- プロトタイプの短期間でのイテレーションと複製に時間と労力がかかる場合がある
- 実際のインプットメカニズム（マウス、トラックパッド、キーボード、タッチスクリーンなど）を使っていないために、シミュレーションが人工的である
- フィードバックがプロダクトやサービスの概要レベルの構造、情報アーキテクチャー、フローなどに限定される
- 限定的なオーディエンスのみに有効

12.4.2　低忠実度のオンスクリーンモックアップ

低忠実度のクリック可能なオンスクリーン体験（クリック可能なワイヤーフレーム

など）をつくることで、紙でつくるものに比べて、プロトタイプの忠実度を高められます。デジタルでモックアップを作成することで、現実に近いワークフローの感覚が得られます。テストの参加者と開発チームは、デジタル入力のメカニズムを用いてプロトタイプを操作します。これにより、ユーザーがプロダクトやサービスをどう使うかについての洞察とフィードバックを、クリックやタップ、ジェスチャーのレベルで得られます。

長所：

- ワークフローの所要時間が理解しやすい
- 基本的なタスクを行う際の問題点を明らかにしやすい
- ユーザーが重要な要素を簡単に見つけられるかどうかを評価できる
- 新規に作成するのではなく、既存資産を活用して「クリック可能な何か」を迅速に作成し、学習できる

短所：

- これらの資産を操作する人は、プロダクトやサービスが未完成であると気づけるだけの技術力があることが多い
- ラベル付けや文言に通常より多くの配慮が求められる

12.4.3 中〜高忠実度のオンスクリーンプロトタイプ

中〜高忠実度のプロトタイプは、ワイヤーフレーム・ベースのプロトタイプよりもはるかにディテールの精度が上がります。最終的なプロダクトやサービスの体験に近い（見分けがつかない）インタラクションやビジュアル、コンテンツを持つデザインの実証や評価ができます。実現できる双方向性のレベルはツールによって異なりますが、このカテゴリーのツールの大半では、最終的な体験をピクセル単位でシミュレーションできます。フォーム・フィールド、ドロップダウン・メニュー、「実行（サブミット）」をシミュレーションするフォームボタンなどのインターフェース要素が使えます。条件分岐やデータ上のオペレーションができるツールもあります。多くのツールには、一定レベルのアニメーション、画面遷移、状態変更の機能が搭載されています。

長所：

- 実物に近い高品質のプロトタイプを構築できる
- ビジュアルデザインとブランド要素を評価できる
- ワークフローとユーザーインターフェース・インタラクションを評価できる

短所：

- 完全なネイティブ・プロトタイプに比べると双方向性が限定されている
- ユーザーは基本的に実データを使えないため、シミュレーションできるインタラクションには限りがある
- ツールによっては、プロトタイプの作成とメンテナンスに時間がかかる。高度なプロトタイプをメンテナンスし、既存資産に同期させるために、作業の重複が生じてしまうことが多い

12.4.4 ノーコードMVP

機能的でありながら、最終的なプロダクトやサービスとは視覚的にまったく似ていないプロトタイプを作成することもできます。これは、「ノーコードMVP」と呼ばれています。ノーコードMVPは、Airtable、Zapier、Webflowなどをはじめとする多数のツールを使うことで、顧客やエンドユーザーに機能（と、可能であれば何らかの価値）を提供するサービスを、ソフトウェア開発をすることなく構築できます。

長所：

- カスタム・ソフトウェアの開発前に、迅速に機能をテストできる
- 多くのインフラ構築に時間を費やすことなく、サービスのユニークな部分や差別化できる部分に集中できる
- ソフトウェア開発スキルがほとんど必要ない

短所：

- ブランドやグラフィックデザインなどの、細かな部分の表現が難しい
- 長期間のメンテナンスが難しい
- 安価に始められるが、規模を拡大するためにはコストがかかる

12.4.5　コーデッドプロトタイプとライブデータ・プロトタイプ

コーデッドプロトタイプは、シミュレーション対象となる体験を、本番に近い最高レベルの忠実度で構築するプロトタイプです。その目的上、このタイプのプロトタイプの構築では、スコープ（有効範囲）を超えること（例：プロトタイプの対象外のページに関連付けられたリンクをクリックする）をしない限り、ユーザーが実際のプロダクトやサービスと区別できないようにします。コーデッドプロトタイプは、ネイティブ環境（ブラウザ、OS、デバイスなど）で実装し、想定するすべてのインタラクティブ要素を用意します。ボタンやドロップダウン・メニュー、フォーム・フィールドは、ユーザーが予期する通りに動作させ、マウス、キーボード、画面からのインプットを受けつけます。このため、評価者にとって最大限に自然なインタラクション・パターンを用意できます。

データを用いたプロトタイプの忠実度には、「ハンドコーデッド（静的データ）」と「ライブデータ」の2つのレベルがあります。ハンドコーデッドプロトタイプの外観と挙動は最終的なプロダクトやサービスとほぼ同一ですが、実データのインプットや処理、アウトプットは行いません。この点で、このプロトタイプはあくまでもシミュレーションです。また、通常は予め想定したいくつかのシナリオに基づいています。ライブデータ・プロトタイプは、実データに接続し、ユーザーからのインプットを処理します。実ユーザー向けに実装され、プロトタイプにも一定のリアリティを持たせているので、ハンドコーデット・プロトタイプからは得られない洞察が得られます。また、特定の機能や現行ワークフローの変更に対するA/Bテスト（ある機能の2つのバージョンを比較して、どちらが優れているかを評価する）にも使えます。

長所：

- 本番環境のコードとして再利用できる場合がある
- 最もリアルなシミュレーションを実現できる
- 既存コードからの生成が可能

短所：

- プロトタイプの詳細を決める必要があるため、チーム内の話し合いが難航する場合がある
- 意図する体験を実現するコードが必要になるため、構築に時間がかかる

- ユーザーに実際見せるため、完璧にしたいという誘惑にかられやすい
- 更新とイテレーションに時間がかかる場合がある

12.4.6 プロトタイプには何を含めるべきか？

ツールの選択が終わり、MVPを構築する準備が整いました。とはいえ、プロダクトやサービスのすべての体験のプロトタイプを用意する必要はありません。仮説の最大のリスクを検証するためのワークフローに焦点を合わせます。

MVPの構築時に主要なワークフローに焦点を合わせることで、利用体験の特定の部分に注目して妥当性や有効性を評価しやすくなります。これは、一時的に生じる視野狭窄の感覚（もちろん、良い意味での！）だと言えます。

12.4.7 デモとプレビュー

特定タイプのユーザーや特定セグメントのユーザー層のみを想定してMVPを構築する場合もあるかもしれません。しかし、同僚にMVPに触れてもらうことで、多くの有益な情報が得られます。チームメイトやステークホルダー、他チームのメンバーと共に、プロトタイプとなるMVPを評価しましょう。昼食時に、別のプロジェクトに取り組んでいる同僚とそれについて話してみましょう。社内の他のメンバーから、あなたのチームのMVPの有効性や学習内容、投資の価値があるかどうかなどについて、意見を述べてもらいましょう。ステークホルダーにMVPを実際に利用してもらい、意見やアイディアを提供してもらいましょう。

チームがデモの実施日を予定しているなら（もししていないのなら、予定すべきです）、その際にプロトタイプのデモを行い、プロジェクトの進捗を示しましょう。MVPが多くの人の目に触れるほど、妥当性についての洞察を多く得られるようになります。次に、プロトタイプをユーザーや見込み顧客に見せ、実際にMVPを使ってもらい、フィードバックを集めます。

12.4.8 例：プロトタイプMVPを利用する

プロトタイプMVPの具体例として、最近、筆者が仕事をしたあるチームのケースを紹介します。チームは、既存プロダクトに対して実施を予定していた重要な機能的変更について検討していました。そこでプロトタイプMVPを構築し、リサーチと意思決定プロセスに役立てることにしました。

新興企業として事業を軌道に乗せていた同社は、現行のプロダクトについて頭を悩

ませていました。このプロダクトはグループ・コラボレーション用の登録制の専用コミュニティで、リリースから数年が経過して一定のユーザーを獲得していましたが、新規登録するユーザー数が頭打ちになり、伸び悩んでいました。また、競合他社の成長も脅威になっていました。チームは、根本的な変化が必要であることを認識し、ビジネスモデルを見直して、広範囲のマーケットセグメントに向けてプロダクトをオープンなものとして展開することを検討していました。しかし、次に示すように、懸念事項が2つありました。

1. 現行ユーザーは、登録者専用だったコミュニティがオープンになることを受け入れるか？
2. 新たに参入するマーケットセグメントは、このタイプのプロダクトに興味を持つか？

チームは、既存のユーザーがプロダクトから離れること、不足を埋め合わせるだけの新規ユーザーを新規マーケットで獲得できないことの両方が現実化することを恐れていました。

筆者はチームと共に、この計画の仮説を立てました。新たなマーケットセグメントがどこかを明確にし、そのセグメントに提供する機能の核となるものを定義しました。これは最終的なビジョンのサブセットに過ぎませんでしたが、それを5つのワイヤーフレームで明確に表現することができました。

私たちは5日間かけてワイヤーフレームを作成しました。目的は、エンジニア、マーケッター、経営層が新たな方向性を支持していると確認することでした。この5日間で、既存ユーザーにワイヤーフレームを見せ、2度のフィードバックを得て、クリック可能なプロトタイプを作成しました。これが、私たちのMVPになりました。

私たちは、実験を行うタイミングにも恵まれていました。この翌週に、見込み客が大勢来場するカンファレンスがテキサス州で開催される予定になっていたのです。チームはカンファレンスに参加するためにテキサスに飛び、iPadでプロトタイプを表示しながら、コンベンションセンターの廊下を歩き回りました。

モックアップはiPad上でうまく動作しました。ユーザーは画面をタップしたりスワイプしたりしながら、チームメンバーと新しいプロダクトについてあれこれと話をしました。3日後、私たちは大量の付箋やメモ用紙に書き込んだ見込み客のフィードバックを手にニューヨークに戻りました。

オフィスに戻り、メモを分類したところ、はっきりとしたテーマが浮かび上がりました。見込み客からのフィードバックは、新たなビジネスプランには長所があるものの、競合とのさらなる差別化が必要であることを示していました。

このように、私たちは8営業日をかけて、仮説の定義、MVPの構築、マーケットからのフィードバックの入手まで進むことができました。この短期間の活動によって、マーケットセグメントに合わせてプロダクトを洗練させるための良いポジションを獲得できたのです。

13章 まとめ

第Ⅱ部では、Lean UXの主なテクニックを紹介してきました。課題をビジネスプロブレム・ステートメントとして定義する方法や、ビジネスとユーザーの両方にとっての成果という観点から成功を定義する方法について見てきました。また、ユーザーについて理解していることの本質をプロトペルソナとして捉える方法や、ソリューションは何かについて考える方法についても説明しました。仮説の構築・検証方法についても学びました。Lean UXキャンバスを用いることで、これらLean UXのテクニックに関する重要な情報を1ページにまとめて整理し、実際のプロジェクトにうまく適用できるようになります。

とはいえ、現実世界では物事は簡単には進んでくれません。どんなプロジェクトでも、様々な問題が生じるものです（だからこそ、Lean UXキャンバスが役に立つのです！）。第Ⅱ部の最後となる本章では、この非常に厄介な現実世界でLean UXを採用したチームの事例を紹介します。実際の例を見ることで、Lean UXがどのように機能するか（混沌とした現実世界に対処するのにいかに適しているか）が、よくわかるでしょう。

これらの事例には、Lean UXキャンバスを使用しているチームも登場します。キャンバスは使わず、キャンバスに組み込まれているLean UXのテクニックの一部を使用しているチームも登場します。前述したように、Lean UXの実践において、キャンバスが絶対に必要なわけではありません。キャンバスを使うか使わないかにかかわらず、これらのテクニックを、自分たちのチームにとって最善の形で使いこなせばよいのです。これから紹介する事例が、それを実践するためのアイディアやインスピレーションを与えるものになることを願っています。

13.1　Lean UXキャンバスを企業で実践する

筆者は最近、シリコンバレーにある大手企業向けソフトウェア会社のプロダクト&デザインリーダーから話を聞きました。業務のデジタルワークフロー管理を目的としたクラウドコンピューティングプラットフォームを開発している同社は、プロジェクトや新しいイニシアチブのキックオフにLean UXキャンバスを活用している状況を筆者に報告してくれました。優れた事例として紹介したいと思います。

同社のチームは、顧客から好評を博しているプロダクトのセカンドリリースに取り組んでいました。そのプロダクトには、斬新な方法でデータを表示するという特徴がありました。その表示は実に美しく、支障なく機能し、ユーザーからも好意的なフィードバックが寄せられていました。このプロダクトは、データ表示に特殊なUIエレメントを用いていました。それは、業務プロセスを可視化し、プロセス改善の機会を発見するのに役立つ、オーダーメイド式のマップです。

このUIは顧客から好評を博していただけでなく、社内での評価も上々でした。ステークホルダーはこのUIを気に入り、これを改善するというアイディアを支持しました。当然、この機能の成功を次のバージョンで活かすのは自然な選択だと思われましたし、実際、チームはセカンドリリースでこのUIをさらに強化することを計画していました。

そんな中、チームはLean UXキャンバスの存在を知り、自分たちがすべき仕事が何かを整然とした方法で検討できるところを気に入りました。そして、このセカンドリリースに向けた取り組みにLean UXキャンバスを採用することにしました。キャンバスを用いた作業を開始すると、面白いことが起こりました。ボックス4（**8章**）で、ブレークスルーを経験したのです。

チームはボックス4を完成させるために、すでに収集していた顧客からのフィードバックデータに立ち戻る必要がありました。これは、Lean UXキャンバスの実践では、セクションを完成させるために必要な情報を見つけなければなりません。そのために、新たにリサーチをしなければならない場合もありますし、既存のリサーチ結果を見直すだけでいい場合もあります。

過去のデータを見直したチームは、ユーザーフィードバックの中にそれまで見逃していた重要なパターンがあることに気づきました。ユーザーはマップを好んでいましたが、単なるデータ表示だけでは物足りず、もっとプロアクティブなプロダクトを望んでいたのです。つまり、「たしかにデータ表示はとても美しいが、それよりも、どこに注意を払うべきかがわかるように強調してほしい」というものでした。

チームは、Lean UXキャンバスを完成させる過程で、収集済のデータをあらためて系統的に検証することになりました。あるメンバーは、筆者にこう言いました。「私たちは、実はすでにフィードバックを得ていました。ただ、それに耳を傾けていなかっただけなのです！ キャンバスを使って顧客にとって何が重要なのかを調べてみると、自分たちが単にデータを無視していたことに気づきました」

そこで、チームは時間をかけてこのフィードバックを解釈しました。このフィードバックが何を意味するのか、顧客が求めているものは何なのかを徹底的に考え抜いたのです。そして、自分たちの考えが正しいかどうかを検証するために顧客に意見を聞いてみたところ、ポジティブな反応が得られました。

その後、チームは迷わず、優先順位を変更するという決断を下しました。あるメンバーは筆者に、チーム内での話し合いの結果、はっきりとした結論が導かれたと教えてくれました。「投票をする時点で、『チーム内には既存のマップを改善しよう』ではなく、『顧客が本当に価値を感じることに取り組もう』というコンセンサスが得られていました」

顧客は、セカンドリリースのパイロット版を非常に高く評価しました。この高い評価によって、チームは早い段階で大規模なリリースを行うことができました。前述のメンバーは、「このフィードバックを得たおかげで、得られなかった場合にくらべておそらく6カ月は早くリリースすることができました」と語っています。

13.2 Validately：カスタマーインタビューと2日間のプロトタイプ構築でプロダクトを検証

シリアルアントレプレナーのスティーブン・コーンは、起業家として自らがユーザーリサーチを行う中で直面した課題をきっかけに、Validatelyの立ち上げを思いつきました。スティーブンは、他のUXリサーチャーも自分と同じような課題を抱えていることに気づいたのです。UXリサーチャーはたいてい、SkypeやGoogle Docsのような無料のツールを使って調査を行っていました。スティーブンには、これらのツールがユーザーリサーチ向けに設計されたものではなく、プロセスを非効率的にしていることがわかりました。一部のチームは、これらのツールで足りないところを、この分野で最も有名なサービスプロバイダー「usertesting.com」のサービスで補っていました。スティーブンは、ここにはビジネスのチャンスがあると思ったのです。

スティーブンのチームは、このユーザーニーズとユーザーゴールを発見するためにカスタマーインタビューを行いました（Lean UXキャンバスのボックス4）。チームはこのインタビューでUXリサーチャーたちに「調査結果に対して何をするのか」を尋ね、どこに焦点を当てるべきかを明らかにしました。彼らは、「調査結果に対して何をするかが、私の仕事にとって一番重要なことなのです」と答えたのです。スティーブンはこのインタビューを通じて、UXリサーチャーの仕事の大部分は、リサーチが終わってから始まることを知りました。

Validatelyのチームは、UXリサーチャーはカスタマーインタビューやユーザビリティテストの後、Google Docに記載した未整理の膨大な量のメモと、リサーチ動画のタイムスタンプを紐づけなければならないことを知りました。UXリサーチャーたちはこのタイムスタンプ（と動画編集ツール）を使ってビデオクリップを作成し、これらのクリップを編集してハイライト動画を作成し、最後にそのハイライト動画をチームや顧客、ステークホルダーに共有していました。リサーチで学習したことを共有するためだけに、これだけの手間のかかる作業をしていたのです。

チームはこの問題を検証するために、数十回のインタビューを行いました。そして、レポートやハイライト動画の作成が、各リサーチに費やされる労力の50％以上を占めるケースが多いことを知りました。スティーブンは、解決すべき課題を見つけたことを確信しました。

次のステップは、ソリューションでした（Lean UXキャンバスのボックス5）。スティーブンのチームは、メモ取り、タイムトラッキング、レポートとハイライト動画の作成を総合的かつ効率的に行えるツールはどのようなものかという仮説を立て、それを検証するためのプロトタイプをInVisionで作成しました。このプロトタイプは2日間かけて作成し、顧客に見せました。

このプロトタイプは、「ツールとしてusertesting.comより優れている点」をはっきりと示すものでした。Validatelyが開発しようとしていた合理的なツールの価値を理解した見込み客は、すぐに興味を示しました。このとき、スティーブンとチームは、別のタイプの「フィードバック」も求めました。見込み客に対し、将来的にではなく、未完成のこのプロダクトを購入するかどうかを即決してもらうよう尋ねたのです。契約書には、プロダクトが提供されなかった場合の払い戻し条項が記載されていました。しかしそれを除けば、スティーブンは実質的に、このプロトタイプをまだ存在しないサービスの販売ツールとして使ったのです。この売り込みは成功し、Validatelyは自分たちが作ろうとしていたソリューションの正しさを検証できました。Google DocsやSkypeのような無料ツールを使っていたユーザー層に対し、これらのツールでは満たされなかった価値を提供することで、大きなリターンが得られるビジネスを構築できるだけの顧客を獲得したのです。Validatelyは大成功を収め、最終的に2019年にUserZoom社に売却されました。

ここで使われたMVP（顧客インタビューと、その後に2日間で構築したプロトタイプ）は、スティーブンのチームが以下の3段階の検証を行うのに役立ちました。

時間

見込み客は、この問題について議論するために30分という時間を割いてくれるだろうか？ もし、割いてくれなければ、私たちが解決しようとしている問題は彼らにとって大して重要ではなく、私たちが労力を投じるだけの価値もないと言える。

ソーシャル

私たちがインタビューをした人たちは、それを上司やチーム、情報セキュリティ、調達など、組織内の他の人たちに伝えるだろうか？ 口コミで社内に広げ、推奨してくれるだろうか？ これを理解するために、スティーブンのチームは「社内にいる、このツールに興味を持ちそうな人を紹介してもらえますか？」と尋ねていた。もし紹介できる人がいないという答えが返ってきたら、それはこのツールの重要性や価値が低いことの合図になった。

お金

時間をかけてインタビューに応じてくれ、社内の他の人を紹介してくれると答えた見込み客には、その場で購入を検討してもらう。実際の販売につながるわけだから、これは究極の検証になる。

13.3 Kaplan Test Prep：Lean UXを用いて新ビジネスを立ち上げる

Kaplan Test Prep社は1938年の創設以来、米国の大学・医大入試用共通試験の受験者向けサービスを提供してきました。現代の教育界では毎年のように大きな変化が起こっており、同社も顧客に価値を提供する方法を常に改革し続けなければなりません。現在、同社で上級副社長を務めるリー・ワイスは、20年以上にわたって同社がこれを実現するために尽力してきました。直近では2018年の秋に、大学パートナーシップ事業を改革するための新たな構想に着手しました。リーは、大学が「高校生向けの大学進学・キャリア準備を目的としたオンラインコース」を開発するのを支援するサービスを提供したいと考えたのです。

このアイディアは、高校生が安心して様々な進路について学び、同時に様々な大学を体験できるようにしようというものでした。リーと同僚たちは数週間かけてこの仕組みのアイディアの構想を練り、パワーポイントのプレゼン資料を作成しました。この資料がリーたちの最初の実験——MVP——となり、最初の仮説である「我々の会社の幹部はこの計画に関心を持つか」を検証するのに役立ちました。

2019年初頭、リーたちはこのアイディアを検証するために、会社の幹部と面談しました。幹部はこのアイディアを高く評価し、リーと同僚のリズ・ラウブにこのアイディアに集中して取り組むことを許可し、「これから90日間を、このコンセプトを軌道に乗せられるかどうかに費やすように」と伝えました。

リーとリズは、まずLean UXの最初の重要な質問である「最初に学習すべき最重要事項は何か？」を自問することから始めました（Lean UXキャンバスのボックス7）。

大学から興味を持ってもらえなければ、ビジネスとして成り立たないと考えたからです。最大のリスクを特定したことで、リーたちはLean UXの2番目に重要な質問である、「それを学ぶために必要な最小限の作業は何か？」（Lean UXキャンバスのボックス8）に移ることができました。

リーたちは、まだこのイニシアチブ自体が存在しないにもかかわらず、大学にこのイニシアチブでパートナーになることに興味があるかどうかを尋ね始めました。90日以内に20校と話をした（ただしそれは簡潔なものでした。また、他の話題の流れの中でこのアイディアに触れた場合もありました）結果、全米屈指の有名校2校が興味を示してくれました。これはリーとリズにとって、さらに一歩踏み込んで、自社の幹部に「このプロダクトをマーケットに出すための予算を要求する」ために十分な情報でした。

しかしその前に、考えるべき質問が他にもありました。「生徒や保護者は何を望んでいるのか？」「ソリューションはどのようなものか？」といった質問です（Lean UXキャンバスのボックス7にあるのと似た質問です）。

この辺りから、障壁が明らかになり始めました。自分たちのプロダクトに関する前提（**9章**）が、現実の壁にぶつかり始めたのです。リーたちは当初、教師と生徒がリアルタイムで交流できるプロダクトを作りたいと考えていました。しかし残念ながら、時差の関係でそれが難しいことが、生徒との継続的なインタビューを通じてすぐにわかりました。そこで、非同期型のコースを提供すると方針を切り替えたのですが、すぐに新たな課題に直面することになりました。それは、リアルタイムの交流なしの状況で、「ユーザーを引きつけ、高い価値を提供するコースを、どのように構築するか」です。

リーたちは、コホートベースの学習コミュニティ（プログラムに従い、グループとして共同で行う学習スタイル）を構築することが最適であると考えました。そして、このサービスの初期バージョンを作成して、この前提をテストしました。テストに参加した生徒からとても好意的なフィードバックがあった一方で、保護者と生徒の両方から、リアルタイムの指導とサポートに対する要望がありました。そこで、この問題に対処するために、当該の大学の元学生をメンターとして採用することにしました。こうして、同期型と非同期型の両方のニーズに対応したプロダクトができあがりました。

ただし、この最初の90日間で検討しなければならない、パズルの最後のピースが残っていました。それは、「このビジネスを構築・サポートするためにどのような組織が必要かについての仮説を立てること」です。持続可能なビジネスを構築できなければ、魅力的なプロダクトでマーケット・ニーズを解決しても意味がないからです（こうしたサービスデザインに関する考察は、ボックス5でのソリューションの定義の際に行うべきものです）。

ここでチームは再び、「誰を雇うべきか」「プロダクトの価格はどうするか」「運営にいくらかかるか」、そしてもちろん、「プロダクトはどのような形態にすべきか」といった一連の前提を立てました。リーによれば、後から考えるとこれらの前提のほとんどは間違っていました。しかし、この時点で十分な情報を得たことで、幹部に対してさらに具体的な要求（プロダクトをマーケットに投入するための予算、70万ドル）を提出することができました。要求は、「1年以内に採算を取る」という条件付きで承認されました。

チームは実作業に着手しました。生徒、教師、保護者、そして2校の顧客（この時点では契約済み）との会話だけを頼りに、3コースからなる最初のカリキュラムを作成しました。目標は、できるだけ早く、最高のクオリティのコースを作成することでした。

カリキュラムを作成した後、チームには業務をサポートするための運用システムが必要になりました――CRM、学習管理システム、コンテンツ管理システムなどです。チームは、できるだけ早く事業を立ち上げ、運営を可能にするシステムを探しました。そして、SaaSプロダクトを使って簡易的なユーザーエクスペリエンスを構築しました――これらはすべてKaplanの技術エコシステムの外にあるものだったため、迅速なテストの実行が遅れてしまう可能性を回避できました（これは、ノーコードMVP技法の素晴らしい使い方です）。

最初の2週間のコースには8人の生徒が参加しました。受講料は無料でした。全員がコースを終了し、プロダクトの品質や全体的な体験について、非常に肯定的な感想を述べました。次に、いよいよ初めての有料受講生を獲得するときが来ました。しかし最初は、このプロダクトはあまり注目を集めませんでした。チームは心配し始めました。見込み客が申し込みをしてくれない理由としては、申請に手間がかかる、受講料が高い、申請料として50ドルが必要（チームが他のプロダクトを参考にして採用したもの）などが考えられました。

チームが次の実験として何をすべきかは明らかでした――それは、申請料をなくし、申請の手続きを簡易化し、受講料を安くすることです。これを実現できたのには2つの理由があります。1つは、社内のイノベーションチームであるため、価格を設定できる裁量権があったことです。チームは、受講料を当初の半額にしました。では、もう1つの理由とは何でしょうか？ それは、1週間のスプリントで仕事をしていたことです。そのため、たとえチームが致命的な判断ミスをしても、1週間でそれを修正できました。

しかしこの時は、チームはそれほど長く待つ必要はありませんでした。変更を加えたその日から、それまでの2週間の合計よりも多くの申請があったのです。売上は5倍になりました。プロダクトの魅力が高まるにつれて、チームは規模を拡大してもプロダクトの品質を維持できるかどうかを心配するようになりました。そこで、意思決定の基準とし、高い品質を維持するために、成果ベースの指標を定めることにしました。その指標とは、「コース開始後48時間以内に受講者全員がログインすること」「コース修了率80％以上を達成すること」「ネット・プロモーター・スコア（NPS）[†1]を50にすること」などです。

チームは成果を基準とし、根拠に基づく意思決定をエンジンとして短いサイクルでビジネスを進めていくことで、現在30人以上の従業員を抱えるビジネスユニットを

†1 訳注：顧客ロイヤルティの指標。

構築しました。データと直感に従いながら、意思決定の規模を次第に拡大していくことで、途中で最適な軌道修正ができることを証明したのです。このデータと自律型のチーム、明快な成果ベースの意思決定があれば、結果が得られたのも当然だと言えるでしょう。

第III部
コラボレーション

火曜日。リック、マーク、オルガ、アーティはホワイトボードの前に立ち、自分たちが描いたワイヤーフレームを見ています。デザイナーのアーティは手にマーカーを持っていますが、何かを描いているわけではありません。「リック、あなたの言っていることが今ひとつ理解できないの。何が問題なのかを説明してもらえないかしら？」

リックはアーティからマーカーを受け取り、ホワイトボードの一部をクリーナーで拭くと、議論の的になっていた規制についてチームに向けて説明をします。チームは株式トレーダー向けのアプリケーションをデザインしています。このアプリは、厳密な規制に従わなければなりません。アプリにおける規制への準拠について責任があるのは、ビジネスアナリストのリックです。

しばらく話し合いをした後、チーム全員が納得した様子でうなずきました。アーティは再びマーカーをとると、アプリのワイヤーフレームのデザインについての変更案をホワイトボードに描きました。全員が再びうなずき、それぞれがiPhoneを取り出してホワイトボードの写真を撮り、翌日に再びミーティングをすることにして解散しました。メンバーは木曜日のユーザー評価に向けて、合意した内容を準備できることを確信しています。

アーティは、デスクに戻るとホワイトボードに描いたデザイン案の詳細を詰めることにします。フロントエンドエンジニアのマークは、ページの作成に取り掛かります。チームが構築したデザインシステムから既製のコンポーネントを利用できるため、基本的な部分を構築するのにアーティの作業が終わるのを待つ必要はありません。リックはプロジェクトのWikiページを開くと、アプリケーションの挙動についてチームが決定した内容をメモします。リックは後日、プロダクトオーナーと共に、これらの選択についてレビューします。QAテスターのオルガは、アプリの評価シナリオを書き始めます。

これが、Lean UXを実践しているチームの日常です。チームは、必要最低限のドキュメンテーション、最小限の中間生成物、そして動くソフトウェアとマーケットからのフィードバックを重視しながら、コラボレーションとイテレーションをベースに仕事に取り組みます。この第Ⅲ部では、これらについて詳しく見ていきます。

III.1 Lean UXのプロセス

「**14章 コラボレーティブデザイン**」では、Lean UXの主要要素の1つである、部門を超えたコラボレーションを促す方法について説明します。デザイナーは非デザイン部門の同僚と協力して、できる限り最高のプロダクトを作ることを目指します。この章では、そのための最も重要な方法を紹介します。

「**15章 フィードバックとユーザーリサーチ**」では、Lean UXがいかに継続的なリサーチと共同でのリサーチを重視しているかについて見ていきます。これを実践するのは大きな変化だと感じるチームも多いかもしれないので、ここで知っておくべき重要な事柄を説明します。

「**16章 Lean UXとアジャイル開発の融合**」では、Lean UXとアジャイル開発手法の連携方法について説明します。アジャイルは、Lean UXの基礎となる柱の1つです。Lean UXは、「アジャイルソフトウェア開発チームと協働するにはどうすればよいか？」という、多くのデザイナーが日常的に直面している問題から生まれました。この章は、この問題に正面から取り組みます。

14章
コラボレーティブデザイン

> コラボレーションを積極的に受け入れましょう。人は、あなたにはない能力や、あなたが思いつかないようなアイディアを持っているものです。刺激を与えてくれるような人々を探し、多くの時間を過ごしてください。きっと、あなたの人生は変わるはずです。
>
> ――エイミー・ポーラー（アメリカの女優、プロデューサー）

「ユーザーエクスペリエンス」とは何か？ それは、「ユーザー」と「プロダクトやサービス」の相互作用の総和だと言えます。それは、あなたとチームがプロダクトやサービスの価格、パッケージングと販売方法、ユーザーのオンボーディング方法、サポート手段、アップグレード方法などについて下した決定によって決まります。すなわち、ユーザーエクスペリエンスはデザイナーのみではなく、チーム全体によってつくられるのです。Lean UXは、「ユーザーエクスペリエンス・デザインは共同のプロセスでなければならない」という考えからスタートします。

Lean UXでは、デザイナーと非デザイナーがプロセスを通じて協業しながら創造的な活動を続けます。これによって、個人では思いつかないような優れたアイディアを得やすくなります。ただし、それは「委員会のような組織によってデザインを決定すること」ではありません。もし委員会のような組織がデザインを決めることになれば、悪しき妥協や不十分な情報に基づいた意思決定が頻発してしまうでしょう。Lean UXのプロセスでは、デザイナーが全体の指揮をとり、各分野のスペシャリストが共通の認識に基づいて各自の作業に取り組みます。Lean UXでは、プロセスの初期段階からメンバー全員に意見を述べる公平な機会を与えることで、チーム全体が対象のプロダクトやサービスに対する当事者意識を持てるようになります。重要なのは、チームの多様な専門知識を活用して、**効果的な**デザインを生み出すことです。

この章では、この親密かつ部門横断的なコラボレーションから得られる様々なメリットを見ていくことにします。特に、以下の点に注目します。

14.1 コラボレーティブなデザイン

10章では、仮説について説明しました。仮説を検証するには、リサーチのみで十分な場合もあります（12章を参照）。しかし、実際に何かをデザインしたり、構築したりすることが必要になる場合もあります。たとえばプロジェクトの初期段階で需要があるかどうかをテストするために、ランディングページを構築して、どれくらいの顧客がサービスに新規登録するかを測定する場合があります。また、プロダクトやサービスがプロジェクトライフサイクルの後半に位置する場合は、機能レベルで何かをデザイン、構築する場合もあります（例：ユーザーの生産性向上を意図した新機能を追加する）。多数のデザインの選択肢から何を選ぶかは、チームにとって難しい問題です。デザインの選択を巡ってチーム内で衝突を経験したことがある人も多いのではないでしょうか。

デザインの方向性についてチームをまとめるための最善策は、コラボレーションです。長い目で見れば、コラボレーションはヒーローベースのデザイン（依頼を受けて参上したデザイナーやデザインチームが美しいデザインをつくりだし、次のプロジェクトを救うために立ち去っていくようなデザイン手法）よりも、良い結果をもたらします。ヒーローとの仕事からチームが学べることは少なく、大きな成長も望めません。これに対し、全員で仮説を立てればチーム全体のプロダクトIQが高まるのと同じように、全員でデザインをすればチーム全体のデザインIQが高まります。メンバーは、自らのアイディアをはっきりと述べる機会を得られます。そのためデザイナーは、メンバーから提案された様々なアイディアを活用しながら、デザインを改善していけます。さらに、このコラボレーションを通じて、チーム全体の当事者意識が高まります。また、コラボレーティブデザインはチーム全体の共通理解をつくりだします。Lean UXの「通貨」になるのは、この共通理解に他なりません。チームの共通理解が深まるにつれ、プロジェクトの進行上で必要となるドキュメントの量は減っていきます。

コラボレーティブデザインは、チーム全体でデザインをつくりあげていくアプローチです。デザイン上の課題と解決策についての共通理解も得やすくなります。また、構築したい機能を実現するために最適な機能性やインターフェースが何かをチーム全体で決定しやすくなります。

コラボレーティブデザインを主導するのは、従来と同じく、デザイナーです。デザイナーはコラボレーティブデザインのためのミーティングを主催し、メンバー間のコミュニケーションを促します。カジュアルな形式の会話やスケッチのセッションや、ホワイトボードの前でのエンジニアと本格的な1対1のセッションを行うこともあります。チーム全体でデザインスタジオやデザインスプリントを実践する場合もあります。重要なのは、グループ内の多様なメンバーとコラボレーションをすることです。

一般的なコラボレーティブデザインのセッションは、次のような流れになります。まずチーム全体でスケッチを行います。次に、デザインのアイディアについて議論し、チーム全体で意見をまとめ、最終的に、成功の見込みが高いと思われるソリューション案を1つに絞り込みます。デザイナーは従来のようにデザインを担当しながら、こうしたチーム活動を促すファシリテーターという新たな役割も担います。

通常、これらのセッションのアウトプットになるのは、ラフ（低忠実度）なスケッチやワイヤーフレームです。忠実度が低いことには重要な意味があります。まず、スケッチの技量が低いメンバーも含め、全員がデザインに貢献できます。また、変化に柔軟に対応しやすくなります。これによって、チームはそのアプローチが有効ではないと判断した場合に、素早い対応ができます。図面やドキュメンテーション、ディテールの作成に多くの時間と労力を投じていないので、軌道修正がしやすいのです。

14.1.1 コラボレーティブデザイン：インフォーマルなアプローチ

数年前、著者のジェフは、TheLaddersの採用担当者や雇用主を対象としたWebアプリのダッシュボードをデザインしていました。しかし、1つの画面に多くの情報を盛り込まなくてはないという問題に直面しました。そこで、デスク上での細かいデザイン作業に膨大な時間をかける代わりに、ホワイトボードを用意し、リードエンジニアのグレッグとミーティングをすることにしました。ジェフはホワイトボードに、ダッシュボード上にコンテンツや機能をどうレイアウトするかについてのアイディアをスケッチしました（**図14-1**）。ホワイトボードの前でそれについて話し合った後、ジェフはグレッグにマーカーを手渡しました。グレッグも、ホワイトボード上に自分のアイディアを書き出しました。あれこれと議論をした後、2人は「2週間のスプリント内でソリューションを提供する必要がある」という状況下で有効かつ実現可能なレイアウトとフローについて合意を得ました。2時間のセッションを終えると、2人はそれぞれのデスクに戻り、作業を開始しました。ジェフは先ほどホワイトボードに描いたスケッチを、正式なワイヤーフレームとして描き直しました。グレッグはプレゼンテーション層でデータを取得するために必要なインフラストラクチャのコードを書き始めました。

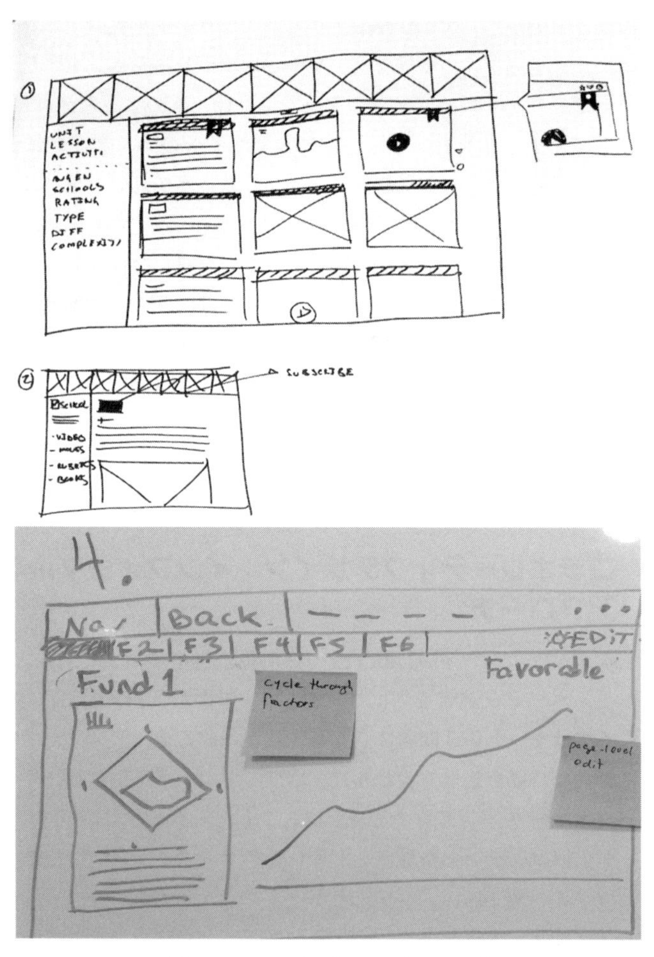

図14-1　ホワイトボードスケッチの例

2人はコラボレーティブデザインのセッションを通じて、共通理解を得ました。自分たちが何をつくろうとしているか、そのためにそれぞれが何をすべきかを理解していたので、それを相手に伝えるためのドキュメントを作成する必要はありませんでした。このアプローチによって、2人はアイディアの最初のバージョンを、2週間という期限内で実現できたのです。

対人コミュニケーションこそ最強のツール

Lean UXは、チームメンバー間の主なコミュニケーション手段として、対話を奨励しています。これは、アジャイルソフトウェア開発宣言の「プロセスやツールよりも個人と対話を」というマニフェストによく似ています。対話は、共通のビジョンのもとにチームを結び付けます。従来型のデザインサイクルよりもはるかに早い段階から様々な部門や領域のメンバーの意見を集めることができます。新たなアイディアが提案されたり、既存のデザインが変更されたりするときにも、メンバーは迅速に意見を述べられるので、デザイナーは自分だけで仕事をしているときには気づきにくい洞察を得ることができます。

このようなコミュニケーションをプロジェクトの初期段階から頻繁に繰り返すことによって、チームは早い段階からメンバー全員のアイディアを理解した上で、自らの仕事に取り組めるようになります。たとえば、そのソリューションでは特定のバックエンドのインフラが必要になると知っていれば、チームのエンジニアは、デザインに改良が加えられ、完成するまでのあいだにインフラの構築に着手できます。ソフトウェア開発とデザインを並行して行うことは、目指すユーザーエクスペリエンスを実現するための最短ルートになるのです。

始めは、このようなコミュニケーションが上手くできないかもしれません。なんといっても、これはそれまで部門や領域の間にあった壁を取り壊すことなのです。しかし会話が進むにつれ、実装する機能の背景情報をデザイナーがエンジニアに伝えることで、共通のビジョンをさらに明確にしていけるようになります。これらのコミュニケーションによってプロセスや進捗の透明性が高まり、それがメンバー間に共通言語をもたらし、絆を深めます。互いを信頼するチームメイトの間には、連携して質の高い仕事をしようとする意欲が高まります。

職場だけではなく、それ以外の場でもチームメイトと話をする機会を増やす方法を探りましょう。たとえば、チームで一緒に食事をするなどして人間関係を深めることで、仕事上の会話は容易で、率直で、生産的なものになります。

14.1.2 Lean UXとデザインスプリント

9章では、「デザインスタジオ」と呼ばれるエクササイズについて説明しました。これは、構造化されたデザインセッションのためにチームを集めるのに最適な方法です。近年では、「デザインスプリント」と呼ばれる同様の手法が人気を博しています。書籍『SPRINT 最速仕事術』(Jake Knapp、John Zeratsky、Braden Kowitz著、ダイヤモンド社、原書:『Sprint: How to Solve Big Problems and Test New Ideas in Just Five Days』)で紹介されているデザインスプリントは、チームを集め、質問を定義し、アイディアを出し、試作品を作り、それをテストするというプロセスを5日間で行います。デザインスプリントは、デザインスタジオの強化版、あるいはLean UXワークのミニサイクルのようなものです。筆者はこのプロセスを実際に数回ファシリテートしてきた経験から、それがいかに強力なものであるかを実感しています。チームやプロジェクト、イニシアチブを始動させるために、デザインスプリントはうってつけの方法だと言えます[†1]。

とはいえ、この2つの手法には矛盾する部分があるとも言えます。たとえばLean UXには課題を特定するための特別な方法がありますが、デザインスプリントでも初日に別の方法で課題を特定します。Lean UXではアイディアをテストするために、仮説、実験、MVPの構築を推奨していますが、デザインスプリントでは仮説やMVPという用語を用いずにスプリントの最終日にプロトタイピングとテストを行います。そのため、この2つの手法が対立しているように感じられることがあります。

それでも筆者は、この2つの手法は実践面では違いはあるものの、根底にある考え方には深く通じるものがあると見ています。この2つの手法の考え方を受け入れることができる人にとって、デザインスプリントはLean UXのアプローチによくフィットしたものになるでしょう。

†1 ここでの「スプリント」の意味は誤解を招きやすいかもしれません。この文脈では、アジャイルスタイルのスプリント、つまりスクラムでいうところの「イテレーション」のことは指していません。筆者が「デザインスプリント」という言葉を使うときは、書籍『SPRINT 最速仕事術』で説明されている特定のプロセスを指しています。

筆者はこの2つの手法の違いについて理解を深めるため、ジェイク・ナップに話を聞きました。

Lean UXとデザインスプリント：筆者によるジェイク・ナップへのインタビュー

Q：Lean UXとデザインスプリントをどう連携すればよいのか、多くの人が疑問を持っています。ご意見をお聞かせください。
ジェイク・ナップ（以下、JK）：私にとってLean UXは、プロダクトサイクル全体、そして組織全体で使える料理本のようなものです。これに対し、デザインスプリントは、チームの特定のメンバーが特定の瞬間に特定のものを作るための、1つのレシピです。どちらも、根底にある考え方はまったく同じだと言えます。Lean UXに精通している人はデザインスプリントをチェックすべきですし、その逆も然りです。

Q：デザインスプリントのレシピはどれくらい柔軟ですか？ つまり、方法を好みに合わせて調整することはできますか？
JK：変えることはできます。ただし、オリジナルを試すまではレシピを調整しないでください。まずは本に書かれてある通りにデザインスプリントを何度か行い、調整が必要だと思ったら試してみてください。

Q：その言葉を聞けて嬉しいです――私たちも、Lean UXをそのようにとらえることを推奨しているからです。大切なのは、常に様々なことを試し、学び、学んだことに基づいて調整をすることだと思います。
JK：その通りです。何が起こるかを観察し、記録する。それは、実験の中の実験のようなものです。もしデザインスプリントに改善すべき点が見つかったら、ぜひ教えてください。

Q：デザインスプリントが本当に優れている点とは何ですか？ また、向いていない点は何でしょうか？
JK：デザインスプリントは、新しいものを作りたい、または何かを変えたいというチームに最適です。大きなプロジェクトを立ち上げたり、プロダクトやマーケットの適合性についての直感的な考えを改善したりするのに理想的です。デザインスプリントは、チームに勢いをつけ、チームを結び付けるのに役立ちます。つまり、メンバー全員が適切な目的を持ち、同じ方向に前進できるのです。また、チームの文化をリセットし、最善のリスクテイクと意思決定を促進するのにも適しています。デザインスプリントを採用することで、チームは顧客に対する理解を深め、顧客志向の考えをしやすくなります。メンバー同士が緊密に連携することもできます。デザインスプリントは、仕事に対する喜びを再認識させてくれます。なぜなら、無駄なことに費やす時間や労力をできる限り減らして、本当に重要なことに集中できるからです。

Q：ありがとうございます。では、もう1つの質問に移ります。デザインスプリントは、どのようなことに向いていないのでしょうか？
JK：デザインスプリントは、プロダクトの細部をデザインしたり、全体の開発スケジュールを計画したりするためのものではありません。MVPの代わりにもなりませんし、ゼロから立ち上げまでの道筋を提供するものにもなりません。デザインスプリントは、特定の期間に最大限の効果を発揮します。私はこの手法が、新しいプロジェクトを始めるのに最適な方法だと自信を持って言えます。その前後については、『SPRINT 最速仕事術』をお読みください（笑）。

Q：デザインスプリントとLean UXには重なり合う部分が多くあるということですね。どちらを選べばよいのでしょうか？
JK：両方です！

14.1.3　Lean UXプロセスでのデザインスプリントの使用

上記のジェイクとの会話からもわかるように、ジェイクも筆者も、この方法がうまくいくと信じています。では、Lean UXをデザインスプリントの効果的な実践に役立てるための最善策とは、どのようなものになるのでしょうか？　また、デザインスプリントの実行後にLean UXを使うためにはどうすればよいのでしょうか？

以下に、推奨事項を示します。

- 繰り返しますが、Lean UXでは作業を「構築すべきもの」ではなく、解決すべき課題として再構成することが奨励されます。ですから、スプリントの最中には、「何が作れるか？」と考えてはいけません。代わりに、スプリントを使用して「どうすれば課題を解決できるか？」について考えるのです。

- Lean UXでは、課題、オーディエンス、潜在的ソリューション、成功についての前提を明確にすることが推奨されます。これによって、よい仮説が立てられるようになるため、デザインスプリントの構成にも大いに役立ちます。
- 仮説を、デザインスプリントの開始地点として用います。
- スプリントで行った作業を使用してこれらの前提を細かく検証し、仮説を洗練させて、次のステップを明確にします。
- この次の仮説のセットは、Lean UX作業の次のサイクルへのインプットに用いることができます。

14.2 デザインシステム

前述したジェフとグレッグのホワイトボード前での1対1のミーティングの例が示すように、コラボレーティブデザインは、このように大まかなことを決めるときに最も効果を発揮します。それは、デザインスプリントも同じです。メンバーは共にスケッチをしながら、コンセプト、構造、流れ、機能についてハイレベルな決定を下していきます。この解像度と詳細さのレベルが、コラボレーティブなデザインに最も適しています。コラボレーティブデザインとは、メンバーがワークステーションを取り囲み、画面を見ながらピクセル単位でデザインを決めていくことではありません。むしろこのようなピクセルレベルでのデザインの共同作業は、デザイナーにとって最悪の悪夢と呼べるものです（はっきり言いましょう。**決してそのようなことはしないでください**）。

ただし、スケッチができても、デザインが終わったわけではありません。デザインは、ホワイトボードで完成するわけではないのです。むしろ、そこからが本番です。では、ピクセルレベルのデザインはどのように作成すればよいのでしょうか。ビジュアルデザインを完成させるには、どうすればいいのでしょう？

最近では、「デザインシステム」を導入するチームが増えています。デザインシステムは、スタイルガイドの強化版のようなものです。筆者がこの本の初版を書いたとき、デザインシステムはまだ新しいもので、業界としてこのシステムをどう呼べばよいのかも定まっていないような状況でした。筆者が当時、デザインシステムに強く惹かれたのは、それがデザイナーと開発者のコラボレーションを飛躍的に改善し、デザイナーが頻繁に直面するお決まりの問題を解決することで、デザイナーが付加価値の高い困難な課題に集中できることを約束するものだったからです。

その4年後、本書の第2版を執筆した頃には、デザインシステムは主流になっていました。先進的な大企業はデザインシステムを用いてエンタープライズ規模のシステムを構築していましたし、スタートアップも最初からデザインシステムを導入していました。デザインシステムを専門に扱うコンサルティング会社も次々と誕生していました。業界のカンファレンスには、デザインシステムの実践者が多く登場するようになりました。第2版では紹介した以外にも、デザインシステムの事例はまだたくさんありました。この第3版でも、これらの事例を紹介します。

現在では、デザインシステムは業界で一般的に用いられるデザイン手法として定着しました。デザインシステムは今でも、当初と同じ価値を提供し続けています——その中には、筆者がその当時から強く興味を引かれた、プロダクトチームが高度なアジャイル開発で作業できるというメリットも含まれています。デザインシステムがチームのアジリティの強化にどのように役立つかについてさらに説明する前に、デザインシステムとは何かについて見ておきましょう。

14.2.1 デザインシステムとは？

「スタイルガイド」、「パターンライブラリ」、「ブランドガイドライン」、「アセットライブラリ」、「デザインシステム」——。デザイン界では、こうした概念を表す共通言語があまりないため、ここで各用語を明確にしておきましょう。

長年、大企業はブランドのガイドライン（ブランドと企業内でのその使用規則についてまとめた包括的なドキュメント）を作成してきました（**図14-2**）。デジタル化が普及する前の時代には、ガイドラインは紙文書として作成されました。数ページのものもありましたが、たいていは分厚い体系的なドキュメントでした。インターネット化が進むにつれ、これらのドキュメントはPDFやWebページ、WikiとしてWeb上で管理されるようになりました。

同時に、出版社や出版物は、文章やコンテンツ・プレゼンテーションの表記ルールを定めたスタイルガイドに従ってきました。アメリカの大学生は、『The Chicago Manual of Style』『MLA Style Manual and Guide to Scholarly Publishing』などに規定された細かなルールに従う方法を学んでいます。

コンピューター界のスタイルガイドの代表例は、Appleの有名な「ヒューマン・イ

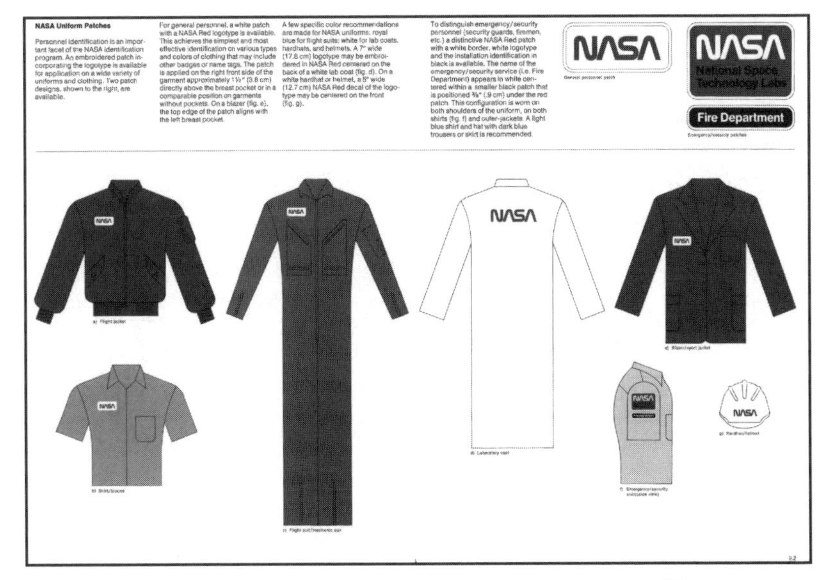

図14-2　ブランドの標準ガイドラインの例。ここではNASA[†2]

ンターフェース・ガイドライン（HIG）」でしょう。HIGはAppleのオペレーティングシステムの全コンポーネントの説明や使用規則、使用例を記述した包括的なドキュメントです。

また、エンジニアがよく知っているのがアセットライブラリです。アセットライブラリの目的は、常に最新状態が保たれた「コードレポジトリ」から、テスト済みの再利用可能なコード要素を簡単にダウンロードできる形で提供することで、エンジニアの仕事を容易にすることです。

デジタル界の多くのアイディアと同じく、「デジタルデザインシステム」（本書では簡潔に「デザインシステム」と呼びます）も、こうしたアイディアのマッシュアップのようなものです。優れたデザインシステムには、デザイン要素とその使用規則や実例、デザイン実装に用いるコードや他のアセットなどが記載された、包括的なドキュメントが含まれています。

実際には、デザインシステムはプロダクトやサービスの表層を構築できるソースになります。チームはホワイトボードにアイディアをスケッチした後に、デザインシス

†2　NASA, “NASA Graphics Standards Manual,” September 8, 2015, https://oreil.ly/nCc4H.

テムの要素を用いることでプロトタイプやプロダクション対応のフロントエンドを素早く構築できます。

14.2.2 デザインシステムの価値

デザインシステムは、Lean UXを実現する強力な手段になります。このシステムを用いることで、デザインのビジュアルやマイクロインタラクションを、チームの他の決定と並行して開発・維持できます。したがって、画面構造、プロセスフロー、情報設計などの決定（ホワイトボードで作成できるもの）を適切なチームメイトが担当し、色、フォントタイプ、スペーシングなどを別のチームメイト（重複するケースも頻繁にあります）が担当できます。

これには、チームに以下の2つの大きな利点をもたらします。

デザインの高速化

チームは毎回ゼロから画面をデザインしなくてもよいため、素早くデザインができます。

プロトタイプの高速化

フロントエンドのエンジニアは、既にあるパーツを利用できます。デザインシステムから該当する要素を取得できるので、ソリューションの要素を毎回作り直す必要がありません。

デザインシステムは、組織にも大きな利点をもたらします。

一貫性の向上

優れたデザインシステムは、エンジニアにとって使いやすいものです。デザインシステムで見つけた要素をそのまま活用できるので、自分で要素を作らなければならない状況が減ります。そのため、ブランドの標準にも準拠しやすくなります。

品質の向上

ユーザーの眼に触れる要素のデザインに集中することで、高度な専門技術を持つ少数のデザイナーやUIエンジニアの仕事を最大限に活用できます。これらのメンバーの質の高い仕事は、組織内の比較的技量の低いエンジニアでも応用、実装できるためチーム全体として優れた結果を生み出しやすくなります。

コストの削減

優れたデザインシステムは容易に作れるわけではありません。構築のための投資と、保守運用のメンバーが必要です。しかし、長期的に見ればシステムのユーザー（組織内の他のエンジニア）の効率や生産性を改善するためのツールとフレームワークを提供できるので、その投資を回収できます。たとえば、チームに新たに加わったデザイナーは、アプリで使われるフロントエンドの規則が文書化されているので、迅速に作業を進められます。同様に、チームに新たに加わったエンジニアも、使いやすいフレームワークで基本的なパーツを利用できるので、迅速に作業を進められます。

14.2.3 デザインシステムを担当するチームはプロダクトの開発チームである

はっきりさせておきましょう。デザインシステムを担当するチームは、プロダクトやサービスを開発する「プロダクトの開発チーム」です。たしかに、このチームが取り組んでいるプロダクトやサービスは、（ほとんどの場合）社内向けのものです。しかし、それでもプロダクトチームであることには変わりはありません。そのため、他のプロダクトチームと同じような問題に直面します。まず何より、ユーザーが価値を見出すプロダクトやサービスを作る必要があります。他の社内プロダクトと同様、成功の基準は売上ではなく、「**導入率**」です。ですから、ユーザーのニーズを理解し、彼らに奉仕することが、プロダクトが迅速に導入され、ひいてはチームの成功を導く鍵になります。

デザインシステムを担当するチームは、Lean UXの手法を使ってこの課題に取り組むことができます。デザインシステムはプラットフォームなので、様々なコンテキストで使用され、幅広い環境に統合される必要があります。そのため、ある種の実験のように、デザインシステムチームにとって困難または不可能な方法もあります。たとえば互換性と安定性の面での懸念によって、実行する実験の種類が制限されることがあります。

とはいえ、デザインシステムのユーザーは社内にいるので、彼らにアクセスするのは容易なはずです。そのためデザインシステムを担当するチームは、ワークショップやスプリント、ホワイトボードを使ったコラボレーティブセッションなどを用いて、デザインシステムの開発者とユーザーの間のコラボレーションと共通理解の構築するためのプロセスのデザインに注力できます。

14.2.4 ラフスケッチの段階を省略しない

デザインシステムの普及に伴い、副産物として意外な問題が生じるようになりました。それは、デザインシステムがとても優れていて使いやすいため、デザイナーがデザインの大まかな「ラフスケッチ」の段階をスキップして、すぐに高忠実度のモックアップの作成に取りかかりたくなってしまうことです。このような場合、初期段階（コンセプト開発の段階）の思考を表す中間生成物が、ステークホルダーや同僚、そしてデザイナー自身にさえ誤解されることがあります。人の反応は、モックアップの忠実度の高さによって変わります。高忠実度のモックアップを見た人は（特に非デザイナーの人は）、フォントや色、コンテンツなど、細部についてのフィードバックを述べる傾向があります。しかし、紙に鉛筆で描いたラフなスケッチには、こうした**細部はありません**。人はそれをコンセプトドローイングと見なし、それについてのフィードバックを述べます。

そのためデザイナーにとっては、Figmaを立ち上げ、デザインシステムのコンポーネントを使って、高忠実度のモックアップを作ることがどれだけ簡単であっても、その誘惑に負けないようにすることが重要です。まずは、ラフスケッチから始めるようにしてください。

しかし、デザインシステムを担当するチームにとっては、ユーザーが適切なツールを選択するのをサポートする機会があります。本書の第1版を執筆した当時、デザイナーはスケッチに忠実な図面を作成するための様々なデジタル形式のワイヤーフレームツールを使っていました。最近では、デザインシステムを担当するチームはスケッチレベルの忠実度の要素をツールキットに追加することを検討し始めています。これは魅力的なトレンドであり、筆者はそれがどのように発展していくのかに注目していくつもりです。

ではここで、ある大企業がデザインシステムをどう活用しているのかを見てみましょう。

14.2.4.1 ケーススタディ： GEデザインシステム

2012年、ゼネラルエレクトリック社（GE）はカリフォルニア州サンラモンに「GEソフトウェア」を設立しました。この新しい「センター・オブ・エクセレンス（CoE）」

の目的は、GEのソフトウェアビジネスの強化でした。その数年前に実施された戦略的レビューによって、ソフトウェアが同社の事業においていかに中心的な存在になっているかが認識されるようになっていました。コード数を基準にすれば、GEは世界で17番目に大きなソフトウェア企業でした。にもかかわらず、社内にはソフトウェア開発に対してその重要性に相応しい扱いをしていないという思いがありました。

サンラモンでは、GEの新チーム「GEソフトウェア・ユーザーエクスペリエンスチーム」も発足しました。2013年、巨大企業の中心に位置するこの小さなチームは、最大限のインパクトをもたらすために、初めてデザインシステムを作成しました。50人足らずのデザイナーが1万4000人以上のエンジニア（組織全体の社員は30万人以上）と協働している状況下では、この新たなデザインチームがGE全社に効果的な影響をもたらすほど急速に成長するのは極めて難しいことでした。

このチームの最初のデザインシステムである「インダストリアル・インターネット・デザインシステム（IIDS）」は、世界屈指のデザイン会社「フロッグデザイン」の小規模チームの助けを借りて、GE社内のデザイナーによって構築されました。チームはBootstrap（Twitter社が開発したHTML/CSSフレームワーク）上にこのデザインシステムを構築しました。これは、大成功をもたらしました。デザインシステムの構築から数年間で、GEの社内エンジニアに1万1000回以上ダウンロードされ、数百件のアプリケーション開発に使用されました。同社のソフトウェアチームは、このデザインシステムを用いることで、見映えが良く、一貫性のあるアプリケーションを開発できました。何より、サンラモンのソフトウェアチームとUXチームは、大きな可視性を得ることができるようになりました。

この成功には問題もありました。単に良いUIキットがあるだけでは、チームは良いデザインのプロダクトやサービスを開発できるわけではありません。デザインシステムは、デザイン上のあらゆる問題を解決できるわけではないのです。またBootstrapには、プラットフォームとしての限界もありました。このフレームワークは、チームが最初の目標を達成するためには役立ちました。必要なものを素早く完成させられるし、幅広いUI要素も提供されています。独自のソリューションを用いるよりも簡単なため、普及も広がりました。しかし、保守や更新が難しく、ニーズに対して大きすぎるケースがほとんどでした。

社内のサービス部門として大きな成功を収めたGEソフトウェアは、2015年に収益創出事業であるGEデジタルとして生まれ変わりました。GEデジタルの最初のプロダクトは、Predix（**図14-3**）と呼ばれる、GE社内外のエンジニアが産業用アプリケーション向けソフトウェアを構築できるプラットフォームでした。この戦略上の変更により、チームはデザインシステムの見直しが必要であることに気づきました。以前のデザインシステムの目標は、できる限り幅広い領域をカバーすることと、社内での普及を推進することでした。しかし新しいデザインシステムでは、新たなニーズを原動力にしなければなりませんでした。まず、Predixで開発するアプリケーションに対応させなければなりません。また、あらゆるUIウィジェットをサポートするのではなく、UIの選択肢を**制限**する必要もありました。GEの顧客企業にも使用されることになるため、導入や活用はこれまでと同じように容易でなければならず、保守がしやすいものであることも不可欠でした。

この時点で、デザインシステムチームは約15人の規模に成長し、デザイン技術者(デザインとコーディングの両方に積極的に取り組むフロントエンドエンジニア)、インタラクションデザイナー、グラフィックデザイナー、テクニカルライター、プロダクトオーナーなどで構成されていました。

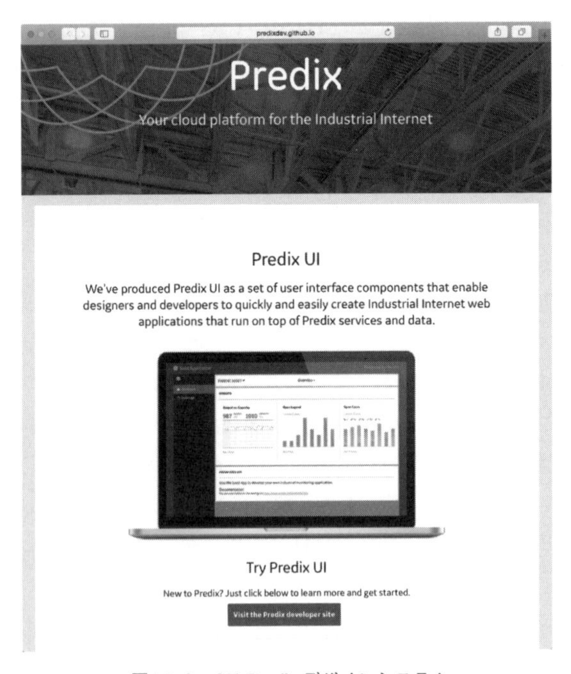

図14-3　GE Predixデザインシステム

チームは、デザインシステムを新たなテクノロジプラットフォームに移行することにしました（**図14-4**）。そして、それまではBootstrapを基盤としていたデザインシステムを、Web Componentsの実装を可能にするJavaScriptフレームワーク「Polymer」を用いて作成しました。Web Componentsは、より成熟したフロントエンド開発の実践を可能にする方法として、ここ数年で台頭してきたテクノロジーです。

チームは新デザインシステムのプロトタイプの構築に約半年を費やしました。重要だったのは、チームが孤立していなかったことです。チームはアプリケーションチームとペアになり、ユーザー（この場合、アプリケーションチームのデザイナーやエンジニア）のニーズを満たすコンポーネントをデザインしました。このことは極めて大きな意味があります。コラボレーティブなデザインには様々な形があります。部門横断的なチームでデザインするケースも、エンドユーザーと共にデザインするケースもあります。この例では、それはハイブリッド型でした。つまり、**実際のユーザーであるデザイナーとエンジニアがいる**、部門横断的なチームでデザインを行ったのです。

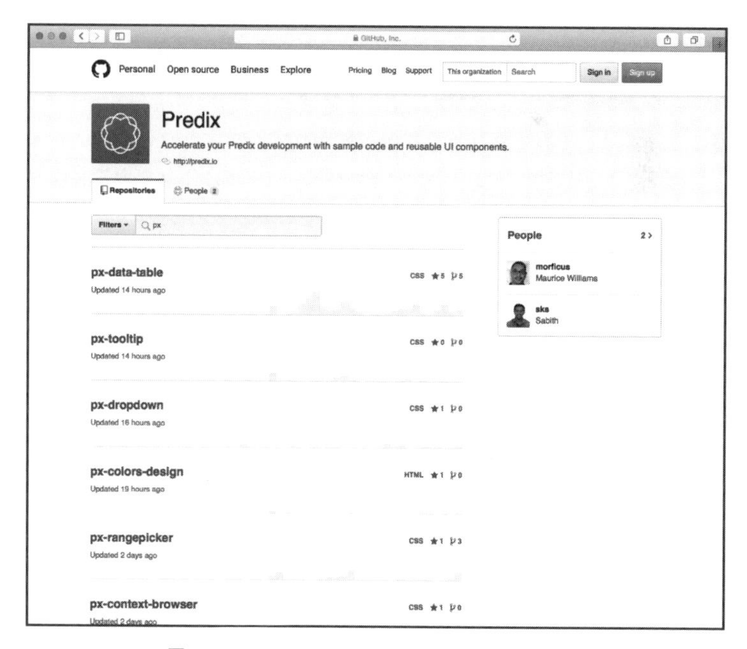

図14-4 GitHub上のGE Predixデザインシステム

14.3 遠隔地のチームとのコラボレーション

距離が離れていることは、密接なコラボレーションを実現する上での大きな壁になります。本書で説明してきた手法の中には、チームが同じ場所にいないと実行が難しいものがあります。しかし、2020年に始まったCOVID-19の危機で明らかになったように、このような状況でもコラボレーション方法を探ることはできます。Zoom、Skype、Google Meet、Slackなどのツールを用いることで、チームはリアルタイムで共同作業を行うことができます。Google Docsなどのシステムを用いることで、複数のメンバーが同時にドキュメント上で共同作業を行えます。MuralやMiroのようなチームコラボレーションツールは創造的なコラボレーションに役立ちます。TrelloやWikiを用いることで、複数のチームが同じ情報を追跡できます。Figmaのようなデザインツールは、コラボレーションを念頭において開発されています。また、携帯電話のカメラを駆使すれば、簡単かつ素早く写真を共有できます。これらのツールは時差のあるコラボレーションを効果的にし、チームは長時間にわたって相手とつながっているという感覚を得ることができます。

14.3.1 分散型のチームとのコラボレーション

分散型のチームは、それぞれ様々な状況に置かれています。たとえば、ニューヨークオフィスのチームが、ロンドンオフィスのチームと一緒に仕事をする必要があるといったケースもあります。また、2020年のようなロックダウンの状態で、ペットや子供、パートナーがいる自宅の部屋から働くといったケースもあります。チームのほとんどはオフィスにいるが、数人のみが電話でミーティングに参加するというハイブリッドな状況もあります。ある状況でうまくいくことが、別の状況ではうまくいかないこともあります。それでも、状況にかかわらずコラボレーションを容易にできる、重要なポイントが2つあります。

1つ目は、「**全員が同じ条件で参加できるようにすること**」です。他のメンバーが全員会議室にいて、自分だけが電話でミーティングに参加する、といった体験をしたことはないでしょうか。このような場合に、ミーティングの内容についていくのは大変なことです。では次に、他のメンバーが全員会議室にいて、ホワイトボードに付箋を貼ったり文字やスケッチを描いたりしているミーティングに、自分だけが電話で参加することを想像してみてください。このような場合、有意義な貢献をするのはほとんど不可能です。この問題を解決するには、リモートのメンバーも会議室のメンバーと同じ条件でミーティングに参加できるようにするためのツールを選ぶことです。会議室のホワイトボードを使う代わりに、共有ドキュメントや、MuralやMiroなどのオンラインホワイトボードツールを使いましょう。会議室にいる参加者もノートパソコンやタブレット端末が必要になりますが、リモートのメンバーも同等にコラボレーションできるようになります。

2つ目は、「**自由なコミュニケーションを促す仕組みをつくること**」です。オンラインミーティングは、メンバーを集め、アジェンダを細かく定め、時間通りに終了する、といったように、杓子定規な方法で行われがちです。それはオフラインのミーティングよりも唐突に始まり、唐突に終わります。しかし、考えてみてください。会議室で会議をするとき、私たちは会議の前に廊下で軽く雑談をするのではないでしょうか。会議室に入ってからも、ミーティングが始まるまでの間、あれこれと話をするのではないでしょうか。ミーティングが終わった後も、一緒に会議室を出て、コーヒーを飲みながら感想を述べあったりするのではないでしょうか。一見すると、このような時間は仕事の本質とは無関係に思えるかもしれません。しかし、実はそれはとても重要な意味を持っているのです。このようなコミュニケーションを通して築かれた絆があるからこそ、私たちは一緒に仕事を前に進めていくことができるのです。ですからリモートのコラボレーションでも、メンバー同士が自由にコミュニケーションできる余白をつくるようにしましょう。ミーティングを始める前の時間を余分にとりましょう。リモートのメンバー同士が雑談できる機会を設けましょう。チームのSlackワークスペースにソーシャル/ノンワークチャンネルを作成しましょう。普段は離れた場所で仕事をしているチームメイトに会いに行けるなら、出張の予定にソーシャルイベントを組み込んでおきましょう。

14.3.2 コラボレーションを機能させる

コラボレーションは、どのチームにとっても容易なわけではありません。私たちは、デザイナーやエンジニアなど、個々のスキルを身につけることでキャリアを始めます。組織の多くでは、分野間のコラボレーションはほとんどありません。共同作業が難しく感じられるのも無理はありません（学校でも、コラボレーションがカリキュラムに組み込まれていたり、明確なテーマとして教えられたりすることはほとんどありません）。

コラボレーションを改善するために特に効果的なのが、アジャイル開発でよく用いられている**レトロスペクティブ**と、これと関連する**チームワーキングアグリーメント**

(チームの作業合意) の形成です。レトロスペクティブは、通常は各スプリントの終わりに行われる定例ミーティングです。チーム全員でそれまでのスプリントを正直に振り返り、上手くいった点、いかなかった点、改善すべき点を話し合います。通常、チームは次のスプリントに向けた作業を数点選びます。効果的なレトロスペクティブの定期的な実践ほど、コラボレーションを改善するための効果的な方法もありません。

チームワーキングアグリーメントはレトロスペクティブをサポートするドキュメントで、チームがコラボレーションを進めていく上で何について合意をしたかを記録します。これは、チーム自らが継続的に更新していくルールブックだと言えます。各レトロスペクティブでは、チームはワーキングアグリーメントを確認し、合意した内容に従って作業が進められているかどうか、新たな合意内容を追加するために更新すべきかどうか、効性を失った古い合意を削除する必要があるかどうかを確認します。

以下に、チームワーキングアグリーメントで検討すべき事項の概要を示します。

プロセスの概要

どのようなプロセスを用いているか？ アジャイル？ もしそうなら、どのような特徴があるか？ イテレーションの期間はどれくらいか？

定期的なコミュニケーション

チームはどのように定期的なコミュニケーションを行っているか？ たとえば、毎日のスタンドアップミーティングをするのはいつか？ 企画会議やデモを催すのはいつか？

コミュニケーション／ツール

取り組む内容を伝え、ドキュメント化するためにどのようなシステムを使うか？ プロジェクト管理用のツールは？ アセットはどこに保管しているか？

チーム文化／安全性／対立関係の解決

どのようなチーム文化が望ましいか？ 安心してチームメイトと働くために、個人として何が必要か？ もしチーム内で対立関係が生じてしまったら、どうするか？ 意見の相違はどのように解決するか？

労働環境と時間

誰がどこで働くのか？ メンバーがオフィスにいる時間帯は？ 別の場所にいる場合、時差をどう調整するか？

要件とデザイン

要件定義、ユーザーストーリーの作成、優先順位付けをどう扱うか？ ユーザーストーリーを作成するのはいつか？ デザインをユーザーストーリーに落とし込むのはいつか？

開発方法

どのようなプラクティスを採用するか？ ペアプログラミングを使うか？ テスティングのスタイルは？ ソース管理の方法は？

開発中の制限や制約

バックログとアイスボックスのサイズは？ プロセスの各段階にどのようなWIP制限が存在するか？

デプロイ

リリースの流れは？ どのようにユーザーストーリーをアクセプト（受け入れ）するか？

他の合意も含めます。

心理的安全性

コラボレーティブデザインは創造的な活動です。効果的な活動をするためには、メンバーが安全だと感じる必要があります。これは、物理的、感情的、心理的な安全性を意味します。この考えは、「ブレーンストーミングではどんなアイディアも否定しない」とか、「愚かな質問などない」といった表面的な言葉で表されることが多くあります。たしかにその通りではあるのですが、このような言葉で表現するだけでは十分だとは言えません。心理的安全性とは、それ以上のものなのです。『A Culture of Safety: Building a work environment where people can think, collaborate and innovate』の著者アラ・ウェインバーグは、心理的安全性を「チーム内に、ミスを認める、質問をする、新しいアイディアを提案する、などの行為が恥ずかしいことと見なされず、罰しもしないという共通の信念があること」と定義しています。

Lean UXは、デザインはイテレーションプロセスであるという考え方に基づいています。チームには、挑戦し、学び、イテレーションすることが求められます。つまり、前進するためには失敗が不可欠なのです。メンバーが心理的に安全だと感じていなければ、これを行うことはできません。

もしあなたや他のメンバーが、チームでの仕事に行き詰まりを感じていたり、誰かと強く対立していたり、恐れを感じていたりするのなら、「メンバーはこのチームで安全だと感じているだろうか？」と自問してみましょう。確信が持てないなら、ウェインバーグやエイミー・エドモンドソンらの著作を読むなどして、問題への対処策を検討してみましょう。

14.3.3 この章のまとめ

コラボレーティブ・デザイン（**図14-5**）は、UXデザインプロセスの進化形です。この章では、デザインプロセスをオープンにすることで、チーム全体がプロジェクトに深く関われることを見てきました。Lean UXの基礎的な「貨幣」となる共通理解を構築するための実践的なテクニックについても説明しました。デザインシステム、スタイルガイド、コラボレーティブデザイン、デザインスタジオ、円滑なコミュニケーションのためのツールやメソッドを使うことで、チームは共通理解を構築でき、従来型の環境よりも飛躍的に速いペースで前進できるようになります。

図14-5　コラボレーティブ・デザインのチームでの使用

15章 フィードバックとユーザーリサーチ

リサーチとは、好奇心の探求を正式な形で行うことです。それは目的を持ち、あちこちを探索し、覗き回ることなのです。

——ゾラ・ニール・ハーストン（アメリカの民俗学者）

UXデザインの核となるのは、ユーザーと共に行うリサーチです。しかし、多くのチームがユーザーリサーチを専門のリサーチチームに外注しています。また、ユーザーリサーチの活動が、プロジェクトの最初または最後にしか実施されないケースも珍しくありません。Lean UXは、このようなアプローチから生じる問題を解消するために、**継続的**かつ**コラボレーティブ**にユーザーリサーチを行います。

この章では、以下について学んでいきます。

- チーム内の共通理解を構築できる、コラボレーティブなユーザーリサーチ技法
- 小規模かつインフォーマルな定性的調査をイテレーションごとに組み込む、継続的なユーザーリサーチ技法
- 小規模な定期的に行われるユーザーリサーチによって長期的なユーザーリサーチを構築する方法
- 複数ソースから得られた矛盾するフィードバックを調整する方法
- どの中間生成物をテストすべきか、各テストからどのような結果を期待できるか
- Lean UXのサイクルを通じて、どのようにユーザーの声を取り込むか

15.1 継続的でコラボレーティブなユーザーリサーチ

Lean UXは、ユーザーリサーチ技法を土台にして、そこに2つの重要な考えを加えています。1つは、「Lean UXにおけるユーザーリサーチは継続的である」ことです。つまり、すべてのスプリントでユーザーリサーチ活動を行います。高コストで破壊的な「ビッグバン」型のプロセスではなく、進行中のサイクルにフィットする「一口サイズ」のユーザーリサーチを行います。もう1つは、「Lean UXでのユーザーリサーチはコラボレーティブである」ことです。ユーザーリサーチは専門のリサーチャーに外注しません。チーム全体でリサーチ活動を行い、責任を分担します。これにより、UXリサーチャーとチームメンバーは詳細な文書がなくても意思疎通を図ることができ、学習の質も高まります。重要なのは、チーム全体で**共通理解を深める**ことです。

15.1.1 コラボレーティブディスカバリ

「コラボレーティブディスカバリ」は、チームで協力しながらアイディアをマーケットでテストするプロセスです。これは、Lean UXチームで共通理解を深めるための2つの重要な部門横断的技法のうちの1つです（もう1つは**14章**で説明した「コラボレーティブデザイン」です）。コラボレーティブディスカバリは、チーム全体が（物理的または比喩的に）オフィス外に出てユーザーに会い、学習するリサーチ手法です。チーム全員が、仮説がどうテストされるかを見ることができます。何より、ユーザーからのフィードバックを複数の視点で検討できます。

デザイナーがチームと共同でリサーチを行うことは極めて重要です。だからこそ、このプロセスは**コラボレーティブディスカバリ**と呼ばれるのです。ユーザーリサーチは、外注してしまうと価値が大幅に減ってしまいます――時間の無駄になり、チームづくりが制限されてしまいます。また、中間生成物やハンドオフ、解釈などによって情報がフィルタリングされてしまいます。ですから、外注はできる限り避けましょう。

UXリサーチャーは、ユーザーリサーチ手法に難色を示すことがあります。専門家である自分たちには、リサーチにおいて価値ある専門性を提供できると主張するでしょう。筆者も、その点には同意します。ですから、できればチームにUXリサーチャーを含めるべきです。ただし、UXリサーチャーにユーザーリサーチを「外注」しないようにします。UXリサーチャーには、チーム活動の計画と実行をサポートする専門家の役割を担ってもらうのです。Lean UXでデザイナーにファシリテーターの役割を求めるように、UXリサーチャーにもその役割を求めるのです。UXリサーチャーは専門知識を活かして、チームが良いユーザーリサーチを計画し、良い質問をし、適切な方法を選択するのを支援します。UXリサーチャーのみがすべてのユーザーリサーチをしてしまわないようにします。

15.1.1.1 フィールドでのコラボレーティブディスカバリ

コラボレーティブディスカバリとは、チーム全体で現場（フィールド）に出ることです。具体的な方法を説明します。

1. チームとして、質問、前提、仮説、MVPをレビューし、チームとして何を学ぶ必要があるかを決定します（Lean UXキャンバスの「ボックス7」）。
2. チームとして、ユーザーリサーチ方法を決めます（Lean UXキャンバスの「ボックス8」）。顧客やユーザーを直接的なユーザーリサーチ対象にすることを計画している場合、学習目標を達成するために、どのような顧客やユーザーに話を聞き、観察する必要があるかを決定します。
3. 顧客やユーザーへのインタビューの指針となるインタビューガイドを作成します（後述のコラム「インタビューガイド」を参照）。
4. インタビューを実施するためにメンバーを2人1組に振り分けます。各ペアは、様々な役割や専門領域の組み合わせになるようにします（たとえば、デザイナー同士がペアにならないようにします）。ユーザーリサーチに数日かける場合は、組み合わせを日替わりにして、様々なメンバーが体験を共有するようにします。
5. 各ペアに、MVPやプロトタイプなど、ユーザーリサーチの被験者に見せたいものを1つ割り当てます。
6. 各ペアは、顧客やユーザーと会うためにフィールドに出ます。
7. 1人がインタビューを担当し、もう1人がメモをとります。
8. 質問、会話、観察を開始します。
9. セッションの後半でMVPを実演し、ユーザーにそれを使ってもらいます。
10. ユーザーからのフィードバックをメモします。
11. インタビュー担当者のインタビューが終わったら役割を交代し、メモ担当者にもフォローアップの質問をするチャンスを与えます。
12. インタビューの最後に、他に有益なフィードバックを提供してくれそうな人を紹介してほしいと相手に尋ねます。

インタビューガイド

フィールドワークの前に、ノートパソコンに貼り付けられる程度の小さなカンニングペーパーを用意し、質問やトピックを書き込んでおきます。このメモを見ることで、インタビューを進めやすくなります。

質問内容は、以下のステップに従って作成します。

- まず、ユーザーがターゲットオーディエンスに該当するかどうかを確認します。
- 次に、そのセグメントの課題についての仮説を確認します。

プロトタイプやモックアップがある場合は、インタビューの最後にそれを相手に見せます。相手は実物に近いものを見ながら自由に発想できるため、インタビュー側が想定しているソリューションのアイディアに縛られにくくなります。

15.1.1.2　コラボレーティブディスカバリの事例

筆者がPayPalのチームと働いていたときのことです。チームは、クリック可能なプロトタイプを用いたコラボレーティブディスカバリのセッションを進めていました。まずデザイナー2人、UXリサーチャー1人、エンジニア4人、プロダクトマネージャー1人で構成するチームを2人1組のペアに分けました。各ペアは、エンジニアと非エンジニアで構成しました。インタビュー実施前の準備としてチームでブレーンストーミングを行い、プロトタイプを使って何を学習したいかを明らかにし、これらのアイディアをもとにして簡潔なインタビューガイドを作成しました。このプロダクトは幅広い消費者をターゲットにしていたので、オフィス付近の複数のショッピングモールを調査場所にしました。各ペアは別のモールでリサーチを行い、客に声をかけ、質問をし、プロトタイプを実演しました。所要時間は約2時間でした。スキル向上のため、リサーチ開始から1時間が経過した時点で役割（インタビュー担当とメモ担当）を交代しました。

チームは集合し、各ペアが他のメンバーにインタビュー内容を記録したメモを読み上げて報告しました。すぐに、パターンがあることがわかりました。それは、前提となる推測や仮定が正しかったか、または思い込みであったかを証明するものでした。

チームはこの新たな情報を用いてプロトタイプを修正し、その日の午後遅くに再びフィールドワークに出かけました。丸一日をかけたフィールドリサーチを終えた後、アイディアのどの部分に見込みがあり、破棄すべきかが明らかになりました。翌日前日のコラボレーティブディスカバリを通じて共通理解を深めたチームは、明確な基準をもとにして次のイテレーションを開始することができました。

15.1.2 継続的な学習

デザイナーとUXリサーチャーは、自らの仕事をスプリントのフレームワークに無理やり当てはめなければならないというプレッシャーにさらされています。デザイナーやUXリサーチャーが担当している仕事の一部、特にユーザーリサーチには、長い期間がかかる場合があるからです。そのため、アジャイルチームの他メンバーの仕事の進め方とうまくリズムが合わないことがあります。たとえばUXリサーチャーが、数週間単位のリサーチプロジェクトを計画するのは珍しくありません。しかしこれをアジャイルチームで実践しようとすると、8週間のリサーチプロジェクトをバックログに入れることになり、各スプリントの終了時に、なぜ自分の仕事が「完了」していないのかを説明しなければならなくなります。その結果、チーム内にフラストレーションがたまりやすくなります。

15.1.2.1 原理原則に立ち返る

このような問題に直面したときは、原則に立ち返りましょう。**2章**では、「**『これまでと同じことを速くやる』のではなく、仕事の進め方を見直す**」という原則を紹介しました。また、「**フェーズに注意する**」という原則もありました。これらの原則は、本来は8週間かけて行うユーザーリサーチをアジャイルのために無理に2週間のスプリントに収めようとしてはいけないと教えてくれます。代わりに私たちがすべきなのは、リサーチ計画の立て方と、リサーチの「**完了**」についての考え方を見直すことなのです。

そのために、スクラムのフレームワークがなぜ「**完了**」という概念にこだわっているのかを考えてみましょう。スクラムでは、スプリント中に行う作業は、そのスプリントの終わりまでに完了させるべきとされています。これには大きな強制力が働き、メンバーにはそのスプリントでの自分の作業の結果を全員に見せることが求められます。そこには、「完了した作業には価値がある」という前提があります（常にそうだとは限りませんが、それが目標になります）。

そう考えると、デザイナーやUXリサーチャーにとっての「**完了**」の真の目標は、「透明性を保ち、スプリントごとに価値を提供すること」であるとわかります。

では、この目標はどう達成すればよいのでしょうか？ 必要なのは、本来は8週間必要なユーザーリサーチを無理やり2週間で終わらせようとするのではなく、「8週間のユーザーリサーチに取り組んでいるときに、2週間ごとに透明性を保ち、価値を提供するにはどうすればよいか」と考えることです。たとえば、スプリントのデモミーティングで、ユーザーリサーチで学習した内容のレポートを提出することができます。インタビューの半分を終えた時点での結論を発表してもよいでしょう。新しいことを学び始めたことで生じた新たな疑問を発表し、議論することもできます。これらはすべて、チームに大きな価値を提供します。そうすることで、ユーザーリサーチの作業は透明化されます。アジャイルの精神を維持しつつ、アジャイルのために妥協することなくリサーチ作業を行えるのです。

15.1.2.2 継続的なユーザーリサーチ：ユーザーリサーチに終わりはない

優れたアジャイルチームは、継続的なユーザーリサーチを行っているものです。定期的に顧客と関わることは、Lean UXの重要なベストプラクティスです。定期的に顧客に話を聞くことで、仮説の作成、実験デザイン、ユーザーフィードバックの期間を短縮できます。これによって、仮説を迅速に検証する機会が得られます。

言い換えれば、ユーザーリサーチはプロダクトチームの意思決定に反映されるべきものなのです。意思決定は絶えず行われているので、最新のリサーチデータが常に必要になります（逆に、リサーチ計画の内容が開発の優先順位付けに影響を及ぼすこともあります。UXリサーチャーのニーズを満たすようなプロダクトを作る必要があるためです。これはUXリサーチャーとチームの双方向の会話なのです）。

「数日もすれば顧客からのフィードバックが得られる」という認識があることは、チームに大きなメリットをもたらします。近い将来にマーケットからの有意義なデータを入手でき、必要に応じて迅速に軌道修正できるとわかっていれば、様々な作業が進めやすくなります。

ですから、「今はユーザーリサーチの段階である」という考え方はやめて、ユーザーリサーチをチーム全体が作業を進めるために常時必要な要素であると見なしましょう。ユーザーリサーチの結果をチームと共有し、毎週、価値を提供しましょう。その時点でわかっていること、わかっていないことをオープンに伝え、チームの学習を支援しましょう。この章ではこれから、これらの具体的な方法を紹介していきます。

15.1.2.3　ラボでの継続的な学習：毎週木曜日の3人のユーザー

前述したアイディアに従ってフィールドワークを定期的に行うこともできますが、ユーザーをオフィスに連れて来ることは、それよりもはるかに容易です（特に、ターゲット層が消費者である場合）。ただし、その場合はチーム全体を関与させるためのちょっとした工夫が必要です。

筆者は、ユーザーリサーチに参加してもらうために、週次でユーザーにオフィスを訪れてもらう方法を好みます（**図15-1**）。「ユーザー3人、12時（正午）、週1」という方法をとっているため、これを「3-12-1」と呼んでいます。

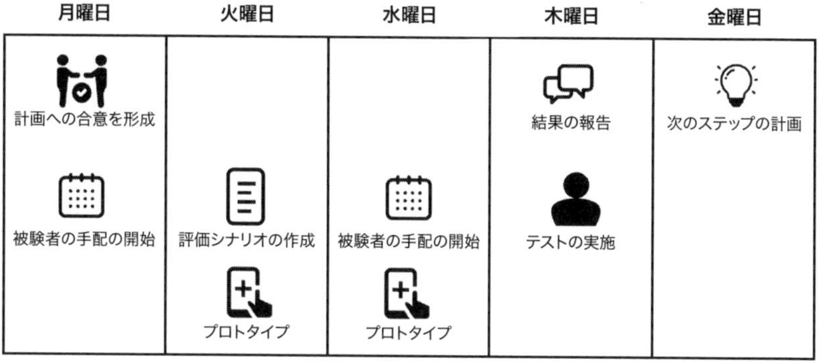

月曜日	火曜日	水曜日	木曜日	金曜日
計画への合意を形成			結果の報告	次のステップの計画
被験者の手配の開始	評価シナリオの作成	被験者の手配の開始	テストの実施	
	プロトタイプ	プロトタイプ		

図15-1　「3-12-1」方式の場合の週間スケジュール

では、チームの活動を詳しく見ていきましょう。

月曜日：被験者の手配と計画

チーム全体で、今週の評価対象を何にするかを決定します。評価の対象にどのような人が必要かを決定し、それに応じて被験者の手配を開始します。手配には時間がかかる場合があるので、可能な場合は外注します（後述のコラム「被験者の手配について」を参照）。

火曜日：評価対象となる内容の洗練

MVPがどの段階にあるかに基づき、デザイン、プロトタイプ、プロダクト/サービスを洗練させます。ユーザーに見せるときに少なくとも1つのストーリーをきちんと説明できるレベルにまで洗練します。

水曜日：洗練の継続、評価シナリオの作成、被験者の手配の完了

MVPを仕上げます。モデレータ用の評価シナリオをユーザー別に作成します(モデレータはできるだけチーム内の誰かが担当するようにしましょう)。被験者の手配を完了し、木曜日の評価のスケジュールを確定します。

木曜日：評価の実施

午前中に、ユーザーと共にMVPを評価します。評価はユーザー1人につき1時間以内に終えるようにします。チーム全員がメモをとります。評価が実施されているのとは別の場所から観察することも計画しましょう。最後のユーザーの評価が終わったら、すぐにチーム全体で結果をレビューします。

金曜日：次の計画の策定

新たに入手した情報を用いて、仮説に妥当性があるかどうか、次に何をすべきかを決定します。

15.1.2.4 評価の実施環境をシンプルにする

企業の多くが、社内にユーザビリティラボを設けています。たしかに従来、こうしたラボは企業にとって必要なものでしたが、最近では不要になっています。評価に必要なのは、オフィス内の静かな場所と、ネットワーク接続されたコンピューター、Webカメラだけです。これまでは、セッションの記録や遠隔地のオブザーバーとの情報共有にはユーザビリティテスト専用のプロダクトやサービスを使う必要がありましたが、最近では必要ではなくなっています。筆者の場合も、Zoomなどの一般的なツールを用いて遠隔地のオブザーバーと共にテストを行うことが多くあります。

遠隔地のオブザーバーとつながることができれば、その場にいないチームメンバーやステークホルダーにもセッションの様子を伝えられます。ユーザーについての理解を組織内に広く浸透させられるので、コラボレーションに大きなメリットをもたらします。このアプローチには、計り知れないほどの価値があります。

15.1.2.5 誰が観察すべきか？

簡単に言えば、チーム全員です。Lean UXの他の側面と同じく、ユーザビリティ評価もグループ活動であるべきです。チーム全体がセッションの様子を観察し、フィードバックの内容と背景を理解し、リアルタイムで反応することで、その後でチーム内で必要になる共有や報告のための手間暇を省けます。チームは、自分たちの取り組みのどの点が効果的で、どの点が改善すべきなのかを学べます。自分たちが開発したばかりのソフトウェアをユーザーが上手く使いこなせずに苦心している様子を見ることほど、謙虚に現実を受け入れようという気持ちを抱かせる（あるいはやる気を起こさせる）ものはありません。

被験者の手配について

被験者の手配やスケジューリング、確認には時間がかかります。オーバーヘッドを避けるために、外部のリクルーター企業に作業を依頼してもいいでしょう。DesignOpsやResearchOpsチームの一員として社内でリクルーターを雇うケースも、作業を業者に委託するケースもありますが、どちらの場合も、コストをかけるだけの価値があります。サードパーティーのリクルーターへは、手配された被験者数に応じて料金を支払います。リクルーターは、被験者の選定やスケジューリング、調査日の欠員の補充も行います。被験者への報酬を支払うための予算も必要になります。

15.1.2.6 継続的なユーザーリサーチ：事例紹介

企業は様々な方法で継続的なユーザーリサーチを実施しています。たとえばオランダの銀行「ABN AMRO」のチームでは週に一度、「顧客検証カルーセル」と呼ばれるものを実施しています。この週次のユーザーリサーチは、ごく短時間で相手が入れ替わるカップリングイベントのような仕組みで実施されています。毎週、5人の顧客が同社のオフィスにやってきます。顧客がリサーチ用の環境に着席すると、インタビュアーチームが室内に入り、各顧客と対面します（ABN AMROでは、インタビュアーのほとんどは「ユーザーリサーチ実施者」です。つまり、専門のリサーチャーではなく、デザイナーやエンジニアです。そのため、専門のリサーチャーが事前にメンバーと共にリサーチ計画とインタビューシナリオを作成するサポートを行います。インタビューは通常、2人1組のインタビュアーが交互にインタビューとメモをとる形式で実施します)。

被験者1人にインタビュアーがインタビューを行います。15分が経過すると、各インタビュアー（またはペア）は立ち上がり、次の被験者のところに移動します。このような方法をとることで、各インタビュアーは被験者全員と1人ずつ話ができます。全員へのインタビューを終えたら、顧客は退席し、インタビュアーが集まって結果を報告します。通常は各インタビュアーが1つのトピックを担当します。インタビュアーによって質問の内容が違う場合でも、この報告で他のインタビュアーの結果を知ることは、顧客への理解を深め、収集したデータを解釈するのに役立ちます。このイベントで得た学びは1ページの「インサイトテンプレート」にまとめ、社内の共有インサイトデータベースに追加されます。このプロセスの立ち上げに携わったリサーチャーのアイク・ブリードは、この共有のステップがリサーチを民主的なものにしたと述べています。「それまでインサイトデータベースは公式なものだと見なされていて、メンバーからは『自分が情報を加えてもいいのか』と尋ねられました」。このプロセスが多くの人に開放されることで、プロダクトチームとデザインチームは、カスタマーインサイトのプロセスや収集されたデータに対して当事者意識を持てるようになりました。

15.1.2.7　テスティングチューズデー

消費者向けテクノロジーを開発する金融サービス会社に所属するリサーチャーのアンドリュー・ボーンは、筆者に「テスティングチューズデー（火曜日定例テスト）」と呼ばれる慣行をどのように始めたかについて話してくれました。ユーザビリティリサーチャーとして同社に採用されたアンドリューには、膨大な作業が待っていました。さっそくその作業に着手し、結果を毎週火曜日に行われるスプリントデモで報告し始めました。作業が大量にあったため、毎回、新しく報告することがありました。そこで、興味を持つメンバーに正しく伝わるように、スプリントデモで報告する内容を、「今週は、○○について報告します」というふうに事前にメールで告知するようにしました。これには2つの効果がありました。1つは、アンドリューの報告を聞くためにミーティングに参加する人が増えたことです——予想以上に多くの人が、興味を持っていました。もう1つは、プロダクト開発担当者から、**彼らが望む**リサーチに協力してほしいと依頼されるようになったことです。つまり、ユーザーリサーチの需要が高まったのです。それは、ユーザビリティテストだけではありませんでした。初期段階の形成的評価を含む、あらゆる種類の調査を依頼するようになったのです。

Sperientia Labsによる継続的なユーザーリサーチ

Sperientia Labsは、メキシコのプエブラにある約30名のユーザーエクスペリエンスリサーチ会社です。同社は、1週間のリサーチスプリントというユニークな形式でクライアントにユーザーリサーチを提供しています。創業者のビクター・M・ゴンザレスは、「常にアジャイルのフレームワークを意識したアプローチをとっています」と語ります。

このアプローチには、いくつかのメリットがあります。まず、クライアントのほとんどがアジャイルのリズムで仕事をしているため、自分たちの仕事のスタイルをクライアントのスタイルと同期させやすくなります。

さらに、このサイクルを実践することで迅速に結果が得られます。同社は1週間の細かなスケジュールに従い、ディスカバリインタビューとユーザビリティテストを実施します。まず、金曜日に計画の策定と被験者の手配を行います。月曜日は手配の続きと事前準備を行い、火曜日から水曜日の午前中にかけて被験者3〜6人に対してテストを実施します。水曜日の午後には、クライアントにテスト結果を報告します。「たいてい、この報告の内容だけで、クライアントは学習内容に基づいてすぐに次の作業に取りかかることができます」(ゴンザレス)。それでもSperientiaではさらに木曜日に結果と提言をレポートにまとめ、金曜日の午前中にクライアントと会い、その内容を詳しく検討することにしています。金曜日の昼食後、次のサイクルの計画を立て始めます。

すべてのリサーチ目標が1週間で達成できるわけではありません。また同社のリサーチプログラムは通常3カ月から12カ月かけて行われます。そのため、全プログラムにおいて1週間のリサーチサイクルを採用してはいますが、1週間で答えを出せる問題だけに限定しているわけではありません。むしろ、1週間のサイクルを継続することで、広範な問題に対処しているのです。

同社は、クライアントの様々なリサーチ目的（「クライアントが価値提案を理解、開発するのを支援する」「ユーザーの行動を理解する」「提供物のユーザビリティとデザインを評価する」など）に対応しています。

1週間のサイクルを繰り返すことで、学習内容に応じてリサーチプログラムを成長・進化させられます。プロダクト開発と歩調を合わせたリサーチプログラムを実施でき、長期的なプログラムにも対応できます。基本的には定性的なアプローチ（ユーザーや顧客との1対1のセッション）ですが、毎週同じ質問をすることで定量的なデータも収集できます。

同社は最近、2週間のリサーチスプリントという新たな形式を試し始めました。この形式は、プロトタイプに関する質問に答えなければならない場合に採用しています。通常の1週間のリサーチサイクルの後に、1週間かけてプロトタイプを構築・修正するのです。そのために、ユーザーリサーチチームにはテスト用のプロトタイプの作成を支援するデザイナーを加えています。

このように、1週間という短いリサーチサイクルは、クライアントのペースに合わせやすく、迅速かつ継続的に結果を出すのにも役立ちます。ゴンザレスは、他にもボーナスのようなメリットがあると言います。それは、「1週間で区切りよく仕事を終えられるので、週末を安心して過ごせること」です。

15.1.3　ユーザーリサーチの結果から意味のある情報を得る

フィールドワークでもラボでも、ユーザーリサーチを実施することで多くの未加工のデータが生じます。このデータから意味のある情報を取り出すのは、時間のかかる、フラストレーションのたまりやすい作業です。このため、リサーチ結果をまとめる作業が専門家の手に委ねられることがあります。しかし、これは避けるべきです。チーム全体で、データの意味を理解するために全力で取り組むようにしましょう。

ユーザーリサーチが終わったらすぐに（できれば同じ日、少なくとも翌日に）、チーム全体でレビューを行いましょう。メンバーが集合したら、各自の調査結果を読み上げてもらいます。メンバーが読み上げた内容をインデックスカードや付箋に書き写し、テーマ別に分類すると効率的です。「読み上げ」「分類」「議論」のプロセスを経ることで、全員のインプットが可視化され、共通理解がつくり上げられます。テーマを特定したら、チームはMVPの次のステップを定めることができます。

15.1.3.1　混乱、矛盾、（欠如した）明確さ

様々なソースからユーザーからのフィードバックを集め、ユーザーリサーチの結果

をまとめようとすると、データが矛盾を示すケースが出てきます。このような場合、データをどのように解釈すればよいのでしょうか？ このような場合に流れを損ねずに学びを最大化するための方法を紹介します。

パターンを見つける

ユーザーリサーチの結果をまとめる作業では、データからパターンを見出すことを意識します。パターンは、特定の要素に対してユーザーの意図が繰り返し向けられていることを意味しています。パターンに当てはまらない結果は、異常値であると見なせます。

異常値は、「駐車場」に置く（いったん脇に置く）

異常値を見つけたときは、無視したい（またはソリューションで対処したい）という誘惑にかられるものです。しかし、異常値は暫定的なものとしてバックログに記録しておきましょう。ユーザーリサーチを継続していくにつれ（そう、ユーザーリサーチは毎週行うのです）、他の異常値が見つかることでパターンが示される場合があるからです。じっくりと粘り強くパターンを探しましょう。

他のソースを使って検証する

あるチャネルから得たフィードバックの妥当性に確信が持てないときは、他のチャネルを使ってそれを確認しましょう。カスタマーサポートのEメールを対象にしたユーザーリサーチの結果は、ユーザビリティのリサーチ結果と同じ懸念を示しているでしょうか？ オフィス内外のユーザーは、プロトタイプの価値について同じ意見を持っているでしょうか？ もしそうでなければ、サンプルに偏りがあったと考えられます。

15.1.4 長期的な視点でパターンを特定する

通常、UXにおけるリサーチでは、決定的な答えを導き出すことを目指します。つまり、質問に対して決定的な答えを出すために十分なユーザーリサーチを実施します。しかし、Lean UXにおけるユーザーリサーチでは継続性を優先させるために、ユーザーリサーチ活動の構成が従来のものとは大きく異なります。大規模なユーザーリサーチを行う代わりに、毎週、小人数のユーザーを相手にユーザーリサーチを行います。このため、数週間にわたって未解決のままになる質問もあります。この大きな利点の1つは、長期的なユーザーリサーチを通じて興味深いパターンが自ずと現れてくることです。

たとえばTheLaddersでは、2008年から2011年にかけての定期的な評価セッションによってユーザーの態度に関する興味深い変化が明らかになりました。同社は2008年に求職者との定期的な面談を始めたとき、雇用者との様々なコミュニケーション方法について議論をしました。同社が提案したオプションの1つはSMS（ショートメッセージサービス）でした。2008年当時、40代後半から50代前半の高所得者が大きな割合を占めていたオーディエンスは、SMSを正規のコミュニケーション手段とすることに対して強い抵抗を示しました。彼らにとって、SMSは子供向けのツール（そして、おそらく彼らが子供たちを相手にするときに使うツール）であり、就職活動を行うための「適切な」方法ではなかったのです。

しかし2011年になると、アメリカではSMSが本格的に普及するようになりました。テキストメッセージが企業文化の中で受け入れられるようになるにつれ、求職者も態度を軟化させ始めました。毎週の面談の中で、求職者の意見に変化が生じるのがわかるようになりました。求職者がミッドキャリアの転職活動においてSMSを使う見込みは、以前よりもはるかに高くなりました。わずか数年の間に、このような大きな変化があったのです。

もし同社のチームが次の2つを実施していなかったら、オーディエンス全体に生じていた変化を認識できなかったはずです。1つは、毎週オーディエンスと話をしていたこと。もう1つは、長期的な傾向を探るための体系的なアプローチも採用していたことです。求職者との定期的な会話の一環として、同社は毎回、求職者の「バイタルサイン（血圧や心拍数など）」を確認するための同じ基本的な質問をすることも忘れていませんでした。それによってベースラインを確立し、時間の経過とともに大きな傾向をとらえることができたのです。長期的な視点がなければ、SMSに関するリサーチ結果は単なる逸話的なデータとしてあまり注目されず、チームの観客に対する根本的な理解を変えることもなかったでしょう。しかしチームが長期的な視点を持っていたために、これらのデータポイントは時間の経過とともに非常に大きな意味を持つデータになったのです。

ユーザーリサーチの計画を立てるときは、緊急性の高い問題だけでなく、長期的に学習したいことも検討しましょう。大きな問題についても考慮すべきです。答えを探るために、単発的な調査を実施しなければならない場合もあります。しかし、適切な計画を立てることで、毎週のリサーチを通じて、同時に長期的な学習をしていくことも可能なのです。

15.1.4.1 現時点のものを評価する

ユーザー評価を定期的に実施するために、チームは「その時点のものを評価する」というポリシーを採用すべきです。つまり評価日には、どのような状態であれ、提示できるものはすべてユーザーに提示するのです。これによって、評価日に間に合わせるために慌てて作業する必要がなくなり、いつ訪れるか予測しにくい「完璧な」タイミングを求めてユーザーリサーチを遅らせるという悪しき慣行からも解放されます。「その時点のもの」式のアプローチを採用すれば、デザインや開発の各段階で、毎週、ユーザーからフィードバックが得られます。ただし、中間生成物のタイプ別に、どのような種類のフィードバックが得られるかを適切に予期しておく必要があります。これらの種類について詳しく見てみましょう。

スケッチ

スケッチで集められたフィードバックは、コンセプトの価値を検証するのに役立ちます（**図15-2**）。また、抽象的な概念を具体化することで、共通理解を深めやすくなります。ただし、スケッチから得られないものもあります。プロセスに従ったステップ・バイ・ステップのフィードバックや、特定のデザイン要素についての意見、コピー（文章）の選択に関する有意義なフィードバックなどです。また、コンセプトのユーザビリティについても、あまり**学ぶことができません**。

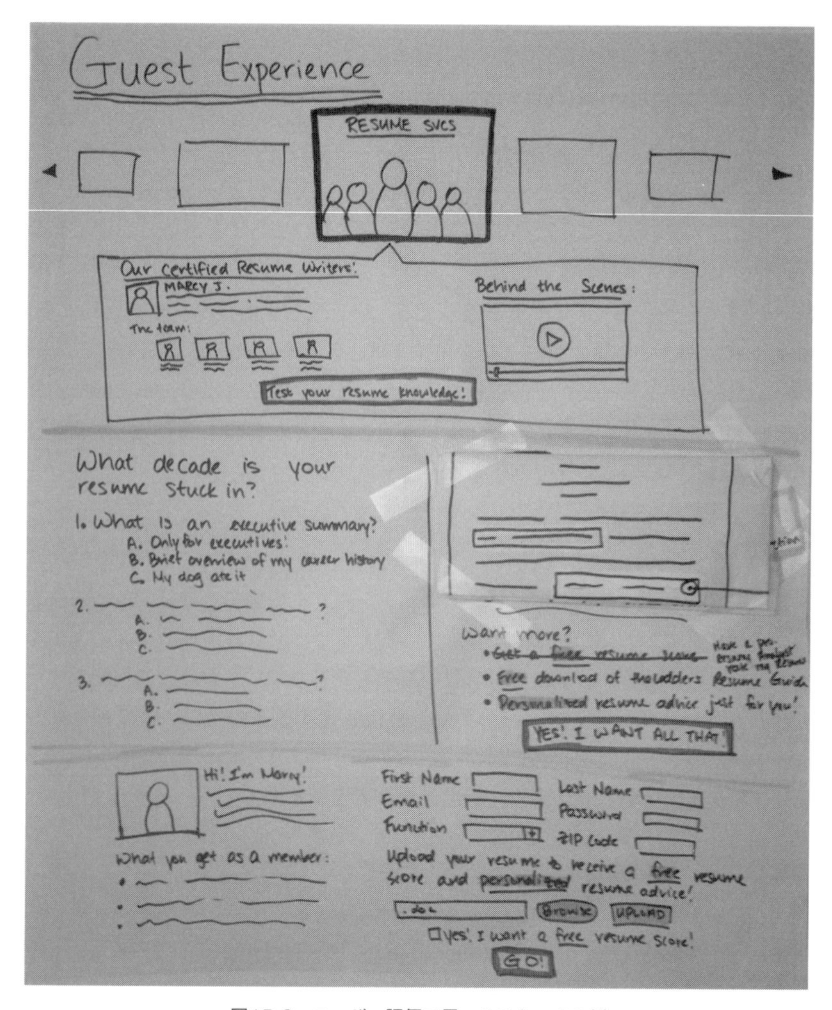

図15-2 ユーザー評価で用いるスケッチの例

スタティックなワイヤーフレーム

被験者にワイヤーフレーム（**図15-3**）を提示することで、情報の階層構造や体験そのものを評価することができます。分類法、ナビゲーション、情報アーキテクチャについてのフィードバックも得られます。

この方法によって、ワークフローに関する初めてのフィードバックを少しずつ得られるようになります。ただしこの時点では、被験者は主にページ上に記載されている文字や自らが選択する内容に注目しています。ワイヤーフレームは、コピー文がどのように行動に影響を与えているかについての評価を始めるのに適した方法です。

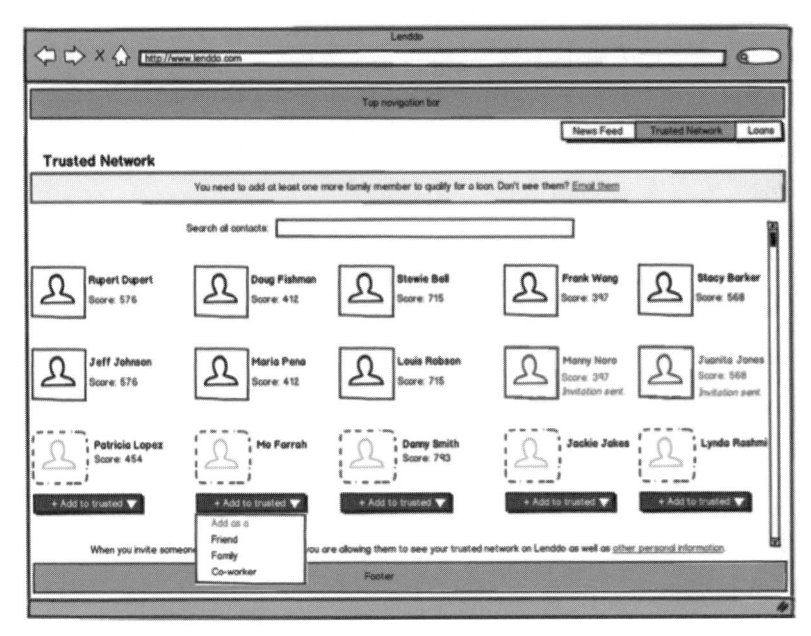

図15-3　ワイヤーフレームの例

高忠実度のビジュアルモックアップ（クリック不可）

ビジュアルデザインの忠実度を高くしていくと、詳細なフィードバックが得やすくなります。被験者はブランドへの印象、視覚的な階層構造、さらには縦横比率、要素のグループ化、CTAの明快さなどを評価できます。また、（ほぼ確実に）カラー・パレットの有効性についても意見を述べるでしょう（**図15-4**）。

クリック不可のモックアップでは、ユーザーは実際のソリューションが提供するはずのデザインや体験を自然な形で操作することができません。このためユーザーには、クリックの結果として生じたことの感想ではなく、どのようなことが生じるのを期待しているかを尋ね、その答えが開発予定の体験にとって妥当なものかを検討しましょう。

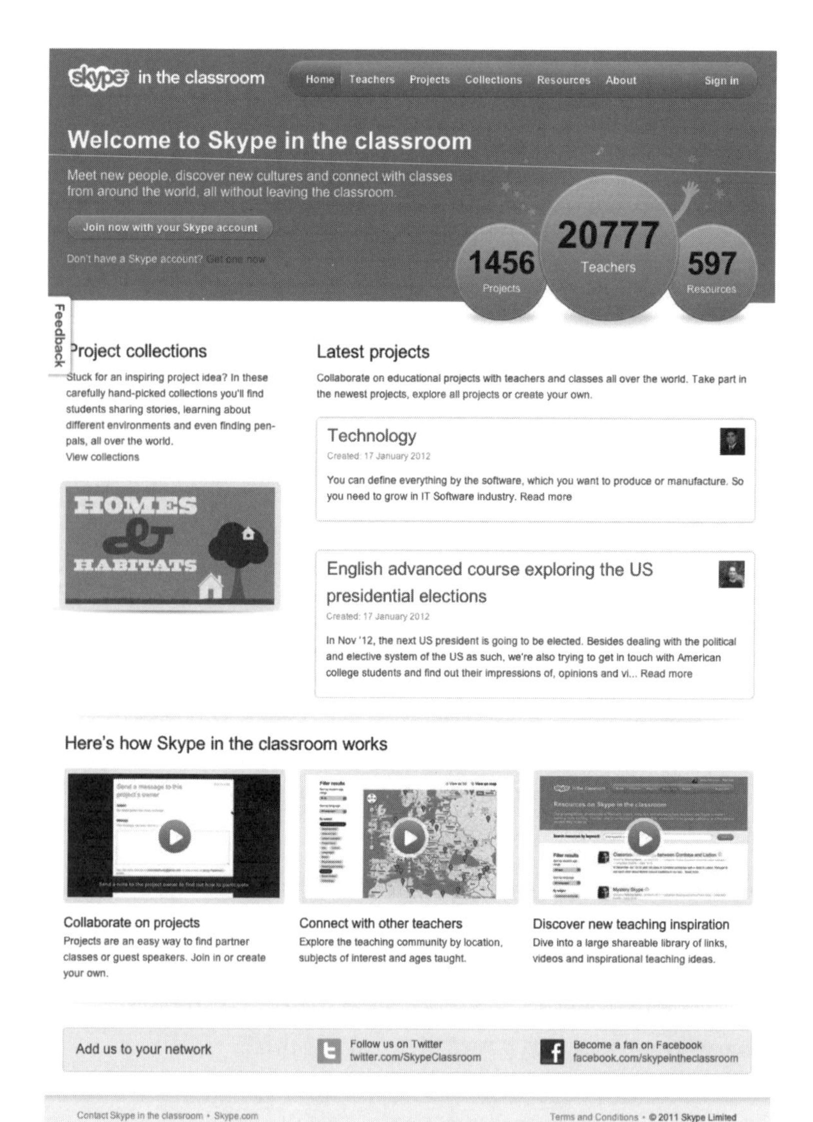

図15-4 Skype in the Classroomにおけるクリック可能なモックアップの例（Made By Many社によるデザイン）

モックアップ（クリック可能）

クリック可能なモックアップ（**図15-4**）は、静的アセットを用いて実際のプロダクトやサービスのエクスペリエンスを再現し、インタラクションの忠実度を高めます。最近では、ほとんどのデザインツールで、このタイプのモックアップを作成するために多数の静的な画面を簡単にリンクさせることができます。視覚的には、忠実度は高、中、低のどのケースも可能です。大切なのは、見た目の美しさではなく、ワークフローを再現して、ユーザーが目の前のものをどう操作するかを観察できるようにすることです。

以前とは異なり、クリック可能なモックアップを構築するためのツールの種類はここ数年で格段に増え、選択肢が広がりました。モバイル/Web向けのモックアップ構築に最適化されたツール、プラットフォームに依存しないツールもあります。ほとんどのツールではデータは扱えませんが、Axureのように、基本的なデータ駆動型や条件付きロジック駆動型のシミュレーションを作成できるものもあります。また、Figma、Sketch、InVision、Adobe XDなどのデザインツールには、特別なプロトタイプツールがなくてもモバイル機器上でリアルタイムにデザインの作業が確認できたり、画面上にリンクを設定することでプロトタイプの作成ができたりする、「ミラー」機能があります。

コーデッドプロトタイプ

コーデッドプロトタイプは、極めて高い忠実度を持つ**機能**のプロトタイプを提供できるため、ユーザーに提示できる最も現物に近いシミュレーションを行えます。プロダクトやサービスのデザイン、振る舞い、ワークフローを再現でき、実データでのテストや、他システムとの統合が可能です。ただし、その構築も複雑です。それでも、実際のプロダクトやサービスに近い形でシミュレーションしたプロトタイプからフィードバックを得られるので、他のフィードバックよりも信頼できる情報として扱うことができます。

15.1.5　継続的ディスカバリ、コラボレーティブディスカバリのための調査技法

この章では、仮説を評価するための定期的な定性調査について説明してきました。しかし、プロダクトやサービスの提供を始めると、実際のユーザーから継続的な

フィードバックが入ってくるようになります。しかも、それはプロダクトやサービスだけに限りません。ユーザーは、自分自身、マーケット、競合についても言及します。こうした意見は非常に貴重であり、組織内外のあらゆる方角から得られます。組織全体で、ユーザーのインテリジェンスに関するこれらの「宝の山」を探し、進行中のプロダクトデザインやユーザーリサーチの促進に活用しましょう（図15-5）。

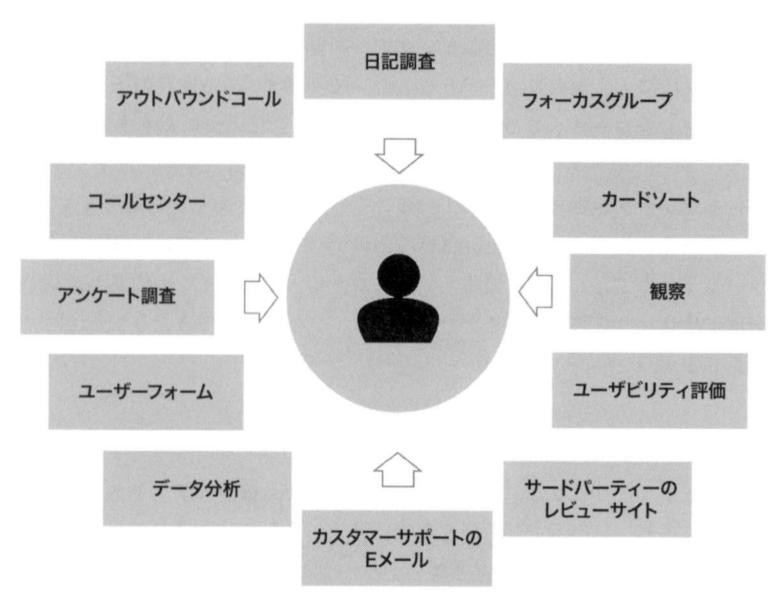

図15-5　様々なチャネルからのユーザーフィードバック

15.1.5.1　カスタマーサービス

カスタマーサポートのエージェントは、プロジェクト全体を通じて、開発チームよりも多くのユーザーと日常的に話をしています。カスタマーサポートが得ている情報を活用する方法はいくつもあります。

- カスタマーサポートに連絡し、現在あなたが取り組んでいるプロダクトやサービスの部分について、ユーザーからどのような話を聞いているかを尋ねます。

- カスタマーサポートと月次の定例ミーティングを開き、動向を把握します。「今月、ユーザーが好んだものは何か、好まなかったものは何か」などを議題にします。
- カスタマーサポートの豊富な製品知識を活用し、チームが取り組んでいる課題を彼らならどのように解決するかを探ります。カスタマーサポートに、デザインセッションやデザインレビューに参加してもらいます。
- 開発チームの仮説を、カスタマーサポートのコールスクリプト（通話台本）に取り込みます。当該の課題に関する苦情を電話で申し立ててきたユーザーに、改善案としてアイディアを提示すると、アイディアを最も低コストで評価できます。

2000年代半ば、筆者のジェフはオレゴン州ポートランドにある中規模IT企業でUXチームの責任者を務めていました。このチームは、ユーザーの「脈拍」を定期的にチェックすることで仕事の優先度を決めていました。チームはこれを、カスタマーサービスの担当者数名と共に月次のスタンドアップミーティングで行いました。カスタマーサービスの担当者は、その月にユーザーから寄せられた苦情のテーマ上位10件を報告します。UXチームはこの情報を用いて、集中的に取り組む対象の判断と、自分たちの仕事の有効性を見直しました。月末にカスタマーサービスとコミュニケーションをすることで、チームは自らの取り組みが成果をあげているかどうかを知るための明快な指標を得ることができました。課題が上位10件のランキングにとどまっていれば、ソリューションが効果をあげていないと判断できます。

このアプローチにはさらなるメリットもありました。カスタマーサービスのチームが、自分たちの意見に耳を傾けてくれる人がいることを実感し、月例会議の場以外でも、積極的に私たちにユーザーからのフィードバックを伝えてくれるようになったのです。こうして生まれた対話は、UXチームにとって、プロダクトやサービスの仮説に関する情報収集や評価に役立つ、継続的なフィードバックループになりました。

15.1.5.2　オンサイトでのフィードバック調査

プロダクトやサービス内にフィードバックの仕組みを設け、ユーザーが定期的に意見を述べられるようにしましょう。以下を含むオプションが使えます。

- シンプルなEメールフォーム

- カスタマーサポートフォーラム
- サードパーティーのコミュニティサイト

以下のような方法を用いることで、これらのツールを別の目的のリサーチにも使えます。

- サイトの特定セクションから受信したEメールの数をカウントする。
- オンラインディスカッションに参加して仮説をテストする。
- 被験者が見つけにくい場合には、コミュニティサイトを活用して募集する。

これらのインバウンドなカスタマーフィードバックチャネルを通じて、最も活動的で積極的なユーザーの視点からのフィードバックが得られます。他の視点を得るためのテクニックをいくつか紹介します。

検索ログ

検索ワードは、ユーザーがサイトで何を探しているかを示す明快な指標になります。検索パターンは、ユーザーが何を見つけ、何を見つけられないのかを示します。検索ワードを少しだけ変えて繰り返し検索が実行されているとき、ユーザーが特定の情報を得ようと苦心していることがわかります。

MVPの検証のために検索ログを活用する方法として、検討中の機能のテストページをリリースするというものがあります。検索ログを調べることで、そのページ上のテスト用コンテンツ（または機能）がユーザーニーズを満たしているかどうかを判断しやすくなります。ユーザーが検索ワードをわずかに変えてコンテンツを検索し続けている場合、実験は失敗です。

サイト利用状況の分析

サイトの利用ログや分析パッケージ（特にチャネル分析）は、ユーザーがどのようにサイトを使っているか、どこでサイトから離脱しているか、必要なことや期待することを得るためにどのような操作をしようとしたかを示します。これらのレポートを理解することで、チームは必要な意思決定を行うための現実的なコンテキストを得られます。

また、分析ツールは公に開始された実験結果の判断にも用いられます。これらのツールは「実験はプロダクトやサービスの利用をどう変えたか？」「目標としていた成果は得られたか？」などの問いに公平な答えを提供します。

プロダクトやサービスの開発を始めたばかりの場合は、**初日から利用状況の分析を始めましょう**。Kissmetrics や MixPanel などのサードパーティーのメトリクスプロダクトを用いることで、この機能を簡単かつ廉価に実装できます。これは、継続的な学習に役立つ貴重な情報源になります。

A/Bテスト

A/Bテストはもともとマーケティングのために開発された技法で、2つ（またはそれ以上）の類似した概念のうち、定義した目的を達成するのにどちらが効果的かを判断するために用いられます。Lean UXのフレームワークに適用することで、A/Bテストは仮説の有効性を判断するための強力なツールになります。アイディアを実コードまで進化させた後は、A/Bテストへの適用は比較的簡単です。その仕組みを説明します。

- 対象とするソリューション案を決め、オーディエンスに公開します。ただし、全ユーザーではなく、一部のユーザーのみに公開します。
- オーディエンスに対するソリューションのパフォーマンスを測定します。それをもう一方のグループ（コントロール群）と比較し、その差を記録します。
- 新たなアイディアは、正しい方向に向かっているでしょうか？ もしそうなら、そのアイディアは適切だと言えます。
- 正しい方向に向かっていないのなら、そのオーディエンスは、将来的なリサーチの良いターゲットにできます。オーディエンスは新しい体験についてどのような感想を持ちましたか？ 定性的リサーチのためにこのオーディエンスを対象にすることは理にかなっていますか？

A/Bテストのツールは、幅広い種類のものが低価格で入手できます。Optimizelyのようなサードパーティー製のツールもあります。主なプラットフォームごとに、オープンソースのA/Bテスト用フレームワークも利用できます。どのようなツールを選択したとしても、大切なのは、機能の変更はできるだけ少なくし、母集団は大きくして、変更がユーザーの振る舞いに変化を起こしたことを確認できるようにすることです。変更を増やしすぎると、ユーザーの行動の変化がどの仮説から生じたのかが判断できなくなります。

15.2 この章のまとめ

この章では、仮説を検証するための様々な方法を紹介しました。コラボレーティブディスカバリや継続的学習の方法について学び、週次のリーン評価プロセスの構築方法や、何を評価すべきか、評価に何を期待すべきかについても説明しました。Lean UXのコンテキストにおけるユーザーエクスペリエンスのモニター方法や、A/Bテストの有効性についても学びました。

これらのテクニックを、**4章**と**5章**で説明したプロセスと併用することで、Lean UXサイクルの完全なループが構成されます。できるだけ多くこのループを繰り返し、各イテレーションでアイディアを洗練していくことが重要です。

次の章では、プロセスから離れ、組織内にLean UXを導入する方法について説明します。スタートアップ企業、大企業、デジタルエージェンシーを問わず、Lean UXのアプローチを導入するために組織に求められる変革を詳しく見ていきます。

16章 Lean UXとアジャイル開発の融合

現代では組織を問わず、開発チームの誰かにデフォルトで進めている開発手法は何かと尋ねれば、まず「アジャイル開発を採用している」という答えが返ってきます。続けて「では、アジャイル開発はうまく機能していますか？」と尋ねると、相手は肩をすくめて両手を上向きに広げ、「まあまあかな」と答えるはずです。

アジャイル開発は、旧来のエンジニアリングプロセスやソフトウェア開発の予測不可能性に対する不満から生まれた新たな開発手法を代表する17名のエンジニアの手によって誕生しました。2001年にユタ州で行われた週次の会議で、これらのソフトウェアエンジニアたちは、アジャイルマニフェストと呼ばれる原則をまとめました[†1]。初めてこれを読んだ人は（短いのでぜひ読むべきです）、このマニフェストに特定の「プロセス」が記されていないことに驚くのではないでしょうか。そこには、「毎日9時15分にチーム全体でスタンドアップミーティングをすること」や「スプリントと呼ばれる2週間のサイクルで仕事をすること」などとは書かれていないのです。これらはスクラムやエクストリームプログラミング（XP）のような特定のアジャイル開発手法から採用されたテクニックで、アジャイルマニフェストを策定したエンジニアたちの一部によって考案されたものです。アジャイルマニフェストの著者たちは、特定のプラクティスを規定する代わりに、高度にコラボレーティブな、顧客中心のソフトウェア開発のための価値と原則をリストアップしました。マニフェスト全体の中で最も説得力がある（また、筆者が考える真のアジリティの基本となる）ものは、「［私たちは、］計画に従うことよりも変化への対応を［重視します］」という一節です。

---

†1 "Manifesto for Agile Software Development," accessed June 18, 2021, http://agilemanifesto.org. 日本語版：「アジャイルソフトウェア開発宣言」https://agilemanifesto.org/iso/ja/manifesto.html

これこそが、アジャイル開発の核心です。学びが促されるような形で作業を進め、学んだ内容を謙虚に受け入れ、学んだことに基づいて計画を変更すれば、それはアジャイルだと言えます。

アジャイルマニフェストが作られてから20年、この開発アプローチは、ほとんどの組織でデフォルトの働き方（少なくとも目標としては）になっています。アジャイルというコンセプトは、ソフトウェア開発の枠を大きく超え、戦略立案からリーダーシップ、人事、財務、マーケティング、そしてもちろんデザインに至るまで、あらゆる分野に適用されるようになりました。

最も有名なアジャイル開発の形態は「スクラム」です。これは1990年代半ばにジェフ・サザーランドとケン・シュエイバーが中心となって考案した軽量なフレームワークです（そうです。スクラムはアジャイルマニフェストよりも前から存在していたのです）。ただし、その人気にもかかわらず、スクラムでデザインをプロセスにどう適合させるかについて考えられるようになったのは最近のことです。2020年11月の時点まで、スクラムの公式文書である「The Scrum Guide」（http://www.scrumguides.org、日本語版「スクラムガイド」https://scrumguides.org/docs/scrumguide/v2020/2020-Scrum-Guide-Japanese.pdf）は、ユーザーエクスペリエンスやデザインについて一切触れていませんでした。優れたデザインと顧客中心主義がテクノロジープロダクトを成功させるためにますます重要になる中で、デザイナーとアジャイル実践者はどちらも、自らの仕事をアジャイルプロセスにどう統合するかについての正解を探して苦心してきました。Lean UXは全体を通じてアジャイルな開発の進め方を説明するものですが、この章ではLean UXをアジャイル開発手法の仕組みにどう適合させるかについての質問に答えていくことにします。特に、スクラムのコンテキストにおけるデザインに焦点を当てます。

16.1 アジャイルプロセスを自分のものにする

筆者は、「新しく結成されたアジャイル開発チームは何をすべきですか？」とよく質問されます。新しいチームは、スクラムを使うべきなのでしょうか？ 2週間のスプリントを採用すべきなのでしょうか？ うまく仕事を進めるために、形式的な手法をどの程度導入すべきなのでしょうか？ アジャイル開発を導入しようとして失敗したという事例はたくさんあるため、チームやリーダーは、できるだけ早く正しいアジャイル開発の導入方法を理解して、苦しみやフラストレーション、生産性低下を最小限に抑えたいと考えています。スクラムのベストプラクティスに関する書籍は、読むだけで10年かかりそうなほど大量に刊行されています。しかし、突き詰めると重要なポイントは以下に列挙するものになります。これらはどんなアジャイル開発チームにとってもよいスタート地点になるでしょう。

- 短いサイクルで作業を進める。
- 各サイクルの終わりに価値を提供する。
- 毎日、簡易的なプランニングミーティング（デイリースクラム）を開く。
- 各サイクルの後にレトロスペクティブ（振り返り）を行う。

スクラムの他の構成要素（および一般的にスクラムの一部だと見なされているが、スクラムガイドにはまったく言及されていないもの）について説明しようとすれば、膨大な時間がかかります。しかしチームのアジリティを高めるために必要なものは、本質的にこの4つの基本要素です。そのプロジェクトのみに関わるメンバーから成るチームが、各サイクルで何を成し遂げられるかを一緒に考えます。毎日ミーティングを行い、次に行うべき最も重要な事柄を決定します。サイクルごとにプロセスの有効性をレビューするのも極めて重要です。

レトロスペクティブの適切な活用こそが、一体感のある部門横断的なアジャイル開発チームを構築するためのカギだと言っても過言ではありません。スクラムそれ自体は、デザイナーやデザイン作業をスプリントにどう適合させるかや、バックログのデザイン作業をどう扱うべきかを教えてはくれません。それでも、チームがデザインをスクラムプロセスに組み込むために、ある方法を試し、それを1、2スプリント実行し、その有効性を判断するためにレトロスペクティブを行えば、それはアジャイル開発プロセスを自分のものにするための一歩を踏み出したことになります。スクラムのプロセスから規定的な考えを取り除き、アジャイルマニフェストの精神に従って、計画に従うよりも変化に対応することに意識を向けましょう。厳密な計画に従うのではなく、その計画がどれだけうまくいくかを確認しながら変化に対応していくのです。計画通りに物事が進むのなら、それは素晴らしいことであり、そのまま続行しましょう。しかしもし期待通りのものを達成するのが難しいのなら、軌道修正すべきです。**このような考えに従って開発を進めることこそが、アジャイルなのです。**

これが、レトロスペクティブが非常に強力であり、筆者がこれを他のどのスクラムイベントよりも強く推奨する理由です。気軽に本音で議論できるレトロスペクティブは、チームに仕事の進め方を調整するための定期的な機会を与えてくれます。レトロスペクティブでは、過去1〜2サイクルを振り返り、「何がうまくいっているのか？」「何がうまくいっていないのか？」「今後、何を変えていけばよいのか？」などを検討します。このアプローチの一番のメリットは、プロセスを変えるリスクを最小限に抑えられることです。変更に耐えなければならない最長の期間は、スプリントの期間になるからです。この章では、Lean UXとスクラムを統合するための方法について詳しく見ていきますが、どのような方法をとるにしても、レトロスペクティブを実施し、チームの仕事の進め方を検証するようにしましょう。筆者が推奨するテクニックがあなたのチームでうまく機能しない場合は、やり方を変える、他の方法を部分的に組み合わせる、採用をやめる、などしてください。あなたのチームのアジャイル（あるいはスクラム）は、他のどのチームのものとも違う独自のものになります。これは問題ありません。むしろ筆者は、それこそがアジャイル開発の本質だと考えています。

16.1.1 「完了」の再定義

ソフトウェアはいつ完成するのでしょうか？ これについては**3章**で説明しました。「成果」を生み出すことが目的ならば、ソフトウェア（アウトプット）をリリースし、それが望ましい成果を生み出していることを確認する必要があります。ソフトウェアをリリースするには、それを「完成」させなければなりません。しかしそのソフトウェアを「検証」するまでは、真の意味での**完了**とは呼べないのです。

スクラムでは、何であれ「完成」するまではユーザーに公開することはできません。これは完全に理にかなっています。リリースするソフトウェアが、チームで共有された特定の品質基準（スクラムでは「完成の定義」と呼びます）を満たし、計画した機能を提供することを確認する（スクラムでは「受け入れ基準」と呼びます）必要があります。「完成の定義」はチームが考え、受け入れ基準は通常、プロダクトマネージャーやプロダクトオーナーが設定します。これらの基準は、チームがつくったものが完全で、デザイン通りに動作し、バグがなく、本番稼働に十分な安定性があることを保証します。スクラムチームのほとんどにとって、これがソフトウェアとの関わりの最後になります。しかし、ここで作業を終わりにしてしまうと、成果に対して責任を持つことはできません。これは、ソフトウェアについての古い考えを反映するものです。

筆者がキャリアをスタートさせた頃、ソフトウェアは箱売りされていました。ジェフが子供だった1970年代では、父親がソフトウェアプログラムが打ち込まれたパンチカードを家に持ち帰ってきたものです。この2つのケースには20年以上の開きがありますが、いずれの場合もソフトウェアは静的なものでした。つまり、ソフトウェアには最終的な状態があり、箱や紙のカードにパッケージすることができたのです。現在では、これらのコンセプトは馬鹿げているように思えます。ソフトウェアは箱売りされなくなり、静的なものでもなくなりました。今日、私たちは継続的に更新され、無限に最適化できるシステムを構築しています。現在では、ソフトウェアに**完成はない**と主張するのは簡単です。このため、「ソフトウェアはいつ完成するのか」という問いに答えるのは難しくなっています。それでも、この問いに答えることは重要です。なぜなら、それは他のもっと重要な問いに答えることにつながるからです。たとえば、「次の機能へ進むべきなのか、それとも進まないほうがよいのか？」「チームは賞賛されるのか、それとも批判されるのか？」「ステークホルダーはボーナスをもらえるのか？」などです。

スクラムの「受け入れ基準」と「完成の定義」という概念は、チームに明確な目標を与えます。しかしこれらの目標では、文字通りのところまでしか到達できません。本書で見てきたように、これらの目標はソフトウェアが「意図した通りに動作する」ことを保証しますが、それはソフトウェアがエンジニアの狙い通りに動作することを示しているに過ぎません。残念ながら、それだけでは不十分です。私たちは、そのソフトウェアが価値を創造しているかどうかも知る必要があります。「リリースした機能を、ユーザーは見つけることができたか？ 試したか？ 使うことでメリットを得たか？ 再び使ったか？ 対価として支払いをしたか？」――言い換えれば、私たちはその機能が成果を生み出したかどうかを知る必要があるのです。

では、チームは完成をどのように確認できるのでしょうか？ 次の取り組みに移行すべきかどうかを、どのタイミングで判断できるのでしょうか？ そのために、私たちはここで「検証」という概念を加える必要があります。そして、検証を達成するために、まず顧客から始める必要があります。

私たちが検証を行うのは、自分の仕事が「完了」した後であり、それが「受け入れ」られた後であり、それが顧客の手に渡った後です。検証は、顧客の行動を測定し、顧客のニーズに耳を傾け、機能がそのニーズを満たしているかどうかを評価し、ニーズが満たされるまでイテレーションを繰り返すことで行われます。何度も何度も検証します。実はデザイナーは、この作業がとても得意です。

完成の概念を「意図した通りに動く」から「顧客と共に検証する」に広げると、スクラムチームが目指すものは変わってきます。つまり、機能のリリースではなく、顧客を成功に導くことに集中するのです。そのためにデザインは不可欠です。デザインは顧客を理解し、そのニーズを満たすためのソリューションを改良するのに重要な役割を担っているからです。機能の「完成」の定義を「成果」と捉え直せば、チームは初期のアイディアをテストし、顧客と対話して改善点を理解し、常に変化するニーズを満たすために最適化したバージョンの機能をデザインしていくしかないのです。

以下に例を示します。従来、パスワード認証フローの受け入れ基準は次のようなものでした。

- パスワード入力が要求される
- パスワードは基本的な要件ガイドラインを満たしている
- パスワードが正しく入力され、ユーザーがシステムに認証される
- パスワード復旧リンクが有効になっている
- パスワード誤入力時にエラーメッセージが表示される
- 3回連続で失敗するとアクセスがブロックされる

同じ機能の受け入れ基準を、次のように捉え直してみましょう。

- ユーザーが初回認証に成功する割合を99％以上にする
- パスワード復旧の試行回数を90％削減する
- コールセンターへのパスワード再設定依頼の割合を75％削減する

従来の例では、チームは意図した通りに機能する機能を開発し、リリースします。しかし2番目の定義では、チームの仕事が完了するのは顧客が現状を超える成果を手にしたときです。このアプローチはソフトウェアの現代的な性質を反映するものであり、スクラムプロセスにユーザーリサーチ、ディスカバリ、デザインを介入させ、取り込むことが必要になります。ただし、このように目標を再調整することは、従来の受け入れ基準の価値を否定するものではありません。これまでと同じように、安定し、高品質・高性能で、安全なコードが本番環境に必要であるのは変わりありません。しかし、それだけでは十分ではありません。これらの属性は顧客を成功に導くために必要な基盤に過ぎません。結果として顧客に成果をもたらせないのであれば、価値はないのです。

16.1.2 なぜまだスタッガードスプリントが実践されているのか？

2007年5月、デザレイ・サイは、Journal of Usability Studies誌[†2]に、“Adapting Usability Investigations for Agile User-centered Design”というタイトルの論文を発表しました。サイは、アジャイル開発とUXデザインを組み合わせる方法の開発に取り組んだ先駆けと呼べる人物です。関係者の多くが、彼女が提案したソリューションに胸を躍らせました。2007年の記事の中で、サイはアジャイル開発とユーザー中心デザインの共存方法についての詳細なアイディアを述べています。彼女はこの技法を「サイクルゼロ」と呼んでいました（ただしこれは後に、「スプリントゼロ」や「スタッガードスプリント」と呼ばれるようになります）。

サイとリン・ミラーが主張していたのは、端的に言うと、開発の1スプリント前に先行してデザイン活動を行うことでした。「デザインスプリント」の間にデザインと仮説の検証を行い、それを開発ストリームに渡し、開発スプリント中に実装します（**図16-1**）。

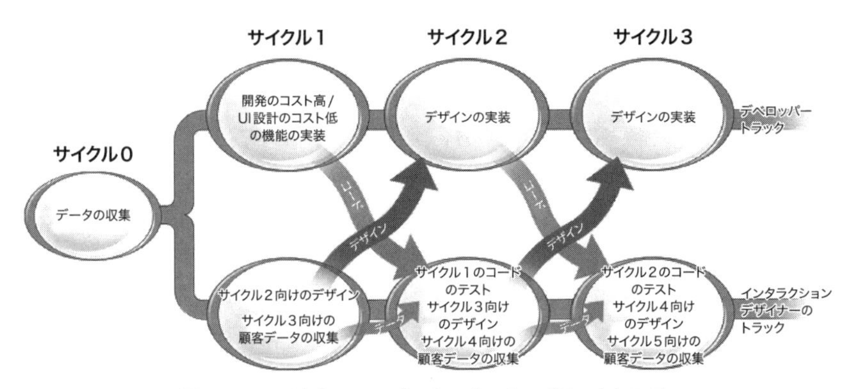

図16-1　サイとミラーの「スタッガードスプリント」モデル

しかし、多くのチームがこのモデルを誤解していました。サイは常に、**デザインスプリントと開発スプリントの両方で**デザイナーとエンジニアが密接にコラボレーションすべきだと主張していました。にもかかわらず、多くのチームはこの重要なポイン

†2　Desiree Sy, “Adapting Usability Investigations for Agile User-Centered Design,” Journal of Usability Studies 2, no. 3 (May 2007): 112.132, https://oreil.ly/Bhxq1.

トを見逃し、デザイナーとエンジニアがハンドオフを通じてコミュニケーションするワークフローをつくりました。それは一種の「ミニ・ウォーターフォール」と呼ぶべきプロセスでした。

ウォーターフォールからアジャイル開発への移行に取り組んでいるチームなら、このワークフローによってメリットが得られるでしょう。短期間のサイクルで作業する方法や、仕事を連続したパーツに分ける方法が会得しやすいからです。しかし、このモデルが最も機能するのはあくまでも移行期においてです。それは、チームが最終的に目指すべき到達点ではありません。

なぜならこのワークフローでは、チーム全体が同じことに取り組んでいない状況が生じやすくなるからです。様々な部門のメンバーが自らの作業対象のみに集中していると、部門横断的なコラボレーションのメリットは得られません。部門横断的なコラボレーションが不足していると共通理解が得にくくなるため、ドキュメントやハンドオフを通じたコミュニケーションに依存することになるのです。

このワークフローには、無駄が生じやすいというデメリットもあります。まず、デザインスプリントの間に起きたことを記述するドキュメントを作成するための時間が必要になります。また、デザインスプリントに参加していないエンジニアには、実現可能性やスコープを評価するチャンスがありません。ハンドオフによる伝達のときまで、デザイナーとエンジニアのコミュニケーションは発生しません。エンジニアはその後の2週間で、指定された通りにデザインを実装できるのでしょうか？ もしそれが技術的に不可能であるならば、デザイナーがそれらの要素のデザインに費やした労力は無駄になってしまいます。

このような欠点があるにもかかわらず、今日でも多くのチームがスタッガードスプリントで作業を行っています。筆者の経験では、それには次のような根本的な原因があると思われます。

デザインが「開発」プロセスに統合されていない

多くの企業は、依然としてデザインを社内エージェントとして運営されている共有のサービスだと見なしています。そのため、デザイナーは特定のスクラムチームにアサインされません。デザイナーは、ソフトウェア開発を開始するための依存関係の1つと見なされています。デザイナーに1スプリント前で仕事をさせることで、デザイン作業はソフトウェア開発の「餌」のようなものだと思われているのです。

ソフトウェア開発がアウトソーシングされている

現在でも、ソフトウェア開発をアウトソーシングしている組織があります。これはソフトウェアがビジネスと成長のエンジンである世界において極めてリスクの高いことであり、組織のアキレス腱になります。発注元の組織は、コーディングを外注先が行う場合、見積もりや作業を開始する前に「最終的な」デザインを見たいと思うものです。スタッガードスプリントを採用することで、それが可能になります。

「カーゴカルト」アジャイル

新たな学びや洞察に基づいた軌道修正ができるようになるためではなく、ソフトウェア開発の効率と生産性を高めるためにアジャイルプロセスを導入する組織があります。組織はソフトウェア工場のように運営され、できるだけ早く機能を生産することに主眼が置かれます。作業はスプリントに分割され、組織全体でアジャイル開発の用語が使われるかもしれませんが、優先順位は依然として単に「機能をリリースすること」です。こうした組織では納期ばかりに意識が向き、フィードバックや検証を通じたイテレーションの繰り返しや改善を行うための時間をほとんどとっていません。スタッガードスプリントは、こうしたソフトウェア工場に、機能を生産するための「餌」を提供します。デザイナーとエンジニアのコラボレーションは最小限しかなく、ハンドオフと中間生成物が主なコミュニケーション手段になります。

組織がスタッガードスプリントを手放せないのは、アジャイル開発を完全に受け入れることができていないからです。スタッガードスプリントの採用は、正しい方向に進むための足がかりにはなりますが、チームがまだ目的地に到着していないことの証拠にもなります。目標とすべきは、デザイナーとエンジニア間のコラボレーションと透明性を高め、ドキュメントのハンドオフ、長時間のデザインレビュー、機能交渉などの無駄を減らすことです。

16.1.3 デュアルトラックアジャイル

デュアルトラックアジャイルとは、プロダクトディスカバリとデリバリーを1つのプロセスに統合するモデルです。これは、Lean UXをアジャイル開発プロセスに取り入れる上で、筆者がこれまでに見てきた中で最も成功したモデルです。デュアルトラックアジャイルは、多くの点で、サイとミラーがスタッガードスプリントモデルで主張しようとしていたことを体現するものです。しかし、このモデルを機能させるためには、1つのチームがプロダクトディスカバリ（Lean UX）とデリバリーの両方の作業を行う必要があります。

デュアルトラックアジャイルを、2種類の仕事を2グループに分けて行うことだと解釈しているチームもあります。

筆者がこのモデルを好まないのは、プロダクト開発チームを小さな（あるいは最悪の場合、別々の）グループに分割してしまうため、共通理解を得るためには再集結しなければならなくなるからです。実際、チームが以下のような問題に直面するのを見てきました。

ディスカバリ・チームとデリバリー・チームを分ける

筆者は、チーム内でディスカバリとデリバリーの担当者を完全に分けてしまうというアンチパターンを何度か目の当たりにしました。たいていはUXデザイナーやプロダクトマネージャーがディスカバリ作業の大半を担当し、エンジニアが初期段階のデリバリー作業を任されます。これは前述した、スタッガードスプリントを「ミニ・ウォーターフォール型」のモデルに変えてしまうのと同じ過ちです。共通理解が薄れ、意思決定が遅くなり、チームの結束力、生産性、学習能力が低下します。

ディスカバリ方法に関する知識不足

デュアルトラックアジャイルの実践では、チームがプロダクトディスカバリの方法を理解していることが前提になります。ディスカバリ・バックログに対してフィードバックループを構築するために用いることのできるツールは数多くあります。これらのツールに関する幅広い知識がないと、チームは慣れ親しんだツールに頼り、学習をするために必要な、最適ではない戦術を選んでしまいがちになります。可能であれば、ユーザーリサーチの専門家をメンバーとしてチームに加えることを検討しましょう。少なくとも、新しいディスカバリ・イニシアチブを開始するときは、UXリサーチャーに意見を求めましょう。経験を積んだUXリサーチャーは、チームのニーズに最適な方法をアドバイスしてくれるはずです。これは、ディスカバリ作業を計画するのに役立ちます。

デリバリーで得た検証結果や証拠をディスカバリ・バックログにフィードバックしない

この問題は、依然として「フェーズ」という概念にとらわれている組織によく見られます。ある機能がディスカバリからデリバリーに進むと、チームはそれを意図した通りに実装してユーザーに提供します。これの素晴らしいところは、本番稼働と同時に、すぐにこの新機能の長所と次回のディスカバリで対処すべき問題点についての新たなデータが入手できるようになることです。あなたはただこれに注意を払い、チームにも注意を払わせればいいのです。チームがリリースされた機能に関するフィードバックを集め、その情報をもとにして次回のディスカバリ作業の優先事項を定期的に評価していることを確認しましょう。

16.1.3.1 デュアルトラックは1つのチームであれば機能する

簡単に言うと、デュアルトラックとはプロダクトディスカバリとプロダクトデリバリーという2種類の作業を1つのチームで行うことです（**図16-2**）。ディスカバリ作業は、デザインやリサーチ活動を通じた能動的な学習と、すでにマーケットにある機能やプロダクトのインバウンド分析を通じた受動的な学習で構成されています。共通理解を深めるためには、各活動にできるだけ多くのチームメンバーが参加することが望ましいと言えます。ディスカバリとデリバリーの作業量は、スプリントごとに変動します。これは一般的なことなので、計画を立てる際に想定しておくとよいでしょう。

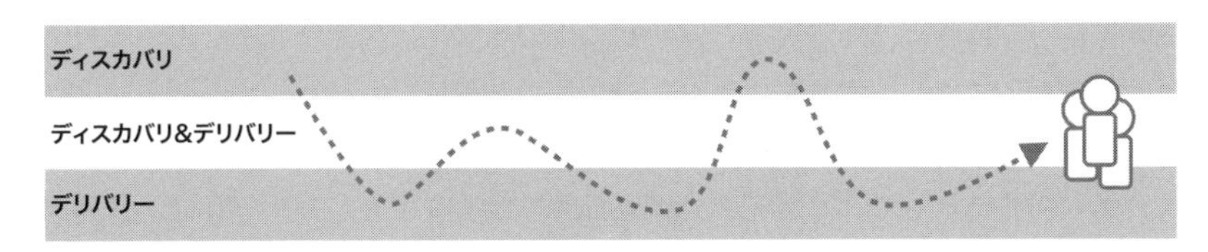

図16-2 デュアルトラックアジャイルは1つのチームのときに機能する（出典：Gary Pedretti、Pawel Mysliwiec）

ディスカバリ作業が正しく行われていれば、多くのアイディアが変更され、破棄されていることになります。ディスカバリ作業は、バックログにあるすべての機能を検証するために行うのではありません。機能をテストし、学習し、時にはリリース前に破棄することもあります。前述したように、これが「アジャイルであること」であり、アジャイルが考案された理由そのものなのです。ディスカバリ作業がなければ、アジャイルは単なるソフトウェア工場のエンジンのようなものに過ぎません。

16.1.3.2 デュアルトラック型の作業を計画する

筆者は長年の実践の中で、スクラムプロセスにおけるこの2種類の作業をどう組み合わせるかについて試行錯誤してきました。各スプリントでディスカバリ作業のために特定の時間を確保しようとしましたが、満足のいく結果は得られませんでした。マーティー・ケイガンのように役割に応じて作業を分担する方法（デザイナーとプロダクトマネージャーがディスカバリを行い、エンジニアがデリバリーを行う）も試しましたが、ハンドオフや交渉、議論などのオーバーヘッドがチームの変化への対応力を低下させてしまいました。こうした経験を通じて、筆者はチーム全体が現在のスプリントのニーズに応じて作業量を変えることが最善策だと考えるようになりました。これは、最もアジャイルに適した選択肢だと言えます。チームは学習内容に基づいて活動を調整できるため、最も重要な仕事を次に行うことができます。その仕事はディスカバリである場合も、デリバリーである場合もあります。

デュアルトラックアジャイルを成功させ、Lean UXをスクラムチームの日常的なワークフローに組み込むには、それによってチームが求める結果を得るために不可欠な構造的要素がいくつかあります。詳しく見ていきましょう。

すべてのチームに専任のデザイナーを配置する：これを妥協すべきではありません。専任のデザイナーがいないスクラムチームは、単なるソフトウェアエンジニアリングチームです。チームはユーザーエクスペリエンスを提供するでしょうが、デザイナーの意見がなければ、いる場合と同じレベルの品質には到達できません。またチームには良いディスカバリ作業をするためのスキルが不足しており、コーディングだけに集中することになります。前述のようなユーザーエクスペリエンスに重きを置いたプロダクト開発にとって、コーディングは目的ではありません――それは、目的を達成するための手段に過ぎません。目的は、顧客の行動に意味のある変化をもたらすことです。顧客自身と、顧客のニーズに応える最善策に対する深い理解がなければ、プロダクトは失敗します。それをチームにもたらすのが、デザイナーなのです。

デザインとプロダクトディスカバリを、バックログで同じように扱う：バックログは、1つにすべきです。開発作業、QA作業、デザイン作業、リサーチ作業などは、すべて1つのバックログとして扱い、そのすべての作業を行う同じチームが、共同で優先順位を決めます。作業を複数のバックログに分割すると、チームはそのうちの1つを「主要な」バックログと見なし、他を軽視するようになります。同じバックログで両方の作業を管理することは可能であり、そうすべきです。バックログにある作業をタイプ別に分けて管理することもできますが（以下の事例を参照）、どのようなツール（物理的なスクラムボードやJIRAなど）を使う場合も、最終的にはすべて同じプロジェクト管理ツールで管理すべきです。

バックログを1つにし、全作業を同じように扱うことで、チームはこれらのコンポーネントすべてがプロダクトの成功に欠かせないものであるという認識を持ちやすくなります。また、Lean UXの作業がソフトウェア開発の作業（筆者経験では常に最も重視されています）と同じレベルにあることをチームにはっきりと示せます。プロダクトディスカバリを行うために必要なトレードオフも強調できます。

このような場合によく問題として浮上するのが、チームの作業速度を意味する「ベロシティ」です。たとえば、「このようなプロダクトディスカバリをすべて行うと、ベロシティが低下するのではないか？」といった疑問が生じます。もし、デリバリー作業で測定するものがベロシティだけなら、答えはイエスです。しかし経験豊富なデュアルトラックチームは、デリバリー作業だけではなくディスカバリ作業（または学習）のベロシティも測定します。そして、学習作業の量が増えれば、必然的にデリバリー作業の量が減ることを知っています。同じグループのメンバーが、両タイプの作業をするからです。これも問題はありません。結局、大切なのはチームの仕事を最大限に効果的にすることです。そのためには、ユーザーストーリーをどれだけデリバリーできたか、ソフトウェアをどれだけ構築したかではなく、成果を追跡しなければならないからです。

バックログ上でLean UXを実践していくためには、いくつかの方法があります（**図16-3**を参照）。独立したストーリーとして表現することもできますし（「スクラムガイド」では、ユーザーストーリーを「プロダクトバックログアイテム/PBI」と呼びます）し、その作業をストーリー自体に統合して、ディスカバリ作業とデザイン作業が行われないまま機能がリリースされないようにすることもできます。

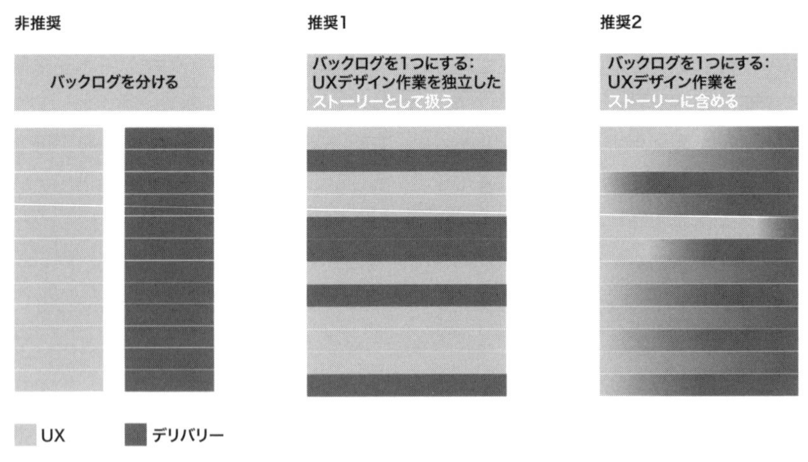

図16-3 UXデザイン作業をバックログで管理する際の一般的なパターン

部門を超えた学習活動への参加：Lean UXは、様々な種類の学習活動をもたらします。誰が主導するか（デザイナーやUXリサーチャー、ときにはプロダクトマネージャー）にかかわらず、これらの学習活動にはチーム全体が実践・参加すべきです。チーム全体での学びが増えるほど、学びの内容を共有・議論するための時間が減り、学んだことに基づいて何をすべきかを決定するために多くの時間を費やせるようになります。チームにとって、何をすべきかの決定について話し合うほうが、学びの内容を伝達するために話し合うよりも、はるかに生産的な時間の使い方になります。もちろん、チームメンバー全員がすべてのリサーチ活動に参加する必要があると言っているわけではありません。しかし筆者は、誰もがある程度は参加すべきであり、参加を特別なイベントとは見なさず、日常的な活動の一部にすべきだと考えています。

メンバーがディスカバリプロセスに参加できるように、できるだけ抵抗の少ない方法を用いましょう。顧客との会話の内容を社内にいる他のメンバーがデスクにいながら知ることができるようにしたり、顧客と直接話をしたりするのが苦手なメンバーにはメモ担当者としてインタビューに参加してもらうなどの工夫をしてみましょう。ジャレド・スプールが「エクスポージャーアワー[†3]」と呼ぶものを測定しましょう。エクスポージャーアワーとは、チームのメンバーがユーザーと直接接する時間のこと

†3 Jared M. Spool, “Fast Path to a Great UX . Increased Exposure Hours,” Center Centre UIE, March 30, 2011, https://oreil.ly/cvfcF.

です。各メンバーが6週間ごとに2時間以上顧客と直接接する時間をとるようにします。コールセンターで電話を受ける、店舗や工場で顧客やユーザーを観察する、プロダクトの対面販売をするなど、その方法には様々なものが考えられます。こうした活動は共感を生み、それが好奇心を生みます。チーム全体が「本当に顧客のニーズに応えられているだろうか」という好奇心を持つほど、Lean UXの活動がバックログに入る可能性は高くなります。

16.2　スクラムのリズムを探りLean UXの実践方法を構築する

ここ数年、Lean UXのアプローチをスクラムのリズムに統合するための効果的な方法がいくつも登場しました。このセクションでは、スクラム特有のミーティングのリズムとLean UXを用いて効率的なプロセスを構築する方法を、詳しく見ていきましょう。

筆者は、チームにこの2つのプラクティスの統合を明確に理解してもらうために、Lean UXの活動をスクラムフレームワークの図の上にマッピングするというアプローチをとることがあり（**図16-4**）、かなり良い試みだと考えています。まずは、あなたのチームで試してみることをお勧めします。レビューをする際には、以下の注意点に気をつけてください。

- これは決してデザインに必要な活動を網羅するものではありません。付箋（デジタルであれ、それ以外であれ）の数は、それほど多くはありません。
- ここでは「デザイン」という言葉を、あらゆる種類のデザイナーが通常行っている（あるいは参加する）、あらゆる活動を包括する言葉として用いています。

本書のあらゆる推奨事項と同様、これも出発点です。これは、スクラムの上に既存の活動を重ねる方法を示しています。試してみて、あなたやチームにとって何が効果的かを確認し、レトロスペクティブで決定したことに基づいて調整します。

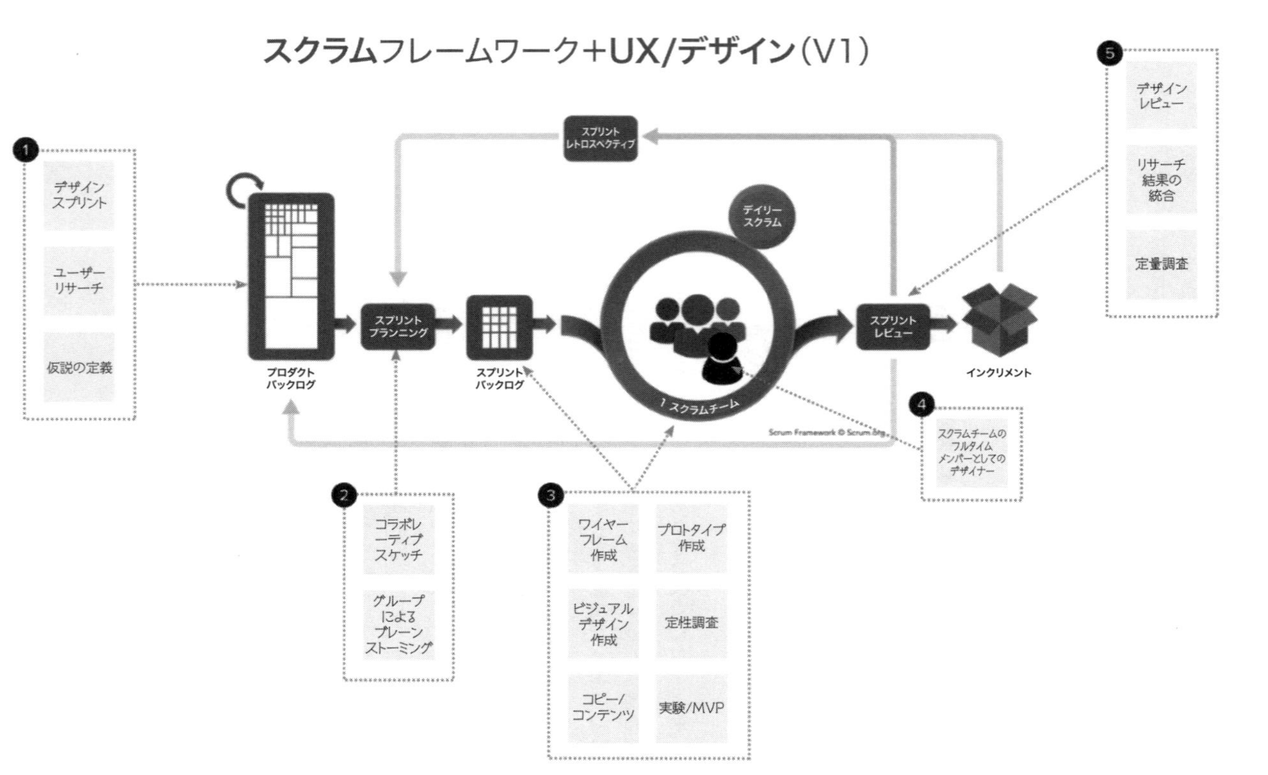

図16-4 スクラムフレームにLean UXの活動をマッピングする

16.2.1 スプリントゴール、プロダクトゴール、マルチスプリントテーマ

あなたの組織が、次の2四半期に向けた戦略的目標を定めたとしましょう。あなたのチームは、その戦略を達成するための最初の試みとして、リスクの高い仮説を採用することに決めました。その仮説を使って、次の一連のスプリントで行う作業の指針となる「マルチスプリントテーマ」を作成できます。スクラムでは、このテーマを「プロダクトゴール」と呼びます（プロダクトゴールは、一連のスプリントをつなぐために用いるマルチスプリントテーマだと見なせます）。テーマが成功したかどうかを測る基準となるのは、成果です（図16-5）。

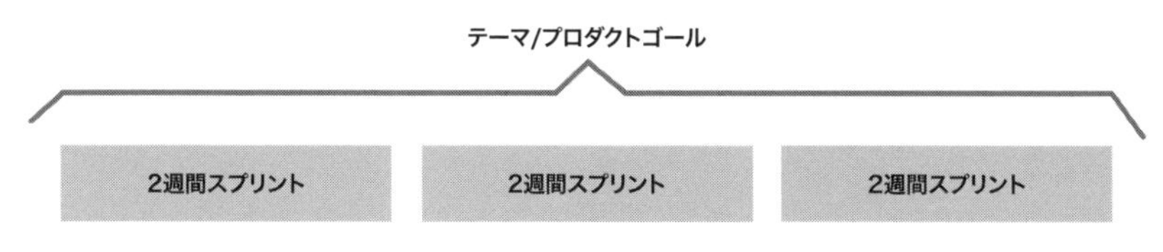

図16-5　テーマとプロダクトゴールで結びつけられたスプリント

16.2.1.1 コラボレーティブデザインを用いたテーマのキックオフ

各テーマに対し、Lean UXキャンバスと（おそらく）デザインスタジオエクササイズを用いて作業を開始します（図16-6）†4。仮説の範囲に応じて、デザインスプリントのセッションは、短ければ半日、長ければ1週間かかることもあります。チームのみで行うこともありますが、規模の大きな取り組みの場合はさらに幅広いメンバーを含めるようにします。このキックオフのポイントは、チーム全体でスケッチ、アイディエーション、ユーザーとの対話を行い、評価と学習の対象となるアイディアのバックログを作成することです。さらに、この活動によって（ユーザーからのフィードバックループを構築できていれば）、テーマの範囲をさらに明確にするのに役立ちます。

†4　ここでGoogle式の「デザインスプリント」を使うこともできます。この名称は、この文脈では誤解を招きやすいかもしれません。この場合、筆者が推奨しているのは、スプリント全体をデザインに費やすことではなく、14章で説明する「デザインスプリント」と名付けたプロセスの実践です。

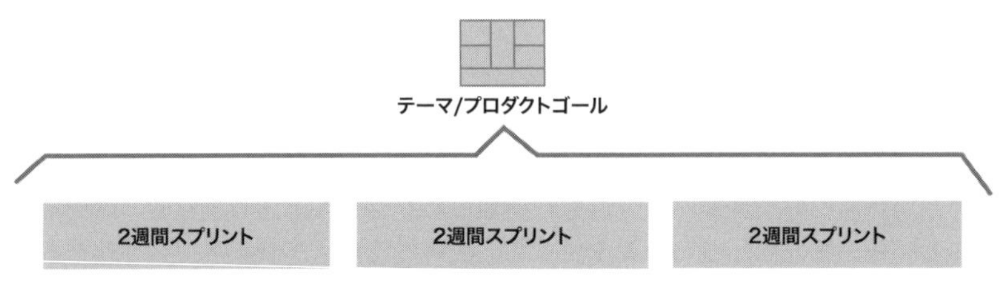

図16-6 Lean UXキャンバスはスプリントテーマを対象にできる

定期的なスプリントを開始した後は、これらのアイディアの妥当性を評価・検証します。新たに入ってくる情報に合わせて、次に何をすべきかを決定しなければなりません。この決定は、各スプリントを始める度に実施する、短時間のブレーンストーミングとコラボレーティブディスカバリを通じて行います（図16-7）。これによって、チームは最新情報に基づいて次のスプリントのバックログを作成できます。

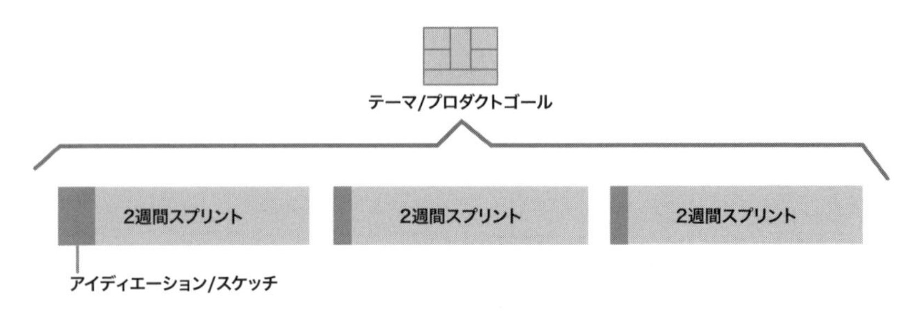

図16-7 スケッチ&アイディエーションセッションのタイミングとスコープ

16.2.1.2 スプリントプランニングミーティング

Lean UXキャンバスを、スプリントプランニングミーティングに持ち込みましょう。デザインスプリント用のアウトプットも持参します。付箋、スケッチ、ワイヤーフレーム、ペーパープロトタイプなどの中間生成物は、部外者にはあまり意味があるものには思えないかもしれませんが、チームにとっては十分に価値のあるものです。協力してこれらの中間生成物をつくりあげたからこそ、チーム内にはそれをもとにしてユーザーストーリーを抽出するために必要な共通理解が構築されています。スプリントプランニングミーティングこれらの情報を活用し、チームで協力してユーザーストーリーを作成し、ストーリーの評価と優先順位付けを行います（図16-8）。

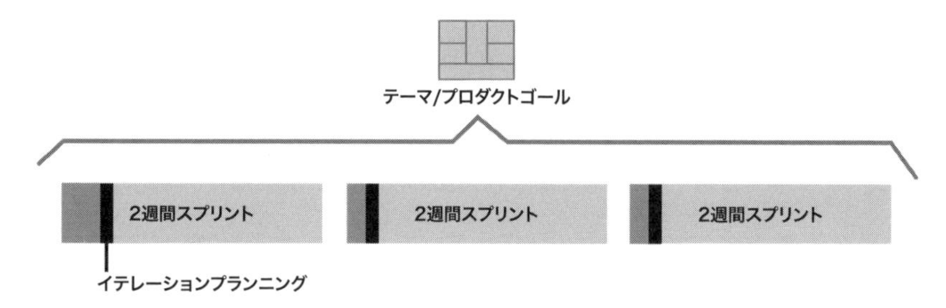

図16-8 ブレーンストーミングセッションの直後にスプリントプランニングミーティングを行う

16.2.1.3 エクスペリメントストーリー

イテレーションを計画しているとき、デザインスプリントやコラボレーティブディスカバリではカバーしきれなかったディスカバリ作業を、そのイテレーションで追加的に実施する必要が生じることがあります。これをスプリントのケイデンスに組み入れ、すべての作業を同じバックログに収めるには、エクスペリメントストーリー（実験のためのストーリー）を用います。エクスペリメントストーリーはユーザーストーリーと同じ方法で作成するもので、以下の2つの利点があります。

ディスカバリ作業を可視化する

ディスカバリ作業はその性質上、デリバリーとは違い具体性がありません。エクスペリメントストーリーは、この問題を解決し、競争の場を均等にします。チームが取り組むすべての作業（ディスカバリまたはデリバリー）は、ユーザーストーリーとしてバックログに収められます。

デリバリー作業への優先順位付けが必須になる

バックログに追加したユーザーストーリーには、優先順位を付けなければなりません。そのため、実験を「**いつ**」遂行するか、どれを「**作業しない**」かについて、チーム内で必ず議論ことになります。

図16-9に示すように、エクスペリメントストーリーはユーザーストーリーとよく似ています。

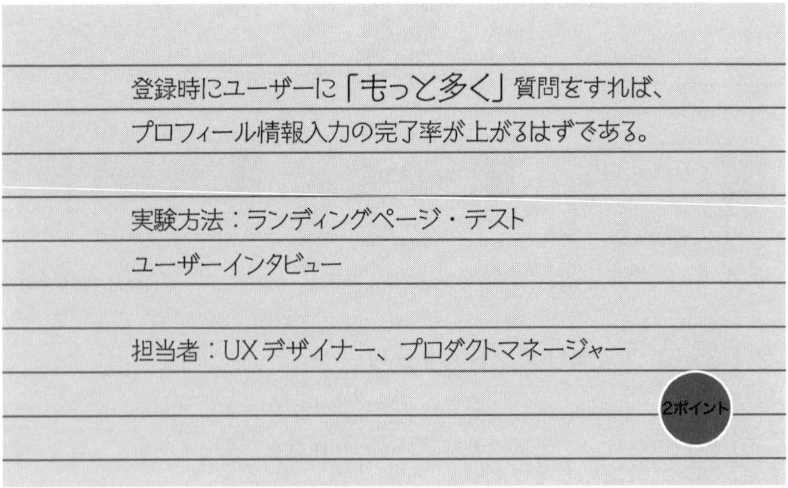

登録時にユーザーに「もっと多く」質問をすれば、
プロフィール情報入力の完了率が上がるはずである。

実験方法：ランディングページ・テスト
ユーザーインタビュー

担当者：UXデザイナー、プロダクトマネージャー

2ポイント

図16-9 エクスペリメントストーリー

エクスペリメントストーリーには、次の要素が含まれます。

- テスト対象の仮説や、学習しようとしていること
- 学習の方法（例：ユーザーインタビュー、A/Bテスト、プロトタイプ）
- 担当者
- 想定される仕事量（見積もりをする場合）

作成したエクスペリメントストーリーは、バックログに追加します。スプリントでこのストーリーを実施するときがきたら、担当者がそれに取り組みます。実験が終了したら、すぐに結果をチームに報告して議論し、結果がもたらす影響を判断します。チームは、エクスペリメントストーリーの結果、現在の優先順位の見直しが必要になった場合に現在のスプリントを軌道修正ができるように備えておくべきです。

ヒント：ディスカバリ作業があるのはわかっていても、スプリントの開始時にはその具体的な形やフォーマットがよくわからない場合があります。スプリント中にチームがこの作業に対応できる余力を確保するために、バックログに空白のエクスペリメントストーリーを置いておきましょう。スプリント中にディスカバリ作業の内容が明らかになったら、このストーリーに詳細を記入して、優先順位をつけます。もしそれ

が使われないまま終わったとしても、チームはスプリントに余力を持って臨むことができます。つまり、どう転んでもメリットが得られるのです。

16.2.1.4 ユーザー評価の計画とスケジュール

実験に使うためのユーザーフィードバックを継続的に得るために、ユーザーリサーチセッションを毎週実施します（**図16-10**）。これによって、ユーザーフィードバックが必ず5営業日ごとに得られるようになり、それに対処するための時間をスプリントの終了前に十分にとれるようになります。このような定期的なリサーチにより、エクスペリメントストーリーを良いリズムで実施でき、スプリントでも自然に学習ポイントが得られるようになります。

アイディエーションで作成した中間生成物を、ユーザー評価の素材にします。アイディアが荒削りな段階では、評価対象が価値であることを忘れないようにしましょう（つまり、「**ユーザーはこのプロダクトやサービスを使えるか？**」ではなく、「**ユーザーはこのプロダクトやサービスを使いたがるか？**」に注目します）。忠実度が高い中間生成物を用いてソリューションの有効性を評価するのは、プロダクトやサービスへの需要があることが確認された後です。

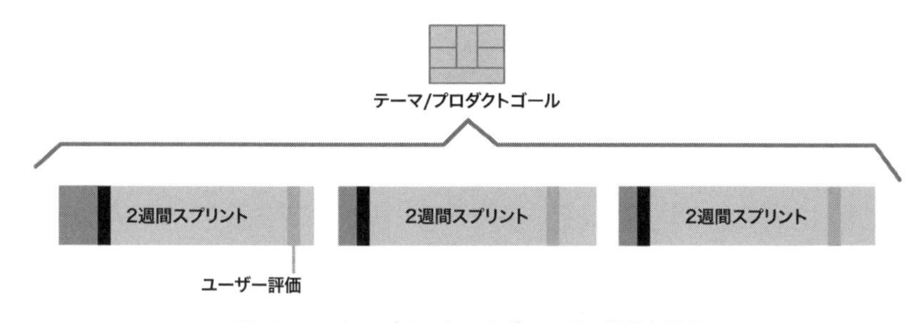

図16-10　各スプリントで必ずユーザー評価を行う

16.2.2 デザイナーも必ずプランニングに参加する

アジャイル開発手法は、デザイナーに時間的なプレッシャーを与えることがあります。デザイナーの作業には、ユーザーストーリーのコンテキストに当てはめやすいものもあれば、多くの時間が必要になるものもあります。開発とデザインを2週間のサイクルで並行して行うとき、デザイナーには目の前の大きな問題について熟考できる時間はほとんどありません。アジャイル開発手法の中には、スクラムよりも時間的に柔軟なアプローチをとるものもありますが（たとえば、カンバン方式では作業を2週間ごとに区切るという考えを捨て、連続的なフローを重視します）が、ほとんどのデザイナーは作業をスプリントの期間内に収めなければならないというプレッシャーを感じています。だからこそ、デザイナーはスプリントプランニングミーティングに参加する必要があるのです。

デザイナーがアジャイル開発プロセスでプレッシャーを感じる大きな理由は、（何らかの理由によって）プロセスに完全な形で参加できないことです。これは一般的に、デザイナーのミスではありません。他のメンバーが、「アジャイルはソフトウェア開発手法なのだから、エンジニア以外の人間を関わらせる必要はない」と思っているからです。しかしこれでは、プロジェクトの計画にデザイナーの懸念やニーズが考慮されなくなってしまいます。その結果、アジャイルチームの多くが、デザイナーが最大の力を発揮できるような計画を立てられていません。

Lean UXを機能させるためには、チーム全体がすべての活動（スタンドアップミーティング、レトロスペクティブ、プランニングミーティング、ブレーンストーミング）に参加すべきです。これらのセッションを成功させるには、基本的に全員参加が必要です。部門横断的なメンバーの参加によって、特定の機能の複雑度をどう開発すべきかについてチーム内で交渉しやすくなるのに加え、デザイナーとエンジニアはバックログを効果的に優先順位付けできるようになります。

たとえば、スプリント開始時にチームが優先順位付けをした最初のユーザーストーリーに、相当量のデザイン的な要素が求められるとします。しかしデザイナーはその場にいなかったために、これに関する懸念をチームに伝えられませんでした。翌日のスタンドアップミーティングで、すぐに問題が明らかになります。デザイナーは、このユーザーストーリーのデザインにはまだ着手しておらず、デザインを仕上げてユーザーストーリーを開発する準備ができるまでには少なくとも後2〜3日は必要だと強く主張します。もし、デザイナーがバックログの優先順位付けに参加していたら、計画時に懸念を述べられていたはずです。チームは最初の作業対象としてデザインの仕事量が少なくて済むユーザーストーリーを選択でき、それによってデザイナーは当該のユーザーストーリーに必要な作業を終わらせる時間を持てたでしょう。

また、全員が参加しないと、共通理解も損なわれます。チームはミーティングで意思決定をします。たとえミーティングの内容の9割が自分に直接的な関係がないものだったとしても、自分に関連する1割の情報を得られることで、下流での作業を何時間も節約できます。また、ミーティングに参加することで、自分の作業に必要な時間をチームと交渉できます。これは、他のメンバーと同じように、UXデザイナーにも当てはまることなのです。

16.3　ステークホルダーとリスクダッシュボード

マネジメントによるチェックインは、チームの勢いを維持する上での最大の障害になります。デザイナーはデザインレビューに慣れていますが、残念ながらチェックインはそれでは終わりません。プロダクトオーナーやステークホルダー、CEO、クライアントは、状況を詳しく知りたがります。みな、今後のプロジェクト計画を自らの判断で承認したがっています。しかし、成果重視型のチームにとって、プロジェクト計画は学習した内容に応じて変化していくものです。そのため、1回の計画で予定する作業量は多くありません。せいぜい、1つまたは2つ先のイテレーションを計画している程度です。しかしマネジメントはこのような計画を「近視眼的な」ものと捉え、不満を抱きがちです。Lean UXとスクラムのペースを持続しながら、マネジメントに過度の介入をされないようにするにはどうすればよいのでしょうか？

その答えは、「**事前対応的なコミュニケーション**」です。

筆者のジェフは、数千人のユーザーを持つプロダクトのワークフローの大幅な改善に取り組むチームを率いていたことがあります。チームは自分たちが施した変更にとても満足していたため、組織の他の誰にも知らせずにローンチしました。その後、プロダクトが稼働してから1時間もたたないうちに、カスタマーサービスの責任者が血相を変えてジェフのデスクにやってきました。責任者は、なぜ変更が施された点について事前の報告がなかったのかと立腹していました。トラブルに直面したユーザーから、電話での問い合わせが殺到しました。通常、コールセンターの担当者はスクリプトに従ってトラブルシューティングを行います。しかし、コールセンターにはスクリプトがありませんでした。なぜなら、新しいプロダクトへの変更が通知されていなかったからです。

とても苦い体験でしたが、貴重なレッスンにもなりました。ステークホルダー（社内のマネジメントと、社外の関係者）に介入されたくないのなら、彼らに計画や進捗状況を知ってもらわなくてはなりません。筆者の会社Neoで働いていたニコル・ルフクは、これを実行するための非常にシンプルで強力なツール、「リスクダッシュボード」（**図16-11**）を考案しました。

16.3.1 リスクダッシュボード

リスクダッシュボード

未解決のリスク	リスクの深刻度	対応状況
ユーザーは、サブスクリプションを有料購読するほどサービスに価値を見出していない	ポジティブな傾向	価格テストを実施中
ユーザーはサービスを稀にしか使わないと思われる	データが不十分	長期的な追跡データ調査を実施中
ユーザーはブランディングに混乱している	未定	評価予定
ユーザーはサービスを求めることに気恥ずかしさを感じている	未定	来週、テストを実施予定
技術的リスク：各ケースを評価できるだけのデータが不足していると思われる	ポジティブな傾向	テクニカルパイロットにポジティブな傾向が見られる
規制リスク：不法なデータに依存している可能性がある	ポジティブな傾向	規制当局に問い合わせ中

図16-11　リスクダッシュボード

リスクダッシュボードは、パワーポイントやエクセル、Googleドキュメントなどで作成できる3列のシンプルな表です。

- 左列には、現行のイニシアチブに関する主な未解決のリスクをリストアップします。これらは、プロダクトの成功に不可欠なものです。
- 中央列には、そのリスクがどの程度深刻かを示す尺度と、そのリスクの傾向を記します（わかりやすくするために、色分けするとよいでしょう）。「小さな修正で済むものか」「プロダクトの成功に不可欠なものか」「プロダクトディスカバリは、このような事態が起こる可能性が高いことを示しているか、あるいは想定しているほど悪くないことを示しているか」などについて書き込みます。
- 右列には、そのリスクに対してチームがどのように対応しているかを記します。

このダッシュボードは、プロジェクト状況についてステークホルダーやクライアントとコミュニケーションをとるための、現在進行形のドキュメントです。チームとのプランニングミーティングで使用します。また、重要な意思決定を促進するためにステークホルダーとのスプリントデモでも使用します。それによって、ステークホルダーに次のような情報を提供できます。

- 作業の進行状況
- これまでに学んだこと
- 次に注力すべきリスク
- 機能セットではなく、成果（目標に向かってどのように前進しているか）を重視していること
- 依存関係のある部門（カスタマーサービス、マーケティング、オペレーションなど）と、これらの部門が、今後自らに影響を及ぼし得る変化を認識しておくことの必要性

ダッシュボードで、あるリスクに対して右列が空欄になっている場合があります。ステークホルダーは、「なぜこのリスクに対して何もしないのか」と質問してきます。これは単に優先順位の問題である場合もありますが、進捗が思うようにいっていない場合もあります。ステークホルダーから先のように質問をされたら、それはプロダクトディスカバリや優先順位付け、予算や承認の要求などで直面した課題の詳細を伝える絶好の機会です。リスクダッシュボードを使えば、プロダクトディスカバリの所見とビジネスインパクトを効果的に関連付けることができます。ビジネスインパクトは、ステークホルダーに強く訴えやすいため、Lean UXの作業とアジャイル開発のデリバリープロセスの統合を促進する効果的なツールになります。

16.4　成果主義に基づくロードマップ

アジャイル開発における最大の課題の1つは、直線的かつ視覚的な方法で今後の開発を計画することです。ソフトウェア業界では長い間、「ロードマップ」が使われてきました。しかし、これはソフトウェア開発の本質を表すにはあまり適していません。デジタルプロダクトの開発は、直線的ではなく、イテレーション的なものだからです。私たちはプロダクトやサービスを開発し、リリースして、それが顧客行動にどう影響を与えるかを観察します。そして再びイテレーションを回し、リリースするのです。

出発点と明確かつ機能固有の終点（たいていは日付が決まっている）がある従来の直線的なロードマップモデルは、結果（アウトプット）重視のデジタルビジネスの手法を反映するものであり、もはや時代遅れです。本書で説明してきたように、プロダクト主導型の開発手法によって成功を手にする組織は、成果（アウトカム）を重視します。では、継続的な改善と学習、アジャイルな開発手法が重要な世界において、プロダクトロードマップはどのように作成すればよいのでしょうか？ Lean UXをアジャイルプロセスで実践することを、どのように視覚化すればよいでしょうか？ 筆者が提案するのは、成果ベースのロードマップを採用することです。

以下に、アジャイルプロダクトロードマップの例を示します（**図16-12**）。

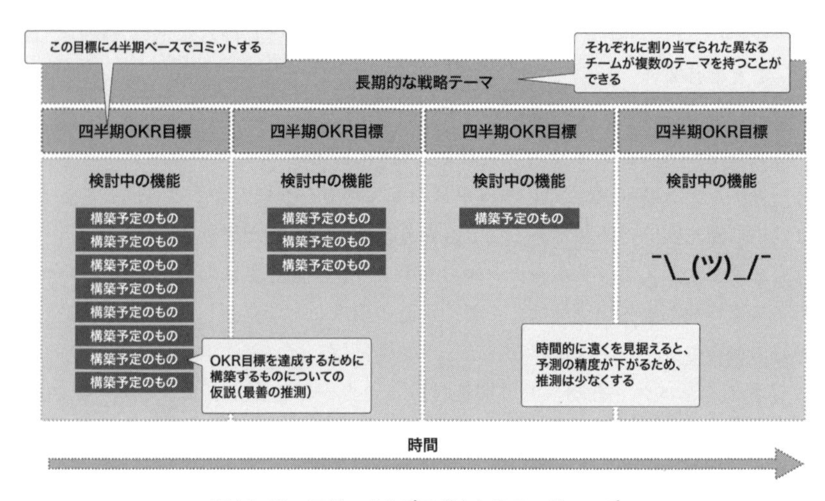

図16-12　アジャイルプロダクトのロードマップ

この図には、重要な構成要素がいくつか記されています。詳しく見てみましょう。

戦略テーマ

エグゼクティブリーダーが設定した、チームを特定方向に導くための組織のプロダクト戦略。「ヨーロッパでのシェアを拡大する」、「旅客輸送をしていない遊休時間を利用し、プロダクトや食料を配送する」などが挙げられます。大きな組織では、複数テーマが並行して進行することもあります。

四半期ごとのOKR目標

OKR（Objectives and Key Results=目標と主要な結果）は、適切に用いると、「主要な結果」の部分で顧客行動を指標として使うことができます。各チームは、戦略的テーマの達成を目指すために、この四半期ごとの成果目標に集中的に取り組みます。これが、チームにとって達成すべき目標であり、チームにとっての成功、および真の意味での「完了」の定義です。チームはリーダーシップと協力して、これらの目標に整合性があり、適切に設定されていることを確認する必要があります。

機能やプロダクトに関する仮説

今期のOKR目標をどう達成するかについての各チームによる最善の推測です。1四半期先が対象の場合、チームはどのようなプロダクトや機能のアイディアによって四半期目標を達成できるかについて、十分な情報に基づいた高精度の推測ができます。しかし、2四半期先が対象になると、推測の精度が落ちるため、推測とコミットメントを減らします。3四半期先、4四半期先では何に取り組むべきかがさらにわからなくなるため、推測もさらに少なくなります。これが、チームにとって正しい方法です。チームは、1、2四半期先に、アイディアがどの程度うまくいったか、何が効果的だったか、次の推測はどうすべきかを知ることになります。この学びをまとめ、それに基づいて行動をしていくことで、3四半期先、4四半期先の欄は埋められていくことになります。

作業をこのような形で可視化することで、「ソフトウェア開発の不確実性」が前面に押し出され、常に意識されて、会話の中心に据えられることになります。ステークホルダーから「仮説が現在・将来において取り組むべきものかどうかはどう判断するのか？」と尋ねられたら、その答えはLean UXです。Lean UXを実践するチームは、常に戦略的テーマに向けて前進し、無駄な作業によって時間を浪費しないように、各スプリントで学習内容を取り込んでいきます。これを前述のアジャイルケイデンスと組み合わせることで、顧客に価値ある体験を提供できる確率が飛躍的に高まるのです。

16.4.1 レビューの頻度

各チームは、このような成果ベースのロードマップを提示し、年次サイクルの最初にレビューすべきです。このロードマップは、リーダーが設定した戦略的目標と一致させ、OKRではこれらの目標につながる指標を用いるようにします。

チームには、自分たちが何をしていて、何を学び、何を決定したかを定期的に報告する義務がありますが、公式なチェックインは四半期ごとに行います。チームはリーダーとミーティングをして、成果目標に対する進捗状況と、前四半期に学んだことを確認し、次の四半期に何をする予定かを決定します。これは、チームの今後の目標の妥当性を再確認し、新たな学習やマーケットの状況、会社の方向性に影響を及ぼし得る他の要因に基づいて軌道修正を行う絶好の機会でもあります。

16.4.2 進捗状況の確認

このタイプのロードマップの進捗が、開発した機能の数や、納期に間に合ったかどうかで測れないことは明らかです。進捗の基準となるのは、顧客行動をどれだけ良い方向に変えられたか、です。顧客の成功につながらないアイディアは捨て、新しいアイディアに移行すべきです。この学習が、将来の四半期バックログのアイディアを生み出す原動力になります。また、チームや企業全体としてのアジリティを高める原動力にもなります。

このロードマップは、絶えず修正を加えていく生きた文書です。年次サイクルの最初に作成して、そのまま石に刻んだみたいに放置するのではありません。デジタルのプロダクト/サービスの提供には、不確実性と複雑性がつきものです。プロダクト主導の組織（権限を与えられたチームが顧客の成功に焦点を当てている組織）は、常に正しい方向に進んでいることを確認します。開発現場で変化が起こるたびに、ロードマップを調整していくのです。成果ベースのロードマップを用いることで、リーダーやチームは互いに透明性を保ち、目標、そして何より成功の測定方法に対して現実的であることを確認できます。

16.5 Lean UXとアジャイル開発の全社的な実践

この本で取り上げた戦術の多くは、1つのチームでの実践を想定したものでした。しかし現実には、企業では複数のプロダクト開発チームが並行して作業をしています。チーム数が増え、ワークストリームが数十から数百に達したとき、Lean UXはどのように実践すればよいのでしょうか？

これは、アジャイルコミュニティが現在直面している、スケーリングの問題の1つです。リーン/アジャイル開発手法の普及が進み、様々な業界で標準的に採用されるにつれ、この問題への注目が集まっています。大規模な組織では、複数チームの活動を調整する必要があります。不確実性を受け入れ、「**プロジェクトを進めながら学習していく**」という手法を採用するのは、従来型のプロジェクト管理方法に馴染んでいるチームにとって容易なことではありません。

この問題を考えるときに避けて通れないのが、「Scaled Agile Framework（SAFe）」です。本書の執筆時点で、SAFeには10年の歴史があります。これは大企業の多くにとって、アジリティを組織全体で採用するための第一の選択肢です。SAFeは大規模な組織のアジリティを高めることを意図して開発された、包括的で詳細かつ階層的なプロセス、ダイアグラム、語彙です。これはトップダウン方式で、厳格なリリーススケジュールに従う「アジャイルリリーストレイン」に作業を分割し、委譲する仕組みになっています。ただし残念ながら、そこにはユーザーフィードバックを得たり学習したりするための仕組みがほとんどありません。

SAFeフレームワークのバージョン4.5にはLean UXが含まれていると知ったら、（筆者と同じように）驚く人もいるでしょう。このため筆者は、「SAFeを導入した企業でLean UXを実践するのはどうしたらいいか」という質問を多く受けます。端的に言うと、その答えは「不可能」、です。SAFeは製造向けにつくられたものであり、ディスカバリには向いていません。このフレームワークはアウトプットの連続的なフローを確保し、基本的な決定事項に対する変更を最小限に抑えるように最適化されています。その結果、ソフトウェア開発プロセスが硬直化し、真の意味でのアジャイルとは表現できない方法で作業が進められることになります。

SAFeはアジャイルではない

Scaled Agile Framework（SAFe）のバージョン4.5でLean UXが採用されて以来、筆者のもとには「どうすればこの2つのメソッドをうまく機能させられるのか」という質問が絶え間なく届くようになりました。

簡単に言うと、筆者にはその答えはわかりません。

なぜなら、筆者がLean UXに組み込んだ原則はどれも、SAFeには存在しないように思えるからです。

SAFeには、継続的な学習・改善、顧客中心主義、謙虚さ、部門横断的なコラボレーション、根拠に基づく意思決定、実験、デザイン、軌道修正などが明らかに欠けています。代わりにこのフレームワークを採用する組織は、縦割りのチーム構造や、厳格な儀式やイベントを重視し、組織内での階層に応じて行動変容の要件を不均等に割り当てます。

要するに、SAFeはアジャイルではないのです。

「SAFe認証」を取得するために厳しいトレーニングを経たチームが、変化に抵抗するのも無理はありません。こうしたチームは、学習や軌道修正、アジリティではなく、予測可能なデリバリーのみに焦点を当てる方法で作業を進めるように訓練されています。しかし、チームが真にアジャイルなアプローチをとるには、計画を柔軟に変えられる必要があります。また、開発する機能は、あらかじめ定められたものではなく、顧客の成功にとって何が必要かという観点から調整していなければなりません。継続的なディスカバリプロセスも必要であり、当然、計画外の軌道修正が発生します。このような修正は、リリース・トレインを簡単に「脱線」させてしまうでしょう。

大企業は、アジリティには不確実性がつきものであることに気づくと、慣れ親しんだウォーターフォールプロセスにしがみつこうとします。SAFeは、慣れ親しんだ管理プロセスを保ったまま「アジャイルを採用した」かのような錯覚を起こします。しかし、急速かつ連続的な変化、進化する消費者の消費パターン、地政学的な不安定さ、指数関数的な技術的進歩がある現実世界では、このような仕事の進め方を持続させるのは不可能です。

SAFeを導入済/導入中の大企業に勤めている人は、この移行によって何が変わったかを自問してみてください。顧客との距離は縮まりましたか？ 価値を提供できたかどうかを知るのに、どれくらいの時間がかかりますか？ さらに言えば、「価値」をどのように測定していますか？ 新しい発見があったとき、取り組みを簡単に軌道修正できますか？ これらの質問に対する答えを、「ビッグルーム計画」、「PIプランニング」、「リリース・トレイン」などの用語を使い始める前の状況と比較してみてください。

大企業では、どのような働き方であれ、それを全社的に導入するのは簡単ではなく、ばらつきが生じます。1つの包括的なプロセス（継続的なディスカバリや軌道修正よりデリバリーを重視したプロセス）を全社的に適用すると、従来型の仕事の進め方がさらに硬直化します。SAFeは、大規模なアジリティのための万能薬を提供しているように見えるため、魅力的に思えます。しかし実際には、予測可能性、適合性、コンプライアンスを強化するものであり、「どうすればもっとアジャイルになれるか」という疑問に対する隠れ蓑を経営陣に提供しているにすぎないのです。

真にアジャイルでリーンな組織を構築する方法を完全に説明しようとするのは、本書の範囲を超えています[†5]。正直なところ、これは簡単な答えを見つけるのがとても難しい問題です。組織のリーダーは、戦略の策定、チームの構成、計画の作成、作業の割り当てなどの方法を、根本的に再考しなければなりません。つまり、大企業特有の縛りを減らし、チームが「小規模チームによるアジャイルの実践」がもたらす基本的な価値、原則、方法を駆使し、生産的な作業のリズムを自発的に構築できるようにし、そのアプローチを組織全体に広げていかなければならないのです。

とはいえ、エンタープライズアジャイルな環境にLean UXを広く導入し、その規模の大きさを活用するためのテクニックはあります。ここでは、Lean UXとアジャイル開発の全社的な実践において発生しやすい問題とその対処策について説明します。

問題：プロジェクトの規模が大きくなるにつれ、それに関わるチームの数も増える。すべてのチームが同じビジョンを共有し、チーム内だけで仕事を完結してしまわないようにするにはどうすればよいか？

対処策：「結果（アウトプット）ではなく成果（アウトカム）に焦点を当てる」という概念は、個々のチームだけではなくすべてのチームにも適用できます。同じプロジェクトに取り組む全チームが同じビジョンを持つようにするために、共通の成功指標を策定し、成果として表現しましょう。チーム全体で協力して、この指標を達成するために必要な先行指標を定義し、それをプロジェクト内の各チームに割り当てます。ただし各チームにとって、目標はあくまでも大きな成果を達成することであり、それぞれに与えられた指標を向上させることのみに集中してはいけません。全チームが一丸となり、共有する大きな成果の達成を目指すことで、はじめてプロジェクト全体の成功がもたらされるのです。

†5 筆者はこのテーマについて、著書 "Sense & Respond"（Harvard Business Review Press, 2017）で概要を書いています（https://senseandrespond.co を参照）。

このように全チームが連携することで、各チームが局所的な最適化を行う際に、その最適化がもたらす影響を無視するというリスクを減らすことができます。たとえば、マーケティングチームが新規顧客獲得という目標を達成するためにメールを使いすぎると、プロダクトチームの目標であるリテンションが損なわれる可能性があります。しかし、この2チームが同じ成果目標（新規顧客獲得とリテンションを組み合わせたもの）を持っていたら、両チームは協力してそれぞれの取り組みと結果のバランスをとる方法を学ぶでしょう。

問題：全チームで学習内容を共有して、同じことを学習するための無駄な労力を最小限に抑えるにはどうすればよいか？
対処策：この問題を解決するための特効薬のようなものはありませんが、筆者が見た成功例として、情報を一元管理するためのツール（例：wiki）、定期的なチームリーダーによるミーティング（例：Scrum of Scrums）、リサーチ特化型のオープンコミュニケーションツール（例：Slackの専用チャンネルや社内のチャットツール）などを用いたケースが挙げられます。スタジオカルチャーの要素（例：定期的に実施するチーム横断的な批評セッション）も役立ちます。

問題：チーム間に依存関係があるために、プロジェクトを迅速に進められない。複数チームが関与する環境で、コンスタントな学習とデリバリーのペースを維持するにはどうすればよいか？
対処策：他のチームに依存しない、自立的なチームをつくりましょう。チーム内に、作業を進めるための能力がすべて備わっているチームです。ただし、それはチームが全部門のメンバーによって構成されていなければならないというわけではありません。そのチームにとって必要な能力を持つ人が、チーム内にいるようにすればよいのです。チームを構成する、様々な専門領域を持ったメンバー（デザイナー、コンテンツ担当者、フロントエンドエンジニア、バックエンドエンジニア、プロダクトマネージャーなど）が、特定領域に関連するミーティングに参加して、チーム内の最新状況を確認し、お互いの作業の調整をします。ただし、それぞれの作業はローカルで行います。

16.6 この章のまとめ

この章では、Lean UXをアジャイル開発プロセスに適用する方法を詳しく学びました。また、部門横断的なコラボレーションによってチームが効果的に仕事を進める方法、状況を詳しく知りたがるステークホルダーやマネージャーへの対処方法についても説明しました。チーム全員がすべての活動に参加することの重要性や、以前は理想的なアジリティを実現すると見なされていたスタッガードスプリントモデルが、現在はほとんどのチームが新しく目標とするモデルとなったデュアルトラックアジャイルのルーツをどのように形成したかについても解説しました。スクラムの成果物やイベントが、学習の速度を高めるためにどのようなメリットをもたらすかについても考察しました。

第IV部
Lean UXを自分の組織で実践する

IV.1 第IV部について

UXデザインをアジャイル開発に統合させるのは簡単ではありません。それは、大きな苦しみを伴うことがあります。筆者のジェフも、TheLaddersで仕事をしたときにそれを身をもって体験しました。ジェフはUXデザインをアジャイル開発に統合する方法を試し始めた段階では、まずまずの出来だと感じていました。しかし、ある朝、UXチームから図IV-1に示す図を示されたとき、その気分は一変しました。この図はUXチームが、自分たちの仕事をアジャイル環境に統合しようとしたときに直面していた課題を図式化したものです。ジェフにとって苦い経験になりましたが、これはジェフやUXチーム、TheLaddersのプロダクト開発スタッフがコラボレーションを強化していくための出発点にもなりました。

この図が作成されてから数年、筆者は多くの企業とこの課題に取り組むことができました。様々な業界の、企業規模や文化の異なる多くの企業と仕事をしました。コンテンツの配信と収益化の新たな方法を探ろうとしていたメディア企業や、モバイル向けの新たな販売ツールを開発しようとしていた家具メーカー。アパレル会社や自動車サービス会社、大手銀行によるLean UXの導入も支援しました。新たなサービスを開始しようとしていた非営利団体にも協力しましたし、多数のチームに研修プログラムも提供しました。

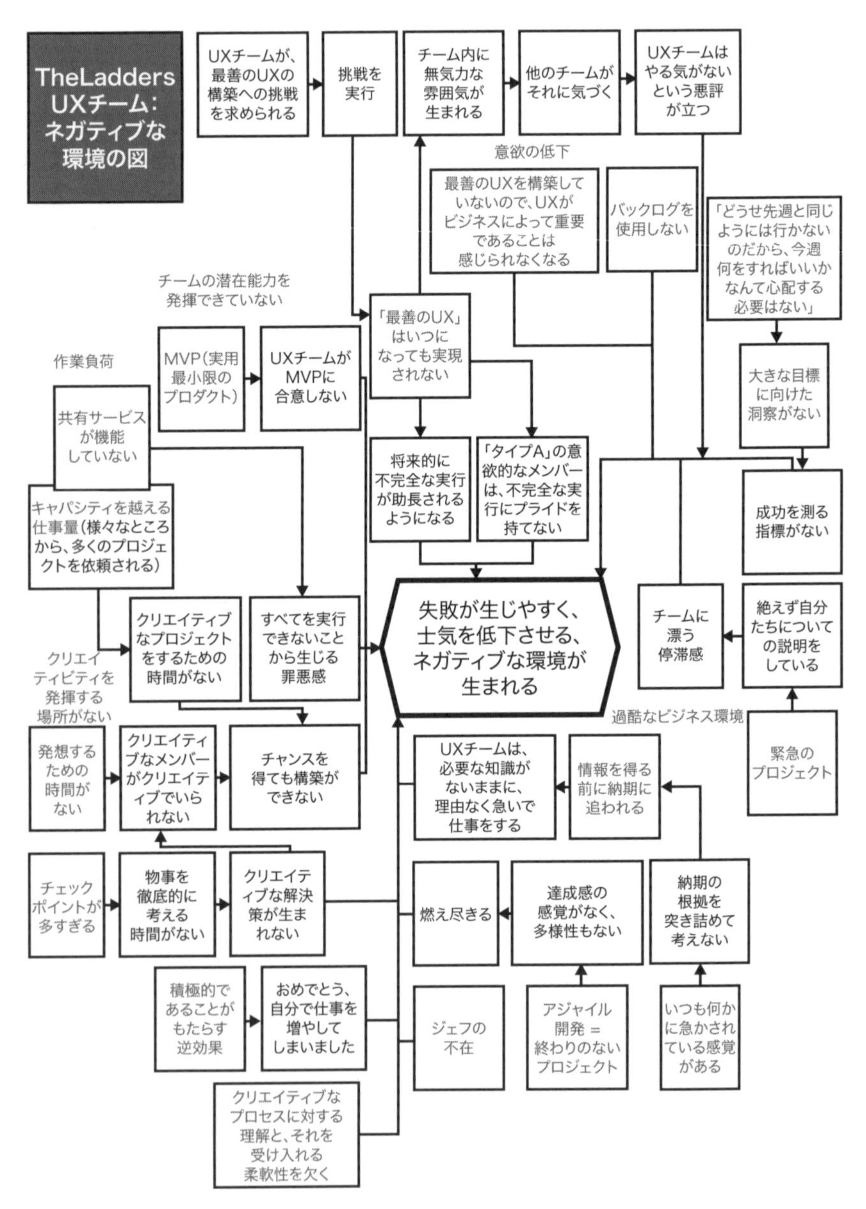

図16-13 TheLaddersのUXチームが、アジャイルとUXデザインの統合の取り組みについて感じていることを図式化したもの

こうしたプロジェクトを通じて、筆者はLean UXが様々な環境でどう機能するかについて理解を深めることができました。さらに、そこで得た知見を後のプロジェクトに活かしていきました。この5年間の体験によって、Lean UXを成功させるためにチームや組織のレベルで何が必要かについての明確な感覚を得ることができました。これが、第IV部のテーマです。

「**17章　Lean UXの実践に際して組織に求められる変革**」では、このような働き方をサポートするために必要な組織改革について説明します。連携する方法を探らなければならないのは、ソフトウェアエンジニアとデザイナーだけではありません。真にアジャイルな組織を作るためには、プロダクト開発のエンジン全体を変える必要があるのです。

「**18章　エージェンシーにおけるLean UX**」では、エージェンシーのコンテキストでLean UXを導入する場合に特有の問題を、筆者自身がこの問題に取り組み、多くのデザイン会社やプロダクト開発会社をトレーニングしてきた経験に基づいて説明します。この状況でLean UXを成功させるために考慮すべき重要ポイントを紹介します。

17章
Lean UXの実践に際して組織に求められる変革

野球の世界では、確実なことは何もない。

——ヨギ・ベラ（元MLBの野球選手）

筆者はクライアントのチームにLean UXの手法を教えることを通じて、「Lean UXは運営・マネジメント手法でもある」という認識を抱くようにもなりました。Lean UXから最大のメリットを得るためには、組織は変わらなければならないのです。

組織を変えるのは簡単ではありません。しかし、それは避けては通れません。ビジネスを取り巻く状況は変わりました。組織も、変わっていかなければならないのです。現在では、ある程度の規模の企業（あるいは拡大を目指している企業）は、好むと好まざるとにかかわらず、ソフトウェアビジネスと無関係ではいられません。業界を問わず、企業がプロダクトやサービスを提供する上で、ソフトウェアは中心的な役割を担うようになっています。

このことは、私たちに力を与えてくれると同時に、脅威にもなっています。現在では、グローバルマーケットに参入し、需要増に応じてオペレーションを拡大し、ユーザーと継続的にコミュニケーションしていくことは、以前とは比較にならないほど容易になりました。しかし、それは諸刃の剣でもあります。これまでは本格的なソフトウェアの導入ができなかった小規模の競合他社が、同じ機会を手にすることになるからです。だからこそ、企業はLean UXを速やかに導入すべきなのです。

多くの組織がこの結論に達し、プロダクト開発チームの規模を拡大しようとしています。その際、アジャイルな開発手法の核となるリズムを用いて、ソフトウェア開発が行われるようになりました。しかし残念ながら、これらのアプローチのほとんどは名ばかりのアジャイルです。これらのアプローチでは、コラボレーション、透明性、継続的学習といったアジャイルの主な価値は得られません。デリバリーまでの期間は短くできますが、ソフトウェアチーム（チームのデザイナーを含む）を「製造モード」に追い込みます。その結果、デザインの価値の多くが失われてしまうのです。

Lean UXは、「プロダクションとしてのデザイン」という考えから脱却し、部門横断的なチームでデザインの価値を最大限に実現するための方法です。Lean UXの導入によって、ソフトウェアの利点を活かして継続的な改善を繰り返すフィードバックループを構築し、競合他社の先を行くことができます。これは真の組織的アジリティを促すループであり、以前には想像もできなかったような速さで変化するマーケットに対応できるようになります。

DesignOpsとLean UX

大企業がプロダクト開発チームの運営においてデザインを取り入れるようになるにつれ、DesignOpsと呼ばれるムーブメントが台頭してきました。DesignOpsには、デザインを大規模に運用するというシンプルな目標があります。これは、大規模組織におけるデザインの運用について思考し、管理する方法です。このため組織のDesignOpsチームは、Lean UXの導入において重要な役割を担うことになります。

ここで注意しておくべきことがあります。それは、DesignOpsは新しい仕事の進め方だけではなく、従来型の仕事の進め方を推進する力にもなり得るということです。デザインコミュニティが編み出してきた従来型の仕事の進め方の多くは非常に優れています。それは先人の知恵に満ちた、尊重されるべきものです。しかし、その中には古いテクノロジーやビジネスモデルに従ったデザイン作業もあります。BDUF（Big Design Up Front=事前に定められたデザイン）と成果物ベースの仕事も、こうした従来型のデザイン手法の典型例であり、アジャイルチームで最大の効果を求めるデザイナーにとっては、もはや最善のメリットをもたらしません。組織でDesignOps主導のムーブメントを起こそうとするときは、「デザイナーはいつもこの方法でやってきた」というソリューションに注意しましょう。それは、アジャイルやLean UXの真の精神を受け入れないものです。

17.1　組織に求められる変革

LeanUXの導入に向けたトレーニングをしていると、筆者はよく、チームから「Lean UXをこの組織で実践するにはどうすれば良いですか？」と尋ねられます。これは、簡単に答えるのが難しい質問です。もちろん、筆者はほとんどの組織が、Lean UXを導入するという課題を解決できると信じています。しかし、組織はそれぞれ異なっています。正しいソリューションを見い出すためには、メンバーや幹部が密接に連携して仕事を進めなければならないのです。

これを実践するための準備として、この章では、組織がLean UXを取り入れるために欠かせない変革について説明します。ただし、その具体的な方法は示しません。それは、それぞれの組織が状況に合わせて考えるべきことだからです。この章の内容を、あなたの組織が全体的な状況を把握し、対処が必要な領域を見つけるために役立ててください。

17.1.1　組織文化を変える

Lean UXを導入する際には、以下のような組織文化の変化を実現しなければならないことを認識します。

- 謙虚になる
- 新たな技術を積極的に採用する
- オープンで、コラボレーティブなワークスペースを構築する
- ヒーロー的な存在の個人に依存しない
- ソリューションに惹かれるのではなく、解決すべき課題を重視する
- エージェンシー思考のカルチャーを進化させる
- 環境に対して現実的になる

17.1.2　チーム編成の変更

Lean UXを導入するには、チームの編成方法も見直す必要があります。

- 役割よりも能力を重視する
- 部門横断的なチームを構築する

- 小さなチームをつくる
- 分散したチームと連携する
- サードパーティー・ベンダーと柔軟に連携する

17.1.3 プロセスを変える

プロダクトやサービスの開発プロセスにも変革が必要です。

- 結果（アウトプット）ではなく成果（アウトカム）を重視した作業を計画する
- アジャイル環境にBDUF（Big Design Up Front=事前に定められたデザイン）が入り込むことに注意する
- スピードが第一、美しさはその次
- UXの負債に取り組む
- ドキュメントの作成・管理方法を見直す
- 組織の幹部や社外のステークホルダーに適切な報告をする

17.1.3.1 組織に求められる変革：謙虚になる

自動車の組み立てラインで働いていると想像してみてください。プロダクトの最終形態は事前に明確に定義されています。製造コストがどれくらいになるのかも、はっきりとわかっています。製造プロセスは最適化されており、ユーザーが車を利用するシナリオも明確です（なにしろ、自動車には100年以上の歴史があるので、十分な証拠があります）。このような状況では、品質や効率、コスト管理が重視されます。

しかし、私たちがつくっているのは車ではありません。

私たちが扱っているのはソフトウェアであり、そのプロダクトやサービスは複雑で予測不可能なものです。ソフトウェアには、最終形態はありません。デジタルプロダクト/サービスのデザイン、開発、運用、最適化は、経済的な合理性がある限り継続できます。しかし厄介なのは、ユーザーが私たちの想像もできない方法でデジタルプロダクト/サービスを利用する可能性があることです。ソフトウェアの最善の機能は、ソフトウェアが利用されるにつれて明らかになっていくものです（その典型例がTwitterのハッシュタグです。この機能はユーザーが考案し、Twitterが追加的に実装したものです）。未知数の部分が多いために、プロダクトやサービスのスコープ、ロードマップ、実装、成功にはなかなか確証が持てません。しかし幸い、アジャイルやDevOpsの台頭により、ソフトウェア開発では、従来の組み立てライン方式から離れ、継続的な開発手法を採用できるようになりました。この機能をLean UXと組み合わせることで、アイディアが有効かどうかを素早く学習できるようになります。

組織がこれらの新たな機能を十分に活用するには、謙虚にならなければなりません。複雑さや不確実性があるために、サービスの成功のために何が必要かを正確に予測するのは不可能だという事実を受け入れなければならないのです。ただし、それはビジョンを放棄することではありません。

必要なのは、目指すべき方向性についてしっかりとした意見を持ち、マーケットからのフィードバックによって当初のビジョンの間違いが明らかになったら軌道修正することなのです。この考え方を採用することで、チームは安心して早い段階から実験し、失敗し、学習できるようになります。この試行錯誤を通じてのみ、Lean UXはその威力を発揮します。組織が軌道修正の余地を念頭に置かなければ、Lean UXが推進する継続的な学習は単なる気晴らしにしかならず、最悪の場合は時間の無駄になってしまいます。

17.1.3.2 組織に求められる変革：新たなスキルを活用する

多くの企業は、デザイナーにワイヤーフレームや仕様書、UIデザインの作成など、戦術的で従来型な能力のみを求めています。これでは、デザイナーはその企業のプロセスの「デザインフェーズ」を通じてしかプロジェクトに関われません。必要なときにだけ既存のワークフローにデザイナーを当てはめていくだけでは、仕事の範囲が制限され、その仕事の効果も薄れてしまいます。これは、チームが個別に作業を進めるモデルの副作用だと言えます。

コラボレーティブなチームの成功には、多くのことが必要です。チームにはUXのコアスキルが必要になります。デザイナーにはコアコンピテンシーとしてファシリテーターの役割も求められます。そのためには、従来の方法に対する以下の2つの大きな変化が必要です。

デザイナーはデザインプロセスをオープンにする

プロダクトデザインは、個人ではなくチーム全体が主体となって行う必要があります。デザイナーはパソコンに向かいっぱなしで仕事をするのではなく、チーム全員をデザインプロセスに参加させ、意見を聞き、そこで得た知見をデザインに反映させなければなりません。これによって、部門間の壁が取り除かれ、部門横断的なコラボレーションが促されます。そのために、デザイナーは幅広いコラボレーティブ技法を駆使して、チームのニーズを満たし、コミュニケーションを促進し、チームのキャパシティやプロジェクトのタイムラインを現実的にとらえることのできる形で創造的かつ実践的に仕事を進めていかなければならないのです。

デザイナーがチーム内でリーダーの役割を担う

チームのメンバーは、デザイナーがつくったデザインに意見を述べることに慣れていますが、デザイナーと共にデザインを創り上げることには慣れていません。デザインスタジオのようなグループでのブレーンストーミング活動でデザイナーがリーダーやファシリテーターの役割を担うことで、チーム全体がプロダクトやサービスのコンセプトを安心して考案できるようになり、デザインチームが全体として能力を発揮しやすくなります。

17.1.3.3　組織に求められる変革：ワークスペース

コラボレーションを阻む物理的な障害物を取り除きましょう。配置替えをして、チーム全体が同じ場所で、全員の姿を見ながら作業できる、アクセスしやすい環境のワークスペースをつくりましょう。仕事の内容や中間生成物を掲示できる壁や作業台を用意しましょう。同僚のデスクに歩み寄り、仕事の内容を見せ、話し合い、スケッチし、アイディアを交換し、相手の表情や身振りを理解し、難しい問題の解決策を共に見つけ出そうとすることほど、仕事を進める上で効果的なものはありません。

メンバーを配置するときには、機能横断的なグループ編成にします。メンバーがそれぞれの部門の快適な「隠れ家」に閉じこもるのを防ぐのです。仕切りが1枚あるだけで、メンバー間のコミュニケーションは驚くほど妨げられてしまいます。

オープンなワークスペースでは、メンバーはお互いの姿を見たり、疑問が生じたときに簡単に相手に話しかけたりできます。デスクの脚にキャスターをつけ、コラボレーションが特に必要な日にはデスクごと移動してメンバーが寄り集まって作業をしているチームもあります。オープンスペースには、メンバーが自由に会話できる小スペースを設けましょう。壁サイズのホワイトボードを設置したり、壁自体をホワイトボード塗料で塗ったりすることで、議論のできる広いスペースをつくれます。重要なのは、メンバー間の物理的な障害を取り除くことです。職場のレイアウト担当者はそれを好まないかもしれませんが、最終的にはステークホルダーはこの方法に感謝することになるはずです。

現在では、分散型のチームや「ハイブリッド」な作業環境がますます一般的になってきていますが、これらの特性をこの新たな状況に適用するのを忘れないようにしましょう。コラボレーションと共有を容易にし、IT部門が選んだツールではなく、チームにとって最適なツールを採用します。

17.1.3.4　組織に求められる変革：ヒーローは不要

筆者は様々なチームと仕事をしてきましたが、Lean UXの考え方に抵抗するデザイナーは依然として少なくありません。その大きな理由は、多くのデザイナーがヒーローになりたがっているからです。

デザイナーは、美しい中間生成物がつくれる環境においては、ヒーローにふさわしいオーラを保てます。要件をデザインマシンの片端に入れると、もう一方から美しいアートワークが出てくるというわけです。デザインの詳細が披露されると、他のメンバーは「わあ」「すごい」と感嘆の声を上げます。デザイナーは長年、このような反応（インフォーマルなものから賞として与えられるフォーマルなものまで）を糧にして生きてきたのです。

これらのデザインが、すべて皮相的だと言うつもりはありません。デザイナーが手掛けるPhotoshopのドキュメントには、長年蓄積されてきた専門知識や経験、発想が詰まっており、その結果もたいていはスマートで、よく考慮された、価値のあるものです。しかし、これらの見栄えの良い中間生成物は、企業の意思決定を誤らせる場合があります。美しいデザインには説得力があるため、判断にバイアスが生じやすくなるのです。デザインが生み出す成果ではなく、デザインの美しさが評価の対象になってしまいます。デザインを採用するかどうかはワイヤーフレームのシャープさに基づいて判断され、各デザインの隅に描かれたブランド名に応じて報酬が増減します。

これらのデザインの作成者たちは、ソートリーダーとしての高い評価を得て、エクスペリエンスデザイン分野の頂点に上り詰めるようになりました。そして、課題を迅速に解決しなければならないときに頼りにすべき存在だと見なされるようになったのです。しかし、たった1人の「デザインヒーロー」が、ユーザーエクスペリエンスやビジネス、チームの成功へ責任を持つことができるのでしょうか？ たった1人が、イニシアチブを成功させた唯一の功労者として評価されるべきなのでしょうか？

答えは、ノーです。

組織がLean UXを実践するには、デザイナーと非デザイナーを含む、あらゆるタイプの貢献者の幅広いコラボレーションが必要です。このような変化は、一部の人間にとっては受け入れ難いものです。特に、インタラクティブなエージェンシーで経験を積んできたビジュアルデザイナーの場合はそうでしょう。そこでは、クリエイティブディレクターは不可侵の存在と見なされています。しかしLean UXでは、変えてはいけないのは、ユーザーの意見だけです。

Lean UXに、ヒーローは不要です。仮説としてのデザインという考え方そのものが、ヒーローという概念を否定しています。デザイナーは、アイディアの多くが失敗することを想定しておかなければなりません。ヒーローは、失敗を認めようとしません。しかし、Lean UXのデザイナーには、失敗をプロセスの一部として歓迎することが求められるのです。

17.1.3.5 組織に求められる変革：ソリューションではなく、課題と恋に落ちる

Lean UXでは、デザイナーは自らのデザインの質についての厳しい問いに直面します。

あなたがデザイナーなら、「完璧な美しさよりもスピードが優先される」ような状況で、次のような疑問を心に浮かべるのではないでしょうか。

> 私の仕事が、デザインを完成させることではなく、アイディアやコンセプトを提示することなのだとしたら、デザインはすべて中途半端なものになってしまう。最初から「銅メダル」のデザインを目指しているみたいだ。完璧なものをつくることができない。これでは、自分がデザインできるプロダクトやサービスを十分に表現できない。そんな中途半端なデザインに、プライドや責任感が持てるはずがない。

一部のデザイナーにとって、Lean UXは自らが仕事で大切にしていることや、自分のブランドをリスクにさらすものに思えます。将来のキャリアに傷をつけるものに感じるかもしれません。このような感情は、デザイナーの採用担当者の多くがこれまで重視してきた、「美しい中間生成物（ソリューション）を高く評価する」という従来の価値観に基づいています。ラフスケッチや、プロジェクトの「バージョン1」、他の低忠実度の中間生成物は、「キラーポートフォリオ」にはなりません。しかし、「ソフ

トウェアソリューションは時間の経過とともに進化し続ける」という認識が高まるにつれ、こうした状況は変わり始めています。

組織が今後もこれまでと同じように、美しさや洗練度、細部への配慮に価値を置かなくてはならないことに変わりはありません。しかし、デザインの他の側面も、それらと同じくらい重要なのです。ビジネスプロブレムのコンテキストを理解し、迅速に思考し、共通理解を構築する能力を、これまで以上に高く評価しなければなりません。デザイナーは、アイディア、検証された学習、体験へと至る道のりを示すことによって、自らの課題解決能力を示せます。それによって、デザイナーとしての真価を証明するのです。課題解決ができる人材を求め、そのような人材を高く評価する組織は、こうしたデザイナーを惹きつけ、惹きつけられるでしょう。

17.1.3.6　組織に求められる変革：エージェンシーのカルチャーを進化させる

デジタルエージェンシーにLean UXを適用するのは簡単ではありません。ほとんどのエージェンシーは、Lean UXと相反するビジネスモデルを持っているからです。従来型のエージェンシーのビジネスモデルはシンプルです。つまり、クライアントは成果ではなく、デザインや仕様書、コード、PowerPoint資料などの中間生成物に対して報酬を支払うのです。エージェンシーのカルチャーも大きな障害になります。個人にエグゼクティブ・クリエイティブディレクターのようなポジションを与える企業には、「ヒーローデザイン」の文化が根強く存在します。また大規模なエージェンシーでは高い稼働率を維持する必要があるために作業の細分化に陥りやすく、部門横断型のコラボレーションも難しくなります。その結果、成果ではなく結果を重視する「プロジェクトフェーズ」型の仕事の進め方につながります。

おそらく最も困難な障害物は、クライアントがエージェンシーに「丸投げ」し、すべてが出来上がったときに初めて結果を見ようとすることです。このような状況では、クライアントとエージェンシーのコラボレーションは、個人的な偏見や社内政治、言い逃れに基づいた、情報量に乏しく非生産的な意見交換にとどまってしまいます。

Lean UXのプロセスをエージェンシーで機能させるには、それに関わるメンバー全員が、「クライアントとエージェンシーのコラボレーションを増やすこと」「結果から成果にフォーカスを変えること」の2つに最大の価値を置かなければなりません。

一部のエージェンシーは、クライアントとの契約を、作業範囲を明確に定めるものや、中間生成物をベースにしたものから、シンプルな「タイムアンドマテリアル（工数単価)」式、さらには成果に焦点を合わせたものに変えようとしています。いずれのケースでも、チームは中間生成物ではなく、目標に向かってイテレーションを繰り返すことに自由に時間を費やせます。クライアントは、中間生成物ベースの契約がもたらす「プロジェクトを管理できる」という幻想を手放す代わりに、機能リストではなく成果によって定義される、有意義で質の高いソリューションを追い求める自由を手にできます。

エージェンシーはコラボレーションを深めるために、クライアントとの間にある壁を取り壊そうとすることができます。以前よりも早い段階で、頻繁にクライアントをプロセスに関与させることもできます。クライアントによるチェックインでは、正式さの度合いの低いマイルストーンを基準にすることもできます。エージェンシーとクライアントの両方が、さらなる洞察やフィードバック、コラボレーションのメリットを相互に享受できるような形で、コラボレーティブなワークセッションを実施することもできます。

このような変革は、エージェンシーにとっても、依頼元であるクライアントにとっても、簡単なことではありません。しかしこれこそが、最善のプロダクトやサービスを開発できるモデルなのです。

ここで、開発パートナーについて簡単に触れておきましょう。ソフトウェア開発チーム（エージェンシー、クライアント、サードパーティーのチーム）は、エージェンシーとの関係の中で、部外者として扱われ、デザインの最終段階まで参加を求められないことが多くあります。こうした状況は、変えなければなりません。開発パートナーは、受け身のオブザーバーではなく、プロジェクト全体を通じて参加すべきです。そのためには、ソフトウェア開発はできるだけ早く開始すべきです。ここでも、大切なのはプロジェクトチーム全体で密接かつ有意義なコラボレーションを構築することです。デザイナーは、エンジニアのすぐ近くで仕事に取り組むべきなのです。

17.1.3.7　組織に求められる変革：現実的な状況の理解

変化には恐怖が伴います。そしてLean UXアプローチは、多くの変化をもたらします。特に、長いあいだ現在のポジションを保ち、その役割に心地よさを感じているマネージャーにとって、変化は穏やかなものではありません。新たな仕事の進め方の提案を、自らの立場が脅かされるものと受け止めるマネージャーもいます。その結果、デザイナーにとっては好ましくない状況が生じてしまいます。このような状況では、正式な承認という形ではなく、実験的な試みを行う許可を得ることを目指しましょう。アイディアを試し、成功を定量的な形で示すことによって、その価値を証明するのです。「プロジェクトで時間と費用を節約した」「アップデートがこれまで以上に上手く行った」などの実績を示せば、主張に説得力を持たせられます。それでもまだマネージャーが新しい手法に価値を見いださず、組織が「やみくもなデザイン」を続けていると思えるのならば、転職を検討してもよいかもしれません。

17.1.3.8　組織に求められる変革：役割よりも能力を重視する

一般的に、組織では仕事の内容は職種によって決まります。仕事の内容は肩書きによってはっきりと定められており、従業員が職務範囲を超えた仕事をすることは奨励されていません（例：「君はエンジニアではないだろう？ JavaScriptについて何がわかるというんだ？」）。このアプローチはコラボレーションの対極にあるもので、従業員が技能や才能、能力を最大限に発揮しにくい環境です。

部門横断的なインプットが奨励されないと、各部門は孤立していきます。作業は細分化され、メンバーは安全地帯に閉じこもりがちになります。その結果、部門間の交流は減り、不信感や責任転嫁、言い訳などが増えます。

孤立化が進むと、チームのコラボレーションは機能しなくなります。

Lean UXを実践するには、組織は「役割よりも能力」というスローガンを掲げなければなりません。コラボレーティブなチームのメンバーは、それぞれが持つデザインやソフトウェア開発、リサーチなどのコアコンピテンシーをチームに提供しています。しかし、メンバーがコアコンピテンシーに次ぐ第2の能力を持っている場合、それを活用することで、チームの効率をさらに高められるのです。

メンバーの誰もが、専門性や関心を持つどんな領域でもチームに貢献できるようにしましょう。それによって、効率的に作業を進められる、積極性に満ちたチームをつくれます。また、他部門の仕事への興味が高まることで、様々な肩書きのメンバーのあいだに連帯感が生まれやすくなります。力を合わせて働くことに喜びを感じるチームは、良い仕事ができます。

17.1.3.9　組織に求められる変革：部門横断的なチームを構築する

多くのチームにとって、コラボレーションは同じ職務領域内での活動に過ぎません。エンジニアは他のエンジニアと共に課題を解決し、デザイナーはビーンバッグの上に座り、洒落たラバライトの明かりの下で、黒のタートルネックを着た同僚のデザイナーと共に高尚なデザインを思い浮かべるのです（冗談です。でも、実際はこの通りといったケースもあります。誤解しないでください。筆者はデザイナーが大好きです)。

同じ職務領域内のコラボレーションから生まれたアイディアには、一面的な視点しかありません。それは、様々なニーズや機会、リスク、ソリューションをとらえられる、チームの広い視野を反映したものではありません。またこの方法では、各部門のメンバーは自らの仕事の内容をチームの他の部門のメンバーに説明しなければなりません。その結果、分厚いドキュメントが必要になり、チーム全体の学習ペースが落ちてしまうのです。

Lean UXでは、部門横断的なコラボレーションが欠かせません。プロダクトマネージャー、エンジニア、QAエンジニア、デザイナー、マーケティング担当者が連携することで、チーム内に共通理解が生まれます。また、全員が同じレベルでコラボレーションをすることも重要です。ある部門が他の部門に指示をするのではありません。全員が共通の目的に向けて取り組むのです。デザイナーはエンジニアの会議に、エンジニアはデザイナーの会議に参加します。これはチーム全体でミーティングを催すことで、自然に実現できます。

部門横断的なコラボレーションの重要性は、かなり以前から知られていました。1970年代後半、ロバート・デイリーによる「The Role of Team and Task Characteristics in R & D Team Collaborative Problem Solving and Productivity」(研究開発チームのコラボレーティブな問題解決と生産性におけるチームの役割とタスクの特性)と題された研究では、チームの問題解決における生産性と、デイリーが「4つの予測因子」と呼ぶ、タスクの確実性、タスクの相互依存性、チームの規模、チームの団結力との間に関連があることが示されました[†1]。

部門の壁を取り払い、チームの連帯感を高めましょう。

17.1.3.10 組織に求められる変革:小さなチームをつくる

大きな集団は、小さな集団ほど効率的ではありません。このことは、直観的に理解できるのではないでしょうか。しかし、あまりはっきりと理解されていないこともあります。それは、小さなチームは、小さな課題に取り組まなくてはならないということです。課題を小さくすることで、チームは実用最小限の製品(MVP)をつくるため

†1 Robert C. Daley, "The Role of Team and Task Characteristics in R&D Team Collaborative Problem Solving and Productivity," Management Science 24, no. 15 (November 1, 1978): 1557–1676, https://oreil.ly/hnN7a.

に必要な規律を保ちやすくなります。Amazon.comの創設者ジェフ・ベゾスの、「ピザ2枚分のチーム」という言葉は有名です。すなわち、全員でピザを食べるときに2枚以上注文しなければならないようなら、チームの人数は多すぎるというわけです。

タスクが大きい場合は、複数の小さなチームが同時に処理できるように、コンポーネントに分割します。そして、全チームの力を結集して、1つの成果の達成を目指します。これにより、小規模チームの自律性やコミュニケーション効率が高まり、チーム内だけで仕事を完結させてしまうリスクを減らせます。

17.1.3.11　組織に求められる変革：分散型のチームとの連携

COVID-19の大流行が示すように、遠隔地のチームの場所を移動させることが常に可能だとは限りません。遠隔地のチームとプロジェクトを進めるために、コミュニケーションやコラボレーション用のツールを活用しましょう。テレビ会議ソフトウェア（例：Zoom）、リアルタイムコミュニケーションサービス（例：Slack）、オンライン ホワイトボードツール（例：Mural、Miro）、シンプル なファイル共有ソフト（例：Dropbox、Google Docs）、リモートペアリングソフトウェア（例：Screenhero）などのツールは、コラボレーションや生産性の向上に役立ちます。

ただし、可能であれば、ときには直接会うために航空券を購入することの方が遠隔地のチームとの協力関係を維持するのに効果的であることを忘れないようにしましょう。おそらく分散型のチームでLean UXを実践する際に最も重要なことは、時差のある各地域にいる全チームが、同時に働いている時間帯をつくることです。この時間帯は、就業時間すべてでなくてもかまいませんが、会話をしたり、共同で作業をしたりするためのある程度のまとまった時間がとれることが必要です。

17.1.3.12　組織に求められる変革：サードパーティー・ベンダーと柔軟に連携する

サードパーティーのソフトウェア開発ベンダーの存在は、Lean UXのアプローチにとっての難関になります。仕事の一部をサードパーティーのベンダーに外注した場合、ベンダーの所在地がどこかを問わず、Lean UXのサイクルに支障が生じやすくなります。なぜなら、これらのベンダーと取り交わした契約の内容によっては、Lean UXが必要とする柔軟性を維持しにくくなるからです。

サードパーティー・ベンダーと働くときは、工数単価方式の契約をベースにしたプロジェクトにすべきです。これにより、開発パートナーとの関係を柔軟にできます。

この柔軟性は、Lean UXサイクルの一部である「変化への対処」を実現するために必要です。チームはソフトウェアを学習のためにつくっていて、その学習に応じて計画も変わっていくのです。変化を見越した計画を立て、それに基づいてベンダーとの関係を構築しましょう。

パートナーを選ぶ際には、外注先のソフトウェア開発企業の多くが製造型のアプローチに意識を向けていて、リワークを学習の機会ではなく問題だと見なしていることに留意しましょう。実験とイテレーションを望ましいと考え、「学習のためのプロトタイピング」と「製造のための開発」の違いを明確に理解している、Lean UXにふさわしいパートナーを探しましょう。

17.1.3.13 組織に求められる変革：結果（アウトプット）ではなく成果（アウトカム）を重視した作業を計画する

3章では、Lean UXにおける成果（アウトカム）の役割について論じました。Lean UXチームにとって成功の判断基準は、「完成させた機能」ではなく、「その機能によってどの程度成果へと近づけたか」です。成果の測定は組織のリーダーの役割です。しかし、組織の多くはこの「成果の測定」に馴染みがなく、まったく実施していないケースもあります。たいてい、リーダーたちは指定した期日までに開発して欲しい結果（アウトプット）や機能を記載した機能中心のプロダクトロードマップを通じて、開発チームに指示を出すだけです。

Lean UXを実践するチームには、組織が求める成果を実現するために、どの機能を開発すべきかを判断する権限が与えられなくてはなりません。そのために、チームは組織のリーダーとの対話を、機能が重視されたものから成果が重視されたものへと変えなければなりません。これは大きな変化になります。プロダクトマネージャーは、どのビジネス指標に注目すべきかを判断しなければなりません。「その機能はどのような効果を生み出すのか？」「ユーザーにどのような影響をもらしているのか？（もしそうなら、どのように？）」「パフォーマンスを向上させようとしているか？（もしそうなら、どのような尺度で？）」などについての検討が必要です。これらの指標は、ビジネスへの影響という、より大きな観点から優先度付けをする必要があります。

この方向性を定めるのは、リーダーの役目です。そうでない場合、チームは「なぜこのプロジェクトに取り組んでいるのか？」「プロジェクトがうまく進んでいることを測る基準は？」などを明確にするよう、リーダーに要求すべきです。リーダーは、これらの質問に対する答えをチームに示し、チームに対して、これらの目標の達成に役立つ機能がどれかを判断する裁量を与えなければなりません。チームは機能実装に関するロードマップではなく、開発やテストの対象となる仮説のバックログを重視して作業を進めます。その際、リスクや実現可能性、成功への可能性を基準にして優先順位をつけます。

17.1.3.14 組織に求められる変革：アジャイル環境にBDUF（Big Design Up Front=事前に定められたデザイン）が入り込むことに注意する

アジャイルコミュニティでは、BDUF（Big Design Up Front=事前に定められたデザイン）という言葉を耳にすることがあります。筆者は長年、BDUFは採用すべきではないと主張してきましたが、最初からそうだったわけではありません。

2000年代前半、筆者の1人であるジェフは、AOLのUIデザイナーとして新規ブラウザのデザインに取り組んでいました。チームは既存のブラウザ機能に革新をもたらす方法を探していました。しかし、ジェフが彼らの新たなアイディアを元にしてモックアップや仕様、フローダイアグラムをつくるまでは、実装を待たなければなりませんでした。

待つことに耐えられなくなった1人のエンジニアが、ジェフがドキュメントを完成させる前にアイディアの実装を始めました。ジェフは腹を立てました。「デザインの方向性が決まっていないのに実装などできるわけがない。何をつくるべきかをどうやってわかるんだ？ 失敗したら？ 機能しなかったら？ コードを最初から書き直さなければならなくなるのに！」

しかし実際には、そのエンジニアの仕事によって、チームはアイディアが形になるのを以前よりもずっと早く見られるようになったのです。チームのメンバーは、実際のプロダクトエクスペリエンスを部分的に体験し、迅速なイテレーションによってデザインの有用性や実現可能性を高められるようになりました。それ以来、チームはBDUFの要件を緩めるようにしました。特に、アニメーションや新規のUIパターンを必要とする機能を開発する場合はそうしました。

皮肉にも、チームがドキュメントに依存していたために、その結果として1人のエンジニアが先に直観的にアイディアを形にしてしまったことが、チームにメリットを与えてくれたのでした。ジェフはプロジェクトの最後に、チームメイトから「ドキュメント化されていない創造性」を触発したということで、おふざけの賞を与えられたくらいです（**図17-1**）。

図17-1　ドキュメント化されていない創造力を触発したということで、ジェフに与えられた「賞」

最近では、多くのアジャイルチームがBDUFを避けていると言うようになりました。しかし筆者は、アジャイルを採用していると見なされている環境で、この手法が復活している例を何度も見てきました。それはチームの仕事の進め方に巧みに入り込んでくる、BDUFの新たなバージョンというべきものです。それはウォーターフォール式の開発手法でデザインを検討・設計し、それを引き取ったエンジニアチームがストーリーに分解して「アジャイルな」方法で開発するというアジャイルとウォーターフォールを折衷したような手法で、「**アジャイルフォール**」と呼ばれることもあります。この手法のメリットとして、実装中に変更がないこと、提供を開始できる段階を事前に予測できることといった、エンジニアリングチームの要望を叶えられる点が挙げられます。すなわちこの手法は、予測可能性と効率性を重視するチームに受け入れられているのです。

しかし、もちろん問題もあります。アジャイルフォールでは、Lean UXの実践に不可欠なデザインとエンジニアリングのコラボレーションが失われてしまうのです。デザインの内容を伝えるために詳細なドキュメントを作成しなければなりませんし、デザイナーとエンジニアの間で長い交渉も必要になります。どこかで見覚えはないでしょうか？ そう、これは形を変えたBDUFの一種なのです。アジャイルフォールでは、チームを定められた範囲と納期通りに作業させるために、管理面の無駄が生じてしまいます。エンジニアは、何を開発すべきかが明確で、仕様の変更がないと約束されなければ、範囲と納期にコミットできないと感じています（「アジャイルとは変化を受け入れるものである」などとは微塵も考えていません！）。しかし当然ながら、本書でこれまで見てきたように、ソフトウェアには複雑で予測不可能な性質があります。いくらデザインを確定させたとしても、何をいつリリースするかは正確には予測できません。それは、プロジェクトマネジメントというより、占いに近いものになってしまうのです。

チームがアジャイルフォールを採用しているのなら、ステークホルダーとの「成果を管理すること」についての会話を増やすことを検討しましょう。会話の内容を固定的な納期やスコープから遠ざけ、成功の尺度をユーザー行動に向けることで、デザイン作業をすべて事前に行う必要がなくなっていきます。

17.1.3.15 組織に求められる変革：スピードが第一、美しさはその次

BasecampのCEOジェイソン・フリードはかつて、「Speed first, aesthetics second」（スピードが第一、美しさはその次）と言いました。

フリードは、品質を妥協してもいいと述べたのではありません。アイディアとプロセスを、核となる部分まで削り込むことについて述べていたのです。Lean UXでは、素早く作業を進めることで多くの成果物がつくられていきます。どんなタイプの成果物をつくるべきかについて延々と議論をしたり、完璧なモノをつくろうとしたりして時間をかけすぎてはいけません。その代わりに、以下について検討しましょう。

- 誰とコミュニケーションをとる必要があるか？
- その人たちに迅速に伝えるべきことは何か？
- それを伝えるための必要最小限の作業は何か？

隣の席のエンジニアと作業を進めているのなら、ホワイトボードにスケッチを描くだけで十分です。しかし、エグゼクティブからプロダクトやサービスについての細かな質問をされているのなら、視覚的なモックアップを構築する必要があるかもしれません。ユーザーがプロトタイプを必要とするかもしれません。どのようなケースであれ、一番時間のかからない中間生成物を構築しましょう。これらの中間生成物は、メンバー間のコミュニケーションと同じように、プロジェクトにおいて一過性のものに

過ぎません。作成し、提示し、議論をして、前に進みましょう。

ビジュアルデザインにおいて、美的感覚は、完成したプロダクトやサービス、ユーザーエクスペリエンスにとって非常に重要な要素です。これらの要素をしっかりと仕上げることは、ブランド、感情的な体験、プロフェッショナリズムに大きな貢献をします。ビジュアルデザインを洗練する段階で、このプレゼンテーションレイヤーに手間暇をかけることはとても大切です。しかし、初期段階の中間生成物（ワイヤーフレーム、サイトマップ、ワークフロー図など）にこれと同じようなレベルの手間と労力をかけることは、（通常は）時間の無駄なのです。

デザインの中間生成物に完璧さを求めないことで、チームはマーケットに素早くアクセスし、体験全体（デザイン、ワークフロー、コピーライティング、コンテンツ、パフォーマンス、価値提案など）のなかで、どの要素がユーザーにとって効果的かを早く学べるようになります。また、構築に手間暇をかけていなければ、その分、アイディアの変更や修正にも抵抗を感じにくくなります。

17.1.3.16　組織に求められる変革：UXの負債に取り組む

アジャイルプロセスを採用していながら、ソフトウェアUIの改善のための後戻り作業をしないチームは少なくありません。しかし筆者の友人のジェフ・パットンがよく言うように、「1度しか改善しないなら、それはイテレーションではない」のです。チームは、継続的改善にコミットしなければなりません。コードのリファクタリングや技術的負債への対処だけではなく、ユーザーインターフェースをリワークし、改善する必要があるのです。チームは、「UXの負債」というコンセプトを受け入れ、ユーザーエクスペリエンスの継続的改善にコミットすべきなのです。

ロンドンのインタラクションデザイナー、ジェームズ・オブライエンが、彼のチームが技術的負債と同じように「UXの負債」を追跡し始めたときの様子について述べています。「効果は劇的でした。**リワークを負債として提示する**と、反対意見はなくなりました。返済されていない負債があることがはっきりとしただけではなく、常にそれに優先度が置かれるようになりました[†2]」

この追跡は、バックログに「UXの負債」というストーリーのカテゴリーを作成するだけですぐに対応できます。しかし、ユーザーエクスペリエンスに関する問題は、チーム単体では解決できない場合があります。大きな問題を解決するためには、複数

†2　James O'Brienm、Joshua SeidenとJeff Gothelfによるインタビュー、2012年

のチームが協力しなければならないケースがあります。こうした大規模な取り組み（広範囲のカスタマージャーニーを対象とするユーザーエクスペリエンスの問題）の場合は、以下を試してみましょう。

- 現状のユーザーエクスペリエンスについてのカスタマージャーニーマップを作成する。
- チームと協力して、理想的なユーザーエクスペリエンスを表す第2のカスタマージャーニーマップを作成する。
- これら2つを並べて壁に掲示し、視覚的に比較できるようにする。
- カスタマージャーニーの各部分を担当するチームを決め、壁の前に来てもらい、現在の状態と目指すべき状態のギャップを確認する。
- チームと協力してUXの負債に取り組むユーザーストーリーをバックログに追加する。
- 現状のユーザーエクスペリエンスが改善されたタイミングと、誰が他の改善に取り組んでいるかを、マップ上にはっきりと書き込む。

17.1.3.17 組織に求められる変革：ドキュメントの作成・管理方法を見直す

所属している業界によって、組織には社内外の規制を満たすための厳格な文書化基準が定められていることがあります。これらのドキュメントは進行中のプロジェクトにすぐには価値をもたらさないかもしれませんが、チームはルールに従って作成・管理しなければなりません。多くのチームはルールに従うために、プロジェクトを円滑に進められなくなります。つまり、ドキュメントが完成するのを待ってから、デザインと実装を進めようとするのです。その結果、進捗や学習が遅れてしまいます。また、完成したドキュメントにわずかであれ修正を加えようとすること対して、オーバーヘッドが発生してしまうために慎重になってしまいます。

この状況はまさに、デザイナー兼コーチのレイン・ハレーが「コミュニケーションによって前進し、ドキュメントで追跡する」と述べたものです。しかし、このような環境においても、Lean UXの基本的な考え方やコンセプト（対話、コラボレーティブな課題解決、スケッチ、実験など）を、プロジェクトのライフサイクルの初期段階で実行することができます。仮説が証明され、デザインの方向性が固まった後で、インフォーマルなドキュメント化から企業が求めるドキュメント化の基準にシフトすればよいのです。このドキュメント作成は、「意思決定の履歴を記録し、このプロダクトやサービスの構築に将来的に取り組むチームに情報を引き継ぐため」という、企業がドキュメントを求める本来の理由に基づいて行いましょう。ドキュメントの作成・管理が、プロダクトやサービスに関する適切な意思決定をする上での妨げになってはいけません。

17.1.3.18 組織に求められる変革：組織の幹部や社外のステークホルダーに適切な報告をする

Lean UXは、効果的なソリューションを追求するために、チームに多くの自由を与えます。チームは機能ロードマップを用いたアプローチから離れ、組織に最も貢献すると思われる機能を自ら判断する裁量権を与えられます。しかし、機能ロードマップをつくらないことで、組織は開発チームの活動を管理するための重要なツールを失ってしまいます。このため、チームはアジェンダを追い求める自由を得る代わりに、その内容を組織に伝える責任を担うことになります。

デザイナーは、自らの仕事に直接関係のない組織内のメンバーとコミュニケーションをとり、チームが目指しているものを理解してもらうよう努めなければなりません。このコミュニケーションはデザイナー自身にとっても、他のメンバーが何を計画しているかを理解し、調整をしていく上で役立ちます。カスタマーサービス・マネージャー、マーケティング担当者、他のビジネスユニット、営業チームなども、組織が何をしようとしているか知ることでメリットを得ます。デザイナーが事前に報告をすることで、これらの部門も仕事を進めやすくなります。また、プロダクトデザインを変更した場合にも、反発が少なくなります。

検証サイクルを円滑に進めるための秘訣を2つ紹介します。

- 必ず、どこかの部門があなたの仕事の影響を受ける。そのリスクを考慮すること。
- 重要な変更を施す場合は、それをユーザーに事前に知らせ、ユーザーがその変更を拒否すること（少なくとも一時的には）も選択できるようにする。

18章 エージェンシーにおける Lean UX

本書ではここまで、プロダクトやサービスの開発会社や、大規模な企業や組織のプロダクトグループ内でLean UXを機能させる方法について説明してきました。本書のアドバイスの大部分はどのような環境でも適用できますが、この章では、エージェンシーでLean UXを機能させるためには何が必要かについて見ていくことにします。

ここでいう「エージェンシー」とは、クライアントにサービスを提供する組織全般を指します。オレゴン州ポートランドにある社員4名の小さなデザインスタジオも、ロンドンにある1000人規模のマーケティングエージェンシーも、これに該当します。このようなエージェンシーにとってLean UXの実践を難しくするのは、何といってもクライアントの存在です。エージェンシーが、異質なカルチャーを持つクライアントに新しいアプローチを浸透させるのは簡単ではありません。そのような新しいアプローチをもたらすことが、クライアントから期待されている場合もあるでしょう。また、これまでとは違う仕事の進め方に拒絶反応を示すクライアントもあります。いずれの場合も、エージェンシーにとっては難しい問題になります。

この章では、最新の仕事の進め方を社内に導入しようとする際に考慮すべき5つの重要なポイントについて説明します。

18.1 どのような方式のビジネスをしたいか？

エージェンシーは、ほとんどの場合、成果物ベースのビジネスを行っています。デザインやプロトタイプ、リサーチ、部分的なソフトウェアを提供することで対価を得ているのです。このビジネスモデルは、成果を重視するLean UXのアプローチとは相反するものです。

従来型のエージェンシーのビジネスモデルはシンプルです。クライアントは成果ではなく、成果物（デザイン、仕様書、コード、パワーポイントなど）に対して対価を支払います。またビジネスモデルでは稼働率も重視されます。つまりエージェンシーにとって、従業員をできるだけ稼働させることが重要になります。

高い稼働率を維持しようとすると作業の細分化に陥りやすく、部門横断型のコラボレーションも難しくなります。その結果、成果ではなく結果を重視する「プロジェクトフェーズ」型の仕事の進め方につながります。こうしたビジネスモデルに従うエージェンシーにとって、機能横断的なチームは、チーム全員が稼働していて初めて意味があります。

こうしたエージェンシーの働き方をLean UXに移行させるためには、この2つの課題を考慮しなければなりません。まず、従来型の成果物ビジネスから脱却すべきです。Lean UXを導入したエージェンシーは、それ以降もワイヤーフレームやプロトタイプ、リサーチ、ソフトウェアを提供するのでしょうか？ もちろん、答えはイエスです。しかしこれらはもはや、成功の尺度にはなりません。それは、エージェンシーが報酬を得るための基準にはならないのです。その代わりに、このビジネスを「タイムアンドマテリアル（工数単価）」式のモデルに変えることを検討しましょう。つまり、「アプリ」や「デザイン」を売るのではなく、クライアントが抱えている問題に対するソリューションを見つけるためにクライアントと共同作業をすることの対価として、報酬を得るのです。そのソリューションとは何でしょうか？ 突き詰めれば、それが何かはプロジェクトの開始段階ではわかりません。エージェンシーはクライアントと一緒に、ソリューションを探すのです。そしてLean UXは、クライアントが抱える問題に対してディスカバリとソリューションを継続的に提供するために最適なプロセスなのです。

稼働率を高く維持するためには、少人数のチームを明確な更新基準のある契約に基づき、期限付きで売り込むことです。筆者が4年間共同経営していたエージェンシーでは通常、プロダクトマネージャー、デザイナー、エンジニア2人の4人で構成されるチームをプロジェクトの初期チームとしてクライアントに提案していました。このチームは週単価が決まっており、通常は3カ月単位で更新可能な契約に基づいて仕事をします。クライアントは四半期ごとに契約更新のタイミングがあるため、私たちが提案する短期間サイクルでの仕事の進め方を行いやすくなります。また、私たちにとっても、四半期ごとに契約を解除できるタイミングがあるため、仕事の進め方が合わないクライアントのために延々と働き続けなければならないというリスクも減らすことができました。また、チームの各個人ではなく、チーム全体をセットにして固定料金を設定することで、クライアントの承認を得ることなく、必要に応じてチームメンバーを入れ替えることがしやすくなるというメリットもありました。

Lean UXのソフトウェア開発スタイルに全面的に移行する前にビジネスモデルを決定しておくことは、現在のスタッフだけでなく、これから採用する人材にも影響を及ぼすため、重要です。エージェンシーが持つ唯一の資産は、人材です。デザイナー、プロダクトマネージャー、ソフトウェアエンジニアなどは、特定のタイプのクライアントに対して特定の働き方ができると約束するからこそ、そのエージェンシーで働いてくれるのです。Lean UXのソフトウェア開発スタイルで働くことができると約束していても、それを受け入れないクライアントのもとで働かされることになれば、スタッフは離れていくでしょう。

18.2 Lean UXをクライアントに売る秘訣は、期待値を設定すること

クライアントは長年にわたってエージェンシーと取引をしています。前述のように、多くのクライアントは、エージェンシーに仕事を「丸投げ」し、すべてが出来上がったときに初めて結果を見ようとします。このような状況では、クライアントとエージェンシーのコラボレーションは、個人的な偏見や社内政治、言い逃れに基づいた、情報量に乏しく非生産的な意見交換にとどまってしまいます。Lean UXではコラボレーションが極めて大切であることを考えると、これは当然、許容される関係性ではありません。これを回避するためには、どうすればいいのでしょうか？

既存の顧客、将来の顧客に対するあらゆるタッチポイントは、あなたのエージェンシーと仕事をすることで得られるメリットについて相手に期待を抱かせる機会です。それを伝えるために、ブランド、マーケティング、ポジショニング、そして最も具体的な方法としてウェブサイトを活用しましょう。これらの情報伝達手段では、従来のエージェンシーとは一線を画す方法で仕事をしていることをはっきりと伝えるデザインと文章を用います。さらに、ブログや刊行物、ソーシャルメディアにおいても一貫したコンテンツを発信し、顧客に正しい期待を抱かせましょう。あなたのエージェンシーが「Lean UX」に精通していることを相手に知ってもらいます。初めてクライアントと直接話すときには、普段あなたがどのようにクライアントと仕事をするかを説明します。売り込みをする機会が得られたら、プレゼンでは仕事の進め方が明確にわ

かるように説明しましょう。

プロジェクトの具体的な計画フェーズに進んだら、どのようにコラボレーションするか、なぜそれが顧客中心の仕事の進め方を構築する上で重要なのかを明確にします。もし、クライアントが「アウトソーシングパートナーになるつもりがない」というあなたのエージェンシーの方針を十分に理解していないことを示唆するような質問をしてきたら、いったんプロセスを中断して、もう一度こちらの意図がきちんと伝わるように説明をやり直しましょう。このことは、最初の段階でしっかりと伝えておくべきです。契約を結んでから期待を大きく裏切るようなことがあると、クライアントに悪い印象を与えてしまうからです。

18.3 誰も実験には金を払いたがらない

相手にこちらの仕事の進め方を理解してもらうときは、「誰も実験には金を払いたがらない」という言葉を忘れないようにしましょう。クライアントが求めているのはアプリやソフトウェア、デザインであり、「実験」ではありません。実験はリスクが高く、失敗しがちです。それはマーケットシェアや収益性を高める、マーケットレベルのプロダクションソフトウェアではありません。少なくとも、クライアントはそう考えているのです。

筆者はエージェンシーを立ち上げた当初、商談で「実験」を売り込んでいました。クライアントから、「予算は10万ドルあります。モバイルアプリをつくってほしいのです」と言われたら、「いいですね。ではまずそのうち1万ドルを使って、残りの9万ドルの最適な使い方を探るための実験をしてみましょう」と提案していたのです。しかしクライアントは決まって、「いや、すべての予算を使ってアプリをつくってください。我々は自分たちのビジネスと顧客を知っています。実験する必要はありません」と答えました。

今振り返ると、これは筆者のエージェンシーがマーケットでの差別化ができておらず、見込み客に正しい期待を持たせられず、望ましい最終結果ではなく戦術に頼ろうとしていたことを物語っていました。

実験はLean UXの一部ですが、単なる戦術に過ぎません。実験とは、学習、適切な意思決定、ポジティブな成果を生み出すためのプロセスの一部なのです。筆者はその後、セールストークの重点を「成果」に置くようにしました（例：「このプロセスによって、お客様のモバイルコマースの課題を解決するための最善の意思決定ができるようになります」)。その結果、以前よりもはるかに効果的に商談ができるようになったのです。

18.4 商談が成立したら、調達に進む

時には、すべてがうまくいくことがあります。自社のウェブサイトを用意することでクライアントに正しくこちらの情報を伝え、セールスピッチも万全であれば、クライアントは大きくうなずきます。商談は成立です。あなたは自分自身を褒め称え、契約の締結に取りかかろうとします。そのとき、どのサービスプロバイダーをも恐れさせるあのフレーズが聞こえてきます。「では、あとは調達部門に任せます」

大企業の（あるいはさらに悪いことに、外部の）調達部門とやり取りをしたことがある人なら、この気持ちがわかるはずです。それまでクライアントを説得するために費やされた言葉は、契約と購入をつかさどる購買部門にはまったく通じません。必ず、「10万ドル支払います。その見返りとして、我々が手にすることになる成果物とその納期を、具体的に教えてください」という言葉が返ってきます。

この問題に対処するためには、やはり事前にクライアントと期待値のすり合わせをしておくことが重要です。契約の内容は、固定的なスコープや成果物ベースの契約から脱却し、「タイムアンドマテリアル（工数単価）」や成果に基づくものであるべきです。ただし、成果やバリューに基づいて料金を定める契約をするケースは稀です。これはエージェンシーがどれだけ成果を上げることができたかによって料金が変動するもので、クライアント（そしてエージェンシー）にとっては契約に上限を設けないとリスクが大きくなりすぎることが多いからです。

タイムアンドマテリアルや成果ベースの契約を結ぶことで、エージェンシーチームは具体的な目標に向かってイテレーションを繰り返すことに時間を費やせるようになります。クライアントは、成果物ベースの契約がもたらす確実性という幻想を捨て、機能ではなく成果という観点で定義され、成功を得る可能性の高い、有意義で質の高いソリューションを追求する自由を手に入れられます。

18.5 あなたはもうアウトソーシングパートナーではない

クライアントとLean UXのプロセスを実践するエージェンシーは、もはや単なる

アウトソーシングエージェンシーではなく、ビジネスプロブレムを解決するためのコラボレーションパートナーです。そして、クライアントのスタッフを補強するのでもなく、クライアントが社内でできない仕事を引き受けるのでもなく、クライアントをエージェンシーチームのアクティブなパートナーと見なして仕事を進めます。このことは、クライアントにも理解してもらう必要があります。クライアントには、スタンドアップミーティングへの参加、チームの意思決定への定期的な関与、共同でのプロダクト開発を求めます。筆者のエージェンシーでは、プロダクトバックログの優先順位を決定することはほとんどありませんでした。それは、クライアントの責任だったからです。これを効果的に実践するために、クライアントは毎日のスタンドアップミーティングに参加し、チームの学習活動に関わり、状況報告や意思決定のミーティングに同席する必要がありました。さらに筆者は、クライアントに契約期間中、私たちのエージェンシーのスタジオで一緒に働くことを強く求めました。騒がしいいつもの環境から離れ、クリエイティブな空間に身を置き、全員がチームとして一緒に働いていることをあらためて認識してもらうためです。

このような関係が求められることは、契約書に明記すべきです。Lean UXを実践するには、クライアントにはこうした本格的な関与が必要になります。Lean UXでは、共通目標を築くことが極めて重要です。クライアントがプロダクトディスカバリや学習、意思決定に立ち会わなければ、すべてのプロセスの結果を文書化し、承認を求め、反応が返ってくるまで次の作業を進めるのを待たなければならなくなります。これでは、従来のエージェンシーの仕事のスタイルに逆戻りしてしまうことになります。

あるとき、こんなことがありました。金融機関のクライアントが、私たち筆者が提示した条件にすべて同意し、契約書にサインしました。そのクライアントは、すぐに私たちエージェンシーのオフィスにスタッフを常駐させました。ただし、彼らはWindowsマシンを持ち込み（私たちはMacでした）、エージェンシーのスタジオ内に自分たちのカルチャーをそのまま移植しようとしました。私たちを絶対に顧客と会わせようとせず、開発用サーバーへのアクセスも制限しました。そのためエージェンシーのスタッフは、契約通りの方法で仕事をすることができませんでした。8週間後、私たちはプロセスをいったん停止するよう要請しました。クライアントと会い、合意した通りに仕事を進めることができないと訴えましたが、どうすることもできないと言われました。その後2週間もしないうちに、私たちはそのクライアントとの契約を解除しました。彼らが望むような働き方を続けられないわけではありませんでした。ただしもしこのままこの状態を続ければ、私たちのスタッフがエージェンシーを辞めてしまう恐れがありました。それは私たちにとって受け入れがたいことだったのです。

18.6 開発パートナーとサードパーティー・ベンダーについての注意点

ソフトウェア開発チーム（エージェンシー、クライアント、サードパーティーで作業するチーム）は、エージェンシーから部外者として扱われ、デザインができるまで参加を求められないことがよくあります。こうした状況は、変えなければなりません。開発パートナーは、受け身のオブザーバーになってはいけません。プロジェクトの全期間を通じて、積極的に参加すべきなのです。そのために、ソフトウェア開発はできるだけ早い段階で開始すべきです。ここでも、大切なのはプロジェクトチーム全体との密接で有意義なコラボレーションです。デザイナーは、エンジニアのすぐ近くで仕事に取り組むべきです。

サードパーティーのソフトウェア開発ベンダーの存在は、Lean UXのアプローチにとっての難関になります。仕事の一部をサードパーティーのベンダーに外注した場合、ベンダーの所在地がどこかを問わず、Lean UXのサイクルに支障が生じやすくなります。なぜなら、これらのベンダーと取り交わした契約の内容によっては、Lean UXが必要とする柔軟性を維持しにくくなるからです。

サードパーティー・ベンダーと働くときは、工数単価方式の契約をベースにしたプロジェクトにすべきです。これにより、開発パートナーとの関係を柔軟にできます。この柔軟性は、Lean UXサイクルの一部である「変化への対処」を実現するために必要です。チームはソフトウェアを学習のためにつくっていて、その学習に応じて計画も変わっていくのです。変化を見越した計画を立て、それに基づいてベンダーとの関係を構築しましょう。

パートナーを選ぶ際には、外注先のソフトウェア開発企業の多くが製造型のアプローチに意識を向けていて、リワークを学習の機会ではなく問題だと見なしていることに留意しましょう。実験とイテレーションを望ましいと考え、「学習のためのプロトタイピング」と「製造のための開発」の違いを明確に理解している、Lean UXにふさわしいパートナーを探しましょう。

18.7 この章のまとめ

サービスプロバイダーであることは、Lean UXの導入において様々な課題を生じさせます。Lean UXを導入するために、エージェンシーは従来型のビジネスモデルを変え、さらには自社のカルチャーも変えなければなりません。営業方法や、スタッフの採用基準も変わります。クライアントに対しても、「エージェンシーと仕事をすることについての概念」を大きく変えてもらわなければなりません。クライアントとの契約や調達を成功に導くには、創意工夫や信頼関係が必要です。それでも、どうしてもLean UXの導入が適していないクライアントもあります。その場合は、なるべく早い段階で見切りをつけることも必要です。優先させるべきは、自社のチームの士気を落とさないようにすることなのです。

19章
最後に

本書の第1版が刊行された後、筆者のもとに読者からの声が届くようになりました。突き詰めると、Lean UXとはユーザーの声に耳を傾けることがすべてです。ですから筆者は、本書の「ユーザー」がどんな感想を持ったのかをよく理解しようとしました。様々なフィードバックが寄せられましたが（ありがとうございます！）、その中でも1つ、何年にもわたって多くの読者が言及したテーマがあります。このテーマは、Lean UXを真に受け入れるために組織やプロセスに必要なものと関わっています。

筆者は、Lean UXを導入するには変化が必要であるのはわかっていました。しかし、読者の声が届くまで、その変化に2つの種類があることには気づいていませんでした。読者が自力でできる変化と、何らかの理由で腰を重くしているリーダーを巻き込まなければならない変化です。

読者はこんなふうに語っていました。「自分たちだけで起こせる変化もありますが、リーダーの意識を変えなければならない変化もあります。後者の場合、私たちは自分たち以上のものを変えなければなりません。つまり、組織の仕事の進め方そのものを変えなければならないのです」

もちろん、組織を変えるというのは、たとえそれが小さな組織であっても大変な挑戦です。デザイナーやプロダクト担当者には、この挑戦に取り組むための経験がほとんどありません。組織開発の分野で経験を積んだ人たちでさえ、組織を変えることの難しさを知っています。ですから、組織を変えようとすると、人は圧倒されてしまうのです。そして、それこそがまさに、筆者が読者から聞いたことでした。読者は、どうすれば組織を変えられるのかを知りたがっていました。何から始めればいいのかわからず、途方に暮れていました。彼らは、助けを求めていたのです。

これを読んで、気落ちした読者もいるかもしれません。

でも、聞いてください。この章の目的は、あなたを絶望させることではありません。筆者は、人、チーム、会社は変われると固く信じています。それに、Lean UXの実践によってこの変化を起こせるとも信じています！ 第1版が出版されてからの数年間、筆者はチームがLean UXを学ぶのを支援することに加えて、この変化の問題にも取り組んできました。そして、それが可能であることを目の当たりにしてきました。

ただし、組織変革の理由や方法、対象などを網羅的に記述するのは本書の範囲を超えています。そこで、出発点となるポイントを示したいと思います。

19.1　プロダクトをつくるプロダクト

筆者の友人のバリー・オライリーの言葉を借りれば、プロダクトを開発する企業は「プロダクトをつくるプロダクト」と見なせます。つまり、組織変革には、プロダクトやサービスを開発するのと同じツールを使えるのです。そして筆者は、Lean UXの手法は組織変革にも役立つと確信しています。

あなたは、組織にどのような変化を起こしたいですか？ その変化を、あなたが求める成果という観点から説明できますか？ たとえば、リサーチをよりコラボレーティブなものにしたいとします。そのとき、成果は「今後のリサーチプロジェクトでは、チームメンバー全員が1回以上、顧客との対面セッションに参加する」といったものになります。チームへの仕事の割り振り方を変えたい場合なら、成果は「次の四半期では、取り組むエピックの半分を、機能リストではなく、ユーザーの成果によって定義する」といったものにできます。

ここで考えてみてください。そう、あなたはLean UXを実践しているのです！ では、これらの変化をどのように実現すればよいのでしょうか？ きっと、成果を得るための正しい方法を見つけるまで、何度も実験をしたいと思うはずです。その実験を、**MVP（実用最小限のプロダクト）**のようなものだと考えてみましょう。

あなたには組織の働き方を完全に変える権限はないかもしれません。それでも、有志を何人か集め、Lean UXの手法を使って望む組織づくりを始めることを妨げるものは、何もないはずです。そのとき、新たな人々（ステークホルダー、仲間、コラボレーター）のために、新しいもの（作業プロセスなど）をデザインし始めることになります。あなたには、それができるはずです。

筆者は、長年、多くのチームがLean UXを実施しているのをとてもうれしく思っています。あなたにもそれができるはずだと信じています。これまでと同じように、読者からの声を聞きたいと思っています。あなたのLean UXの道のりが良いものになることを、心から祈っています。ぜひ、その経験を私たちに知らせてください。

本書の冒頭で述べたように、ぜひ、皆さんの意見をお聞かせください。宛先はジェフ（jeff@jeffgothelf.com）とジョシュ（josh@joshuaseiden.com）まで。ご連絡をお待ちしています。

索引

S

U

V

あ行

か行

さ行

た行

な行

は行

ま行

や行

ら行

● **著者紹介**

Jeff Gothelf（ジェフ・ゴーセルフ）

組織がより良いプロダクトをつくり、経営者がより良いプロダクトをつくるためのカルチャーを構築することを支援している。共著に、受賞歴のある『Lean UX』、『Sense & Respond』（Harvard Business Review Press）、著書に、自費出版した『Lean Vs. Agile Vs.Design Thinking』（S&R Press）、『Forever Employable』（Gothelf Corp.）などがある。ソフトウェアデザイナーとしてキャリアをスタートさせ、現在はコーチ、コンサルタント、基調講演者として、企業がビジネスアジリティ、DX（デジタルトランスフォーメーション）、プロダクトマネジメント、人間中心デザインのギャップを埋めるのを支援。最近では、多忙なエグゼクティブ向けの実用書を刊行する出版社、Sense & Respond Press を共同設立した。

Josh Seiden（ジョシュ・セイデン）

デザイナー、著者、コーチとして、優れたプロダクトとサービスを生み出すためにチームと協力している。チームが顧客の真の課題を解決し、ビジネス価値を創造すること、またコーチとしてチームの働き方を改善し、効果的なコラボレーションを構築し、プロダクト開発の道のりを楽しめるよう支援している。イノベーション、DX（デジタルトランスフォーメーション）、プロダクトマネジメントに関する短くて美しい書籍を制作するマイクロパブリッシャー、Sense & Respond Press の共同設立者でもある。『Lean UX』以外に、著書に『Outcomess Over Output』（S&R Press）、共著に『Sense & Respond』（Harvard Business Review Press）がある。

● 監訳者紹介

坂田 一倫（さかた かずみち）

慶応SFCを卒業後、楽天株式会社に入社しUIデザイナーとしてキャリアをスタート。ウェブサービスのリニューアルやUX改善に従事。その後、UXデザイナーとしてUX戦略の設計、施策の立案から実務の遂行を担当。2016年Pivotal Labs Tokyoに入社後は、プロダクトマネージャーとしてLeanXPの開発手法を用いながら企業のDXを支援。2021年より株式会社Mentallyの創業に加わりCPO（Chief Product Officer）に就任。監訳書として『デザインの伝え方』（オライリー・ジャパン）がある。

● 訳者紹介

児島 修（こじま おさむ）

英日翻訳者。1970年生。IT、ビジネス、スポーツなどの分野で活躍中。訳書に『ビューティフルテスティング』、『SQLアンチパターン』、『リーンブランディング』（オライリー・ジャパン）など。

Lean UX 第3版
アジャイルなチームによるプロダクト開発

2022年 8月25日　初版第1刷発行

著　　者　Jeff Gothelf（ジェフ・ゴーセルフ）、Josh Seiden（ジョシュ・セイデン）
監 訳 者　坂田 一倫（さかた かずみち）
訳　　者　児島 修（こじま おさむ）
シリーズエディタ　Eric Ries（エリック・リース）
発 行 人　ティム・オライリー
制　　作　株式会社トップスタジオ
印刷・製本　日経印刷株式会社
発 行 所　株式会社オライリー・ジャパン
〒160-0002　東京都新宿区四谷坂町12番22号
Tel　(03)3356-5227
Fax　(03)3356-5263
電子メール　japan@oreilly.co.jp
発 売 元　株式会社オーム社
〒101-8460　東京都千代田区神田錦町3-1
Tel　(03)3233-0641（代表）
Fax　(03)3233-3440

Printed in Japan（ISBN978-4-87311-998-4）
乱丁、落丁の際はお取り替えいたします。